动机与人格

[美]亚伯拉罕·马斯洛 著
杨佳慧 译

浙江人民出版社

只 为 优 质 阅 读

好
读
Goodreads

前言

在这次修订中,我试图收录最近十六年来的主要课程。这些课程的数量相当可观。尽管本书重写的篇幅有限,我仍然认为这是一次真正意义上的全范围修改。因为本书的宗旨已经在一些重要方面进行了修改,对此我将在下面详述。

1954年,这本书首次出版时,它本质上是尝试在古典心理学的基础上进一步有所建树,并未想要否定这些学派或建立另一个与它们对立的心理学派。它试图通过深入探索人性的"高级"层次,来拓展我们对人格的概念。(我最初打算用的书名就是"人性的高级境界")如果我要把这本书的主题浓缩成一句话,我会这么说,除了当时的心理学派所描述的人性之外,人还有一种更高的本性,这种本性是类本能的,也就是说,这是人本质的一部分。如果我还能再说一句话,那我想要强调人性的高度整体性,这与行为主义和弗洛伊德精神分析学中分析—分解—原子化—牛顿式的分析方法截然相反。

或者换一种说法:我当然接受,而且依赖实验心理学和精神分析学的现成资料,我也赞成前者的经验精神和实验精神,以及后者对事实的揭露和深入探索,但同时我拒绝接受他们创造出来的人的形象。也就是说，这本书代表了一种不同的人性哲学，一种全新的人的形象。

在我当时看来，这只不过是心理学家族内部的一场争论。但事实上，从那时起，这场争论就已经相当于一种新时代精神的局部表现，一种新的全面的人生哲学。这种新的"人本主义"世界观似乎是一种焕然一新、更具希望且令人振奋的方式，它可以构想人类知识的任何领域，如经济学、社会学、生物学，以及每一个行业，如法律界、政治界、医学界，还有所有的社会职能机构，如家庭、教育、宗教，等等。在修订本书时，我本着这种信念，在本书提出的心理学理论中写下了以下看法：这是一个更全面的世界观和一套完整的人生哲学的一个侧面，这一点已经得到了部分完善，至少达到了可以站得住脚的地步。因此，必须严肃对待。

这场货真价实的革命（一种人类、社会、自然、科学、终极价值观、哲学等的新形象）竟几乎被许多知识界的人完全忽视，尤其被当中那些掌控与文化群体和青年沟通渠道的人所忽略（这也就是为什么我称之为"被忽视的革命"）。

知识界的许多成员提出了一种极度绝望且愤世嫉俗的观点，这种观点有时甚至会堕落为腐蚀性极强的恶毒和残酷。实际上，他们否定了改善人性和社会的可能性，否定了发现人类内在价值的可能性，否定了普遍热爱生命的可能性。

他们怀疑诚实、善良、慷慨、友爱的真实性，甚至进一步逾越了合情合理的怀疑，直接做出判断，在与被他们斥为笨蛋、"童子军"、榆木脑袋、傻瓜、蠢货或盲目乐观的人打交道时，就会产生一种强烈的敌意。这种主动的批判、仇视和破坏态度远远超出了蔑视的范围。有时，这似乎是一种愤怒的反击，反击一切试图愚弄、欺骗和嘲笑他们的一些侮辱性企图。我想，精神分析学家会认为其中含有一种动力学——对过去的失望，以及对幻灭的愤怒和报复。

这种绝望的亚文化，这种"比你更具破坏性"的态度，这种相信弱肉强食和悲观失望，而不相信真正的善意的反道德，与人本主义心理学是完全矛盾的，也受到了本书以及本书中提及的许多论著所初步提供的资料的反击。尽管在确认人性"善"的前提条件时，我们仍必须非常谨慎（见第7、第9、第11、第16章），但已经可能有部分人坚定地反驳了那种绝望的信念，即人性在最根本上是堕落和邪恶的。这样的信仰不再仅仅是品位的问题。如今，只有牢牢抱着盲目、无知的态度，拒绝考虑事实，才能继续维持这种局面。因此，必须将此视为一种自我投射，而不是一种合理的哲学或科学的态度。

前两章中阐述的人本主义和整体论思维，得到了过去十年中许多发展的有力的证实，尤其是迈克尔·波兰尼（Michael Polanyi）在其著作《个人的知识》一书中做出了有力确证。加之，我在《科学心理学》中也提出了非常相似的论题。这些书直接与仍在广为流传的古典、传统科学哲学背道而驰，它们为与人有关的科学研究工作提供了一个更好的替代品。

这本书从头到尾依靠整体论方法，但在文中则对整体论思维进行了更为深入、详尽的探讨。整体论显然是正确的，毕竟宇宙是一个相互关联的整体，任何社会都是一个相互关联的整体，任何个人也都是一个内部互相关联的整体。然而，作为一种观察世界的方法，整体论总是很难得到贯彻和运用。最近，我越来越倾向于认为，原子论的思维方式是一种轻度精神障碍的表现，或者至少是认知不成熟综合征的一种表现。整体论的思维和观察方式似乎会自然而然地被更健康的自我实现型的人所接受；对于开化程度、成熟程度和健康程度较低的人来说，就异常难以接受。到目前为止，这只是一种印象，我也并不想过分强调。但我觉得在这里把它作为一个假设提出来是有道理的，这样方便日后检验，这也是相对容易做到的。

书中第3章到第7章，在某种程度上也可以说，本书从头到尾都在阐述动机理论，这种理论有一段有趣的历史。1942年，它首次在一个精神分析协会中被提出，这种理论试图将我在弗洛伊德（Freud）、阿德勒（Adler）、荣格（Jung）、D.M.利维（D.M.Levy）、弗洛姆（Fromm）、霍妮（Horney）和库尔特·戈尔茨坦（Kurt Goldstein）等人理论中看到的部分真理，整合到一个统一的理论结构中。我从自己零星的治疗经验中了解到，上述每一位论述者都能在很多时候对一些患者做出正确的诊断。我要提的问题本质上是临床问题：哪种早期剥夺会导致神经症？哪种心理药物治疗神经症？什么样的措施可以预防神经症？对心理药物的需求顺序是什么？哪些最有效，哪些又是最基本的？

可以说，这一理论在临床、社会和人格方面都相当成功，但从实验室和实验角度来看仍然行不通。它非常符合大多数人的个人经验，并且常常能给他们提供一种结构化的理论，帮助他们更好地了解自己的内心生活。对大多数人来说，它似乎有一种直接的、亲身的、主观的合理性。可是，它仍然缺乏实验的验证和支持。我还没有想出一个能够把它放在实验室里进行检验的好办法。

道格拉斯·麦格雷戈（Douglas McGregor）将这种动机理论应用于工业情境中，进而找出了这个谜题的部分答案。他发现这种理论有助于整理资料数据和观察结果。与此同时，这些资料数据还可以反过来作为验证和核实该理论的溯源。现在，正是从这一领域，而不是从实验室中，这一理论得到了经验性的支持（参考书目包含选择出来的部分此类报告）。

我从这里以及后来从生活的其他方面得到的教训是：当我们谈论人类的需要时，我们就是在谈论他们生活的本质。我又怎么能以为可以将这种理论、这种本质放在动物实验室或某支试管中进行检验呢？显然，它需要的是全人类在其社会环境中的生活状况。只有这样才能得到证实或否定。

第4章揭示了这种理论起源于临床治疗，因为它仅强调神经症的产生，而不是那些并不会给心理治疗者带来麻烦的动机，比如惰性和懒惰、感官愉悦、对感官刺激和活动的需要、对生活的纯粹热情或对生活缺乏热情、希望或绝望的倾向，在恐惧、焦虑、匮乏等情况下或多或少容易退化的倾向，等等。更不用提那些激励人类的最高价值观，例如美、真理、美德、成就、正义、秩序、一致、和谐等。

我在下列论著中探讨了对于第3、第4章的必要补充：《存在心理学初探》的第3、第4、第5章；《良好精神的管理》中有关低级抱怨、高级抱怨和超级抱怨的章节；以及《超越性动机理论：价值生活的生物学基础》。

如果不考虑到人生最崇高的理想，就永远不能理解人生本身。现在，成长、自我实现、追求健康、寻找自我和独立、渴望更加完美（以及对努力"向上"的其他说法），这一切都应该被当作一种广泛的，抑或普遍的人类趋势而毫无疑问地接受。

然而，倒退、恐惧、自我贬低的趋势也依然存在，只是当我们（尤其是涉世未深的年轻人）沉浸在"个性成长"之中时，很容易把它们抛诸脑后。我认为，预防这种现象的一项必要措施，就是需要全面了解精神病理学和精神分析学。我们必须明白，很多人做出的选择常常不但不明智，而且极其糟糕。成长往往是一个痛苦的过程，也因此，有人会选择逃避这一过程；我们不光热爱生命的可能性，同时也会对其感到恐惧；我们也都无一例外地对真理、美、美德抱有一种极其矛盾的心理，既爱又怕。对人本主义心理学家来说，弗洛伊德的著作仍然是必读书（读他的事实，而不是他的形而上学）。在此，我也乐于推荐一本霍加特（Hoggart）的著作，当中见解极其敏锐，这本论著定会有助于我们共情、同情地去了解他所描写的那些文化水平不高的人，去理解他们为什么会被粗俗、琐碎、低劣、虚假的东西所吸引。

第4章和第6章的内容中提到，在我看来已经构成了一个内在人性价值及人性善意体系的基础，这一体系自身便可证明自己的意义，无须我们进一步证实。并且，从本质上来说，人性的内在价值和善意体系是美好而理想的。这是一个存在于人性本质之中的分层价值体系。它们不仅是全人类都渴求的，并且在避免一般疾病和心理病变的意义上说，也是十分必要的。换句话说，这些需求和超越性需求同时也是内在的强化因素和无条件的刺激因素，是可以将各种工具性学习和条件建立起来的基础。所以，为了获得这些内在利益，动物和人类都愿意去学习一切有助于它们得到这终极利益的东西。

尽管由于篇幅的限制，无法在此进一步拓展这个观点，我还是得提一句：将类本能的基本需求和超越性需求当作需求的同时，也应将它们视作一种权利，这既合情理也颇具益处。既然我们承认人有权成为人，如同猫也有权成为猫一样，那么这种权利观点便油然而生。要想成为一个完整的人，这些需求和超越性需求就必须得到满足，它们也因此可以被看作是自然权利。

从另一方面来说，这种分级的需求和超越性需求体系对我也有所帮助。我感觉它就像是一张自助餐台，人们可以根据各自不同的胃口和口味任意挑选。也就是说，在一个人判断别人的行为动机时，也需要考虑到评判者的个性风格。他将一切行为动机普遍概括为乐观主义与悲观主义，在从中挑出某些动机后，将行为归因于这些选出的动机。我发现，当今人们会更常见地选择后一种动机，也就是悲观主义的动机。这种情况太过频繁，因此我觉得很有必要将这种现象描述为"对动机的贬低"。简单来说，就是一种在解释中宁愿选择低级需求也不愿选择中级需求，宁愿选择中级需求也不愿选择高级需求的倾向。人们更倾向于选择纯粹的物质主义动机，而不是社会性动机或者超越性动机，更不是三者的混合。它是一种偏执的怀疑，是一种对人性的贬低。这种情况我经常看到，但据我所知，还没有人充分描述这一情况。我认为，任何完整的动机理论都必须包括这一额外的变量。

当然，思想史的研究者肯定可以在不同的时代和不同的文化中轻易地找出许多这方面的例子，它们普遍具有既抬高人类动机，又贬低人类动机的倾向。目前来说，在我们文化中，还是普遍倾向于贬低的。为了达到解释的目的，低级需求被严重滥用，而高级需求和超越性需求却鲜有人提起。在我看来，这种倾向更多依赖于先入为主的想法，而不是经验性的事实。我发现，高级需求和超越性需求的决定作用，比我的病人们自己所认为的要大得多，也比当代的知识界人士敢于承认的作用要大得多。很显然，这是一个经验性和科学性的问题，与此同时，这一问题极为重要，所以绝对不能留给某个派系或内部群体来解决。

我在讨论了满足理论的第5章中，增加了一节与满足病理学有关的内容。人们在得到了长久以来渴望的东西之后，自然会以为随之而来的是幸福，但事实上，结果可能是完全病态的。放到十五或者二十年前，我们不可能对这一情况有任何思想准备。我们从奥斯卡·王尔德（Oscar Wilde）身上学到的东西是，我们应当警惕自己的愿望——因为我们的愿望得到满足后往往会发生悲剧。看来这种事在任何一个动机层次上都会发生，无论是物质层次、人际层次，还是超验层次。

我们可以从这个出人意料的发现中得知，满足基本需求的本身，并不会自动产生一种人们可以寄予希望、可以为之奉献的价值体系。与之恰恰相反，我们发现，在基本需求得到满足之后，人们倒可能会变得厌倦、漫无目的，甚至是崩溃之类。显然，只有在为弥补自己缺乏的事物而奋斗，为得到自己未拥有的东西而追求，在将力量积蓄起来努力满足这些愿望时，我们才会最大限度地发挥自己的潜力。事实证明，满足的状态并不一定是一种幸福或称心如意的状态。它是一种悬而未决的状态，既可以解决老麻烦，同时又会产生新的问题。

这个发现的含义是，对于有意义的生活，许多人能想出的唯一定义就是"缺乏某样不可缺少的东西并为之努力奋斗"。但我们知道，对于自我实现型的人来说，即使所有的基本需求都得到了满足，他们也会觉得生活是可以更为丰富、更加美好的，因为他们可以说是活在存在主义世界的王国中。因此，那种广为人知的生活意义的思想，实际上是错误的，或者至少可以说是不成熟的想法。

对于我所说的牢骚理论（Grumble Theory），人们现在有了越来越多的认识，这对我来说也是非常重要的。简言之，我所观察到的是，需求得到满足后只会带来暂时的幸福，而这种幸福往往会被另一种（希望是）更甚的不满所取代。人类期盼得到永恒幸福的愿望看来是永远都无法实现了。不过，幸福的确降临过，是真真切切，你可以得到的。但是，我们似乎也必须接受一个事实，即它在本质上是变幻无常的，特别是当我们过分关注于它的比较强烈的呈现形式时。高峰体验不会持续多久，也无法持续很久。强烈的幸福感是偶发性的，而不是持续性的。

但是，这意味着要对统治我们长达三千年之久的幸福理论进行修正，而这种理论决定了我们对于各种事物的观念，比如，对天国、伊甸园、美满生活、美好社会、完善的人等。我们传统意义上的爱情故事在结尾时总会交代："从此以后，他们一直幸福地生活着。"我们的社会改良和社会革命理论也是如此。同样，对于各种被反复提及的改良，例如，社会中确实进行了但用处十分有限的改良，我们早已听够，因此大失所望。改良工联主义，改良妇女选举权，改良直接选举参议员制度，改良分级纳税，改良许多早已被我们写进宪法修正案的条例，反反复复地提，我们真的听够了。每一种改良都本应该为我们带来千禧之年，带来永久的幸福，带来所有问题的最终解决方案，结果却总是碰壁现实后的理想幻灭，但幻灭意味着我们曾追求过。这一点似乎可以清楚地讲明：我们期待改良，这是完全合情合理的；但我们如果还期望着完美的人生，期望着永恒的幸福，那就是毫无道理可言了。

我还必须提醒大家注意一个事实，这个事实现在看来已十分明显，但几乎被普遍忽视了。那就是，对于我们已经得到的好处，会慢慢地被自己认为是理所应当的，然后会被忘记，会从意识中消失，最后甚至不再被珍惜，直到失去后，我们才恍然大悟。再例如，当我于1970年1月写这篇前言时，美国文化的典型特征就是这样。为之奋斗一百五十年并最终获得的无可置疑的进步和改良，却被许多无知的浅薄之辈抛到一旁，认为那些全都是虚假的、无价值的东西，不值得我们为之奋战，也不值得捍卫和珍惜。而这，也只不过是因为社会并非完美世界而已。

可以用目前的女性"解放"斗争来做一个例子（我也可以列举出几十个其他的例子），来说明这个复杂但也十分重要的问题，来证明有多少人倾向于一分为二的分割式思维方式，而不是选择根据等级、整体进行思考。今天，在我们的文化中，大部分情况下我们可以说，年轻姑娘们最常见的，甚至自己都没有意识到的梦想，就是能有一位男士爱上她，并和她组建家庭，养育儿女。在这个梦中，她会从此永远幸福地生活下去。但事实上，不管一个人多么渴望有一个家，一个孩子，或者一个情人，她迟早也会对拥有的这些感到厌倦，认为这些是理所应当的，会开始感到不安和不满，仿佛还缺了点什么，自己似乎应该得到更多。于是她们会经常性地犯下错误，认为所谓的家庭、孩子和丈夫都是假的，或甚至认为这些都是一种陷阱、一种奴役。随后，她们开始以一种非此即彼、抛弃兼顾的方式渴求更高的需求和更高的满足，例如职业生涯、自由旅行、个人独立等。牢骚理论和需要层次-整体理论（Hierarchical-Integrative Theory of Needs）的主要观点认为，将上述这些认作互相矛盾的选择，是不成熟、不明智的表现。心怀不满的女性的真实写照就是，强烈地希望牢牢抓住自己拥有的一切，然后再像工会成员一样，要求得到更多。也就是说，她一般会希望保留现有的既得利益，然后再期望得到额外的利益。但在这一点上，我们似乎还没有吸取到这个永恒的教训——无论她渴求的是什么，无论是一种职业还是别的东西，一旦得到了，整个过程就会再次重复。幸福、激动、满足的情绪一过，就无可避免地再次认为一切都理所当然，然后再一次陷入不安、不满，继续要求得到"更多"！

我要提出一种这样的现实可能性供大家思考：如果能够充分地认识人类的这些特性，如果我们能够放弃对于永恒幸福的幻想，如果能够承认我们只能拥有转瞬即逝的愉悦，然后不可避免地会再次开始抱怨，并继续要求得到"更多"的这一事实，那么，我们就有可能让其他人都懂得自我实现的人会做些什么，即能够细数自己得到的幸福并为之感到庆幸，以及能够避开这种非此即彼的选择陷阱。女性也可以在拥有所有特定的女性满足（被爱、有家、有孩子）前提下，不抛弃任何一种已经得到的满足继续前行，可以超越女性特征，同男性共享完全的人性。举例来说，她的智力、她可能拥有的任何天赋、她自己独特的潜力、她自己的个人实现方面，都可以得到全面发展。

相较于之前，我对第6章中有关"基本需要的类本能性质"的主要观点，进行了相当大的改写。在过去的十多年中，遗传学取得了巨大的进展，这让我们不得不在十五年前的基础上进一步承认基因不可忽视的决定作用。我认为，这些发现里对心理学家来说最为重要的，是X和Y染色体可能发生的各种情况：一分为二、一分为三，甚至消失，等等。

与此同时，我也根据这些新的发现，在第9章《破坏能力属于类本能？》中进行了大量修改。

或许，相较于现已展现的发展，这些遗传学的发展有助于进一步阐明和传达我的观点。目前，关于遗传和环境作用的辩论，几乎和过去五十年毫无差别，一样把这些问题看得过分简单化。一方学者认为它仍然是一种简单的本能理论，等同于动物身上各种各样的本能；另一方则是完全否定整个本能观点，倒向完全的环境论。在我看来，这两种立场都很容易被驳倒，它们完全站不住脚，甚至可以说是极其愚蠢的。与这两种两极分化的立场相反，本书的第6章和其余章节提出了站在第三种立场上的理论，即人类身上其实只留下了非常微弱的本能残余，我们并没有什么被称为动物意义上的纯粹本能。这些残存下来的本能和类本能倾向极为微弱，我们的文化和教育便可以轻松将其击溃。所以，我们可以认为，文化和教育的力量要强大得多。实际上，精神分析学说和其他揭露疗法一样，都可以被视作一项困难而微妙的工作，更不用说"自我认同"了；它们的目的是通过教育、习惯和文化的表层来发现我们残存的本能和类本能倾向，以及我们隐隐约约显露出来的本性到底可能是什么。总之，人类有一种微妙且难以确定的生物本性，需要特殊的手段才能追寻到它，因此，我们必须逐一且主观地去发现我们的动物性和种类性。

这实际上等于得出了一种结论——文化和环境虽然不能创造，甚至也无法增强遗传性潜能，但可以轻易扼杀或者削弱这种潜能。从这种意义上来说，人性具有极强的可塑性。就社会而言，在我看来，这是一个非常有力的论点，证明世界上每一个新生婴儿都享有绝对平等的机会。既然在恶劣的环境中，人的潜能很容易丧失或者毁灭，那么这种说法就可以作为倡导健全社会的一项有力论点。这完全不同于曾经提出的观点：我们作为人类一员，根据这一不争事实的本身，即拥有成为完整人的权利，也就是说，可以实现人类可能有的全部潜能。做人，在生而为人的意义上，也必须对成长为人的概念进行定义。在此意义上，一个婴儿只不过是一个潜在的人，必须在社会、文化、家庭中成长为懂得人性之道的人。

这一观点最终将迫使我们，以远比现在更为严肃的态度，对待同类的身份以及个体的差异。我们必须学会以一种新的方式来理解个体的差异。首先，我们应当认识到它们是可塑的、是浮于表面的、是易被改变和揭穿的，但会由于这些情况产生各种各样微妙的病变。这就需要完成下一项棘手的任务——我们须尝试揭示每个人的性情、素质、隐藏的个性，使他能够按照自己的风格，不受束缚地成长。否认自己的真实性格会带来心理以及生理上隐性的代价和痛苦，这些代价并不一定能被意识到，从外表也难以被察觉。这种态度要求心理学家给予这种代价和痛苦比以往更多的关注。反过来，这意味着我们要更为仔细地关注各个年龄阶段"健康成长"的实践意义。

最后，我必须指出，如果放弃社会不公正这个借口，就会带来不可估量的动摇性后果，那么我们必须在原则上做好准备来应对这种后果。我们愈削减社会不公，就愈发现它会被"生物不平等"所取代，因为婴儿一出生就具有不同的基因遗传潜能。如果我们已经达到了可以提供充分机会，发挥每个婴儿潜能的程度，那就意味着我们也必须接受他们的劣势潜能。如果一个新生婴儿患有先天性心脏病，或者肾功能不健全，或者神经系统有缺陷，那我们又该怪谁呢？如果只能怪造物者，那么对这位被造物者"不公"对待的个体的自尊，又意味着什么呢？

在这一章中，以及其他一些论文里，我介绍了"主观生物学"(Subjective biology)这一概念。我觉得它是一件非常有用的工具，可以弥补主观与客观以及现象与行为之间的裂缝。我发现，人们能够而且必须内省地、主观地研究自身的生物学。我希望这一发现能够对他人有所助益，特别是对生物学家。

我全面修订了论述破坏性的第9章。我把它归到了范围更大的罪恶心理学类下，希望通过详述罪恶的一方面，来证明无论是在经验上还是科学上，都可以解决整个问题。对我来说，将它置于经验科学的管辖下，意味着我们可以满怀信心地期待对它不断增加了解，这一现象总是代表着我们可以对此采取某些措施了。

我们已经知道，进攻性是由遗传和文化两方面决定的。而且我还认为，健康的与不健康的进攻性之间的区别是十分重要的。

正如进攻性既不能完全归咎于社会，也不能完全归咎于内在人性一样，很显然，一般的邪恶既不能说是单纯的社会产物，也不能判为纯粹的心理产物。这一点实在太明显了，甚至不值一提，但现在有许多人不仅相信这些站不住脚的理论，还根据这些理论行事。

我在第10章《行为的表现成分》中介绍了"理性控制"（Apollonian controls）的概念，它非但不会危及满足感，而且有助于增强满足感的理想控制。我认为这个概念对理论心理学和应用心理学都具有深远的意义。它使我能够区分（病态的）冲动性和（健康的）自发性，这种区别是当今迫切需要的，特别是对年轻人，以及其他许多认为任何控制都必然是压抑和邪恶的人来说，这种区别尤为需要。我希望这个见解能像帮助我一样帮助他人。

我没有花费时间将这一概念作为工具，来解决自由、伦理、政治、幸福之类的老问题，但我认为，对于任何一个在有关的领域中进行着严肃思考的人来说，它的重要性和影响力都是显而易见的。精神分析学家将会注意到，这种解释在某种程度上与弗洛伊德的快乐原则（pleasure principle）和现实原则（reality principle）发生了重叠。如果心理动力学的理论家们能够仔细琢磨两者间的异同，我想这必将使他们受益匪浅。

在有关自我实现的第11章中，我把这个概念明确地限定在年长的人身上，从而消除一个干扰因素。因为根据我所用的标准，自我实现不会出现在年轻人身上。至少在我们的文化中，年轻人还没有实现自我认同或独立自主，也没有足够的时间去经历一段长久、忠诚、后浪漫主义的恋情，去找到自己的使命，找到能够为之献身的祭坛。他们还没有建立起自己的价值观体系，没有足够的经历（对他人的责任、悲剧、失败、成就、成功）能使自己放弃对完美主义的幻想，从而变得现实起来；他们也不能平和地对待死亡；他们缺乏耐心；对自己和他人身上的邪恶了解甚少，因此并未学会同情；他们也没有经历世故，无法超越对父母和长辈，以及对权力和权威的矛盾心理，他们大体上也没有接受足够的教育，缺乏足够的知识，无法展现成为智者的可能性；他们一般也还未达到勇敢拒绝随大溜，坦然捍卫自己坚守的道德等境界。

无论如何，更为明智的心理学策略应当把以下这两种概念区分开来：一种是成熟、具备完整人性的自我实现者，在他们的身上，人类的各种潜能都已经得到了体现或实现；另一种则是健康，可以出现在任何年龄阶段。我发现，如此一来这一问题便自己转化为有关"朝向自我实现的健康成长"，这是一个意义非凡且便于研究的概念。我对大学时期的年轻人做了相当多的调查研究，因此我确信，我们有可能区分"健康"和"不健康"。在我的印象中，健康的青年人往往仍在继续成长；他们非常可爱，也招人喜欢，毫无恶意，心里暗藏着善良和无私奉献的精神（但是羞于诉之于口），对于那些值得尊敬的长辈心怀敬意。青年人对自己的信心不大，没有定型，因为和同代人相比处于少数地位，所以感到不太自在（他们私下的观点和品位更为规矩，行动更为直率，受超越性动机的影响，也就是说会比一般人更加道德一些）。对于年轻人身上经常表现出的残忍、卑鄙和暴民精神等，他们私下里会感到不安。

当然，我并不确定这种表现必定会发展成为我为年长者描绘的那种自我实现。这一点只能通过纵向研究才能确认。

我曾把自我实现的人描述为超越民族意识的人。现在，我还可以再补充一点——他们也超越了阶级和等级。我的经验已经证实了这一点，尽管我可以预见：富足和社会尊严将会促使更多人完成自我实现。

我在开始的报告中没有意料到的另一个问题是：这些人只能同"好人"生活在一起，只能生活在一个完美世界中吗？在我以往的印象中（这种印象当然还有待验证），自我实现型的人本质上是十分善于灵活应变的，他们可以很自然地令自己适应任何人、任何环境。我觉得他们随时都可以用恰当的方式与好人相处，同时又能以合理的方式来对付坏人。

在研究"牢骚"之外，我还对低估一个人已经取得的需求满足，甚至贬低、抛弃这种需求满足的普遍倾向进行了研究，得出了对自我实现型的人的另一点描述。相对来说，自我实现的人可以免受这种人类不幸的深刻根源的影响。总之，他们是懂得"知足"的。在他们的意识中，一直能为自己得到的感到庆幸。奇迹即使再次发生也依然是奇迹。他们知道，不能认为好运和恩赐是理所当然的，而这能确保他们一直珍惜生活，活出自我。

我对自我实现者的研究结果相当不错，我必须承认，这让我颇为宽慰。毕竟这是一场非常惊险的赌博，在倔强地追求一种凭直觉而生的信念，并且在这个过程中，我还违背了科学方法和哲学批评的一些基本准则。但这些都是我自己相信且接受的准则，所以，我也明白自己是在铤而走险。因此，我的探索总是在焦虑、矛盾和自我怀疑中进行的。

如今，已经没必要再怀揣这种基本的担心了，因为在过去的几十年中，已经积累了足够的证明和证据（见书目）。但我非常清楚，我们仍面临着这些基本的方法论和理论问题，已经完成的工作只不过是一个开端。我们现在已经完全可以运用更为客观、备受赞赏且不掺杂个人因素的协作方法来选择自我实现的人（健康、自主、具有完全人性）来研究了。交叉文化的研究显然也是需要的。对人一生的追踪研究将会提供唯一真正令人满意的证明，至少我是这样认为的。除了像我这样，用筛选奥运会金牌得主的办法来进行选择之外，对总人口进行抽样调查也是很有必要的。但我并不认为我们能够理解不可还原的人类罪恶，除非我们还能更全面地探索"无法治愈"的罪恶，以及我们能找到的最优秀人类的不足。

我坚信这些研究将会改变我们的科学哲学：伦理学和价值理论、宗教学、工作观念、管理和人际关系方面的观念，以及社会哲学和其他各种观念。此外，我认为，一旦我们的年轻人放弃他们对完美主义、完美的人、完美的社会、完美的教师、完美的父母、完美的政治家、完美的婚姻、完美的朋友、完美的组织等的幻想，社会和教育几乎可以立即发生巨大的变革。当然，其中不包括短暂的高峰体验和完美融合等。我们即使所知甚少，也非常清楚这样的期望只不过是幻想罢了，一样会不可避免地被残忍摧毁，随之而来的只是厌恶、愤怒、沮丧和报复。我现在逐渐发现，"立刻超脱"这个要求本身就是邪恶的主要来源。如果你需要一个完美的引领者或者一个完美社会，那么你就放弃了好与坏之间的选择。如果不完美被定义为邪恶，那么一切都是邪恶的，因为没有什么是完美的。

同时我相信，从积极的方面来说，这项伟大研究所开辟的新领域最有可能成为我们学习的途径，成为我们了解人性内在价值的源泉。这里存在着全人类都渴求的人生哲学，例如，价值体系、宗教替代物、理想主义的满足和标准的人生观。没有这些哲学，人类就会变得卑鄙、刻薄、庸俗、微不足道。

心理健康不仅主观上让人感觉良好，同时也是客观的、如实的、得体的。从这个意义上说，它比病态的一切都"好"得多。它不仅是正确且真实的，而且更具洞察力，能够看到更多、更高的真理。也就是说，缺乏健康不仅让人感觉糟糕，而且是一种盲目，一种认知病理以及道德和情感上的缺失。此外，它还是某方面的残疾，是能力的丧失，或者说是行动和成事能力的下降。

健康的人虽然为数不多，但终归是存在的。既然健康及其所有价值（真理、善良、美等）已经被证明是有可能存在的，那么，按原则来说，它也是可以实现的。对于那些不愿盲目向往光明、希望不必经历难过就能拥有美妙体验、不愿接受残缺而坚决追求完整的人，则可以建议他们寻求心理上的健康。这让我想起，一个小女孩被问到为什么善良强于邪恶时回答说："因为善良是更美好的东西。"我想我们可以回答得更好：同样的思路可以证明，生活在一个"健全社会"（有情有义、和谐共生、互相信任、人性本善）里比生活在一个"丛林社会"［人性本恶、极权统治、满满敌意、霍布斯式（Hobbesian）的社会］里要好得多。这两者都受生物学、医学和达尔文式的生存价值（也是由于成长的价值）的影响，既有主观因素，也有客观因素。完美的婚姻，真挚的友谊，称职的父母等也是如此。这些价值不仅被人渴望（甚至是心中的首选），而且在特定的意义上就是"理想的"。我明白这会给专业哲学家们带来相当大的麻烦，但我相信他们是能够处理好的。

优秀的人虽然很少，而且极易崩塌，但的确是存在的，证明了这一点就会给我们勇气和希望，给我们继续战斗的力量，使我们相信自己，相信自己有健康成长的可能性。而且，只要我们对人性抱有希望，无论这种希望多么克制，也有助于我们变得有情有义、富有同情心。

在这次修订中，我决定删去本书第一版的最后一章《走向积极的心理学》。因为在1954年几乎完全是真理的东西，到了今天也只有三分之二的正确性了。现在，积极心理学至少已经得以运用了，虽然不是特别广泛。人本主义心理学、新的超验心理学、存在主义心理学、罗格瑞安心理学、经验心理学、整体心理学、价值寻求心理学等都在蓬勃兴起，至少在美国是这样。但不幸的是，在大部分心理学系中还没有出现这样的现象，所以对这方面感兴趣的研究者还需用心寻求，否则就只能偶尔碰到这方面的资料了。对于那些想自己去体验的读者，我认为在穆斯塔卡斯（Moustakas）、塞文（Severin）、布根塔尔（Bugental），以及苏蒂奇（Sutich）和维奇（Vich）的各种读物中可以找到相关人物、观点和资料。

对于那些不满足的研究生，我还是想推荐第一版的最后一章（应该可以在大多数大学图书馆中找到），以及我的《科学心理学》。对于那些愿意认真对待这些问题并努力钻研它们的人则可以读一下该领域中的巨作——波兰尼（Polanyi）的《个人的知识》。

这一修订版是一个很好的例子，表明人们越来越坚决地反对传统的无价值科学，而不是盲目地追求它。这本书比过去更加恪守规范，更有信心地肯定科学是一种由追求价值的科学家发起的价值探索，我敢说，他们能够揭示人性本身结构中内在的、终极的和特殊的价值观。

对一些人来说，这看起来像是对他们所热爱和崇敬的科学的一种攻击。当然，我和他们一样对科学怀着敬意，我也必须承认他们的担心有时也是有其道理的。有许多人，特别是在社会科学界的人认为，对于无价值科学来说，唯一能够取代它的就是鲜明的政治立场（也只不过是在信息不全的情况下所定义的），而两者也是互相排斥的。所以对他们来说，接受一方意味着必然要排斥另一方。

用一个很简单的事实就可以轻而易举地证明这是粗暴无知的二分法。即使你在与敌人作战，即使你公开宣称自己是政治家，也最好获得正确的信息。

但是，若是能跳出这种自欺欺人的愚蠢，并站在我们力所能及的最高层次上来解决这个非常严肃的问题，相信我们便可以证明规范性的热情（行善，助人，建设更好世界）和科学的客观性并不矛盾。它甚至可以使一种更完善、更强大的科学成为可能，这种科学的领域要宽广得多。这绝不是那种试图保持价值中立（让不明事实的人对价值观随意地评判）的科学能比得了的。要想证明这一点，只需要扩大我们的客观性概念，使它在囊括"旁观者知识"（自由放任的、有关外界或来自外界的知识）的同时，还要包含经验知识，我们也称之为爱的知识或道家知识。

道家这种客观性的简单模式来自无私的爱和对他人的崇拜的现象学。例如，爱自己的孩子、朋友、职业，甚至是自己的"问题"或科学领域，可以做到完全接纳，以至于丝毫也不想改变、不想干涉。也就是说，喜欢它，就是喜欢它原本的样子。对任何事物都需要这样无私的爱才能够让它保持原样、自由随意地发展。一个人也可以如此爱自己的孩子，从而允许他完全按照自己的方式成长。这也正是我的论点——一个人也能以同样的方式去热爱真理。一个人可以对真理极其热爱，从而也完全相信它的发展。人甚至可以在自己的孩子降生之前就开始爱他，屏住呼吸，幸福地期待他将来会成为什么样的人，并且现在就爱着那个处在将来的人。

预先给孩子设定人生轨道，对他抱有极大的期望，这和道家思想是完全背道而驰的。这意味着要求孩子成为父母心中期待的人，而不是实现自我。这样的孩子生来就被套上了隐形的约束衣。

同样，人也可能热爱和相信尚未被证实的真理，也在它的本性显露出来时感到欣慰。我们可以相信，未受干预时的真理将比我们强迫它符合先验的期望、希望、计划或当前的政治需要时更美好、更纯洁、更真实。因此，真理也可以是生来就穿了隐形约束衣的。

规范性的热情可能会被误解，它们会用先前的要求来扭曲将要到来的真相。我担心有些科学家正是这样做的，他们实际上是为了政治而放弃了科学。但是，对于一个更加道家化的科学家来说，这根本是不必要的，他们对于即将诞生的真理的热爱足以给它设想一个完美的结果。正是如此，为了自己规范性的热情，科学家才会对真理放任自流。

我也相信这一点：真相越纯粹，越少受有着先入之见的教条主义者的干预，就越有利于人类的未来。我相信，世界将更多地受益于未来的真相，而不是我现在所持的政治信念。相比现在的认识，我更信赖将来的认识。

这是"不是我的意愿，而是你的意愿"的人本主义科学版本。我对人类的担心和希望、我对行善的渴望、我对和平和友情的渴望以及我对规范的热情，在我对真理保持谦虚的开放态度、拒绝预先判断或篡改真理，并且在道家意识中保持客观和无私的情况下，我会觉得这些都是最好的。如果我继续去相信，我知道的就会越多，我就会更加强大。

在本书的许多章节中，以及在本书之后的许多出版物中，我都假定一个人真正潜能的实现取决于是否拥有能够满足他基本需求的父母和其他生活参与者，取决于现在被称为"生态学"的因素，取决于是否有"健康的"文化，取决于整个世界的状况，等等。向自我实现和完全人性的发展是由一个复杂的"良好的先决条件"层次构成的。这些物理、化学、生物学、人际、文化条件对个人至关重要，到了决定能否向个人提供人类必需品和基本"权利"的程度，使得他们足够强大，可以将命运掌握在自己手中。

一旦对这些先决条件进行探讨，我们就不免会陷入悲伤，因为人类的潜能不费吹灰之力就可以被压制、被摧毁。因此，一个具有完整人性的人就像是一个奇迹，因为实在太罕见，所以他们也备受尊敬。同时，自我实现的人确实存在，因此他们是可能实现的，危险的挑战是可以进行的，终点线是可以跨越的，所以这一事实让人振奋。

在这里，研究者几乎都会陷入人际和内心指责的双向攻击中，要么是"乐观"，要么是"悲观"，这点就取决于他目前的侧重点了。这时，一方会指责他宣扬遗传学，另一方又会责怪他宣传环境论。各种政治派别则无疑会按自己当时的宣传需要，强行给他贴上各种各样的标签。

当然，科学家会抵制这些粗暴划分、乱贴标签的行为，然后继续系统地思考问题，在不同层次中寻找那些共同作用的决定因素。他将尽力接受各种资料，并尽可能清楚地将它们同自己的情绪区别开来。现在已经非常清楚什么是健康的人，什么是健全的社会，这些问题都属于经验科学的范畴，我们可以满怀信心地推进这些领域的知识。

这本书更关注的是第一个问题，即完整的人格为何样，而不是什么样的社会有可能塑造出完美的人格。自从本书于1954年出版以来，我就这一问题写了大量文章，但我并不想把这些研究成果纳入修订本。相反，我要请读者参考我就这一问题写的一些文章。同时，我想着重强调，有必要研究一下关于规范性社会心理学的文献（有时它还被称为组织发展、组织理论、管理理论等）。在我看来，这些理论、病例报告、研究等极具深刻意义，提供了真正切实可行的方法，同马克思主义理论、民主和极权理论，以及其他现有的各种社会科学理论一样可供人们选择。我一次又一次感到惊讶的是，几乎没有心理学家知道阿吉里斯（Argyris）、本尼斯（Bennis）、利克特（Likert）和麦格雷戈等人的研究工作，而这些人都是这一领域的知名人物。无论如何，任何想要认真对待自我实现理论的人也必须认真对待这些新的社会心理学。如果有人想要了解这一领域的最新发展，让我推荐一本刊物，我会选择《应用行为科学学报》，尽管它的名称肯定会让人产生误解。

最后，我想就本书作为向人本主义心理学（也称为"第三种力量"）的过渡说几句话。尽管从科学的角度来看，人本主义心理学还不太成熟，但它已经打开了研究超验和超越个人的心理现象的大门。而行为主义和弗洛伊德学说内在的哲学局限性则对此有所限制。在这些现象中，我不仅讨论了更高和更积极的意识和人格状态（超越物质主义、束缚的自我、原子分裂的敌对观点等），而且还阐述了价值观（永恒的真理）作为自我的一部分已经拓展了一种新的认识。一份新的刊物《超越个人的心理学学报》已经开始发表这一方面的文章了。

现在，已经有可能就超越人类进行探索了，这是一种超越人类本身的心理学和哲学。它尚未发生，但即将出现。

目录

- 001 前言
- 001 第1章 心理学对科学的研究
- 017 第2章 科学中的以问题为中心与以方法为中心
- 029 第3章 动机理论引言
- 051 第4章 人类动机理论
- 087 第5章 心理学理论中基本需求得到满足的作用
- 111 第6章 基本需要的类本能性质
- 139 第7章 高级需求与低级需求
- 151 第8章 精神病病因及威胁论
- 167 第9章 破坏能力属于类本能？

| 187 |　第 10 章　行为的表现成分

| 213 |　第 11 章　自我实现的人：对心理健康的研究

| 257 |　第 12 章　自我实现者的爱情

| 287 |　第 13 章　个体认识及大众认识

| 325 |　第 14 章　既无动机也无目的的反应

| 341 |　第 15 章　心理治疗、健康与动机

| 375 |　第 16 章　正常、健康和价值

第 1 章

心理学对科学的研究

对于科学的心理学阐释始于一种敏锐的认识，即科学是人类的创造，而不是一种自主的、非人类的，或者本身具有内在规则的"事物"。它因人类的动机而生，最终服务于人类动机，并受人类更新和维护。科学的法则、架构和表述不仅取决于它发现的现实本质，还取决于完成发现的人性本质。心理学家，尤其是掌握一定临床经验的心理学家，能够以个人方式，通过研究各种人，而不是他们创造出的抽象概念，相当自然且自如地处理任何问题，就如同科学家对待科学一样。

有部分人仍对此存有误解，他们错误地认为事实并非如此，并坚持主张科学是全然自主的，能够进行自我调节。他们将科学视作一场公正的游戏，认为它本身就内含了棋类游戏一般的鲜明规则。然而，心理学家却认为这种想法是错误且不合实际的，甚至违反了事物经验。

在本章中，我希望首先明确作为这一论题基础的自明之理，它们极其重要。随后，我将介绍本论题包含的一些含义和影响。

科学家的心理

科学家的动机

作为人类一员，科学家如同其他成员一般，也会受到来自各种需求的刺激：对各类食物的需求；对安全感的需要；对群居和亲密关系的需要和对受人尊敬的社会地位的需要；对自我实现或发挥个人所长，以及激发全人类共有的潜能的需求。对心理学家而言，这些需求再熟悉不过，原因很简单，一旦这些需求不被满足，人们便会随之出现精神机能障碍。

尽管相关研究较少，但通过初步观察我们可以发现，科学家们还具有其他几种需求：对纯粹知识的认知需求（好奇心）以及对于理解的需求（一种有关哲学、神学、构建价值系统解释的需要）。

最后，最不为人所知的需求是一种对美、对称、极简、完满和秩序的渴望，我们可以将这些渴望称为审美需求、表达及表现的需求，以及或许与审美需求相关的、想要推动事物完满的需求。

到目前为止，似乎所有其他需求，也可以说是欲望或者内驱力，要么是达到上述基本目的的手段，要么就是神经过于敏感，或是某些学习过程的产物。

显然，认知需求是科学哲学家们最关心的问题。在科学的自然历史阶段，推动科学向前发展的最大动力正是人类不屈不挠的好奇心。也正因为人们同样固执地渴望理解和解释事物，以及期望将世界系统化，人类才得以在更理论化和抽象化的层面上发展科学（另一方面，在更理论化并且更抽象化的水平上，科学则产生于人类同样执着的理解欲望、解释欲望，以及将事物系统化的欲望）。然而，准确来说，后者才是一种科学的必要条件，毕竟纯粹的好奇心在动物中是十分常见的。

当然，科学发展的各阶段也确实包含其他动机。我们常常忽略一点，即最早的科学理论家往往认为，科学在本质上是一种帮助人类进步的手段，例如，培根一心期望科学能够降低疾病影响并改善人类的贫穷状态。即便是在希腊科学中，即以柏拉图一派为中坚力量，强调纯粹的、不依靠体力的思考，实际主义以及人道主义的倾向也同样相当明显。一般来说，人与人之间的认同感以及归属感，甚至更为强烈的对人类的热爱，往往是许多科学家进行科学研究的原始动机。就像他们可能进入社会工作或者迈入医疗领域一样，选择科学也是他们尽力帮助人类的一种方式（一些人全身心投入科学，若非科学，他们同样也会投身于社会工作或者医疗行业，他们的目的只为帮助人类）。

最后，我们必须认识到，人类的任何其他需求都可能成为进入科学领域、从事或深入研究科学的原始动机。科学研究可以是一种生活方式，一种社会威望的来源，一种自我表达的方式，或者是任何神经质需求的满足。

对大多数人来说，主要起作用的是各种不同动机的联合，而不是一个单一的重要动机。最合理的假设是：就任何一位科学家来说，他的工作不仅是出于爱和对声望的需要，也是出于纯粹的好奇心和对物质金钱的需要等。

理智和冲动的协作关系

总的来说，现在已经很清楚了，把理性和动物性完全二分是过时的。理性就如同进食一般，都是动物性的，至少对于人类来说是如此。冲动不一定和明智的判断相对，因为明智本身就是一种冲动。总之，我们可以清楚地看到，理智和冲动在健康人的身上是协作的，并且是强烈趋向达成的协作。非理性不一定是反理性的，它通常是前理性的。意动与认知之间的长期差异或对立通常是社会或个人病态的产物。

人类对爱和尊重的需求，就如同他对真理的需求一般，是"神圣"的。"纯"科学的价值和"人本主义"科学的价值相差无几。人性决定了它们，这两者之间甚至没有必要被区分开来。科学给人带来乐趣的同时也带来了益处。希腊人尊崇理性并非是错误的，只是不应该过分排他。亚里士多德忽略了爱也是人类理性的一种，同样是人性的。

认识的需求满足和情感的需求满足之间偶尔会有冲突，这就提出了一个整合、协调且并行的问题，而不是矛盾且对立的问题。纯理论科学家的纯粹、客观、中肯、非人本主义的好奇心可能会威胁到其他同样重要的人类需求的满足，例如，对于安全的需求。我在此提到不仅是原子弹这个明显的例子，还指一个更普遍的事实，即科学本身意涵着一个价值体系。毕竟，"纯理论"科学家接近达到的境界不是爱因斯坦或牛顿，而是集中营实验中的纳粹"科学家"或好莱坞的"疯狂"科学家。对真理和科学的更全面、更人本主义和更先验性的定义是可以找到的。为科学而科学是病态的，就像为艺术而艺术一样。

科学的多元性

人们在社会生活、职业生涯以及婚姻中都会追求各种不同需求的满足，在科学工作中也是如此。科学没有一个特定的受众，它能吸引各种各样的人，无论你年纪如何、是大胆的还是羞怯的、是富有责任感的还是单纯寻欢作乐的，都是如此。有些人直接在科学中追求人道主义，另一些人则恰恰喜欢它没有人情味的一面。有些人主要追求合理性，另一些人则强调它的内容，希望能够更看重事实，即使不那么精确。有些人想要开拓和创新，另一些人却宁肯只是做整顿工作（组织、整理、管理已经征服的领域）。一些人在科学中寻求安稳，另一些人则倾向冒险、追求刺激。我们不可能描述出理想的妻子，一般来说，我们也无法描述出理想的科学、科学家、方法、问题或研究工作。也如我们可以赞成普通的婚姻，在科学中我们同样可以保留个人的选择，实现多元化。

我们在科学上至少可以区分出以下功能：

1. 它发现问题、提出问题、鼓励直觉、做出假设；

2. 它可以测试、检验、证明、重复实验、积累事实且使事实更可靠；

3. 它能使事物条理化、理论化，也可以进行建构以及大范围的概括；

4. 它具有史学收藏功能以及学术功能；

5. 它提供科技方面的支持：器械、方法、技术等；

6. 它帮助行政、管理、组织工作；

7. 它有助于宣传教育；

8. 它为人类服务；

9. 它给人带来欣赏、愉悦之情，也让人得以庆祝进步并获得荣誉。

如此之多的功能也必然意味着劳动的分工，因为很少有人能够集所有技艺于一身。劳动分工需要不同的人，他们有不一样的兴趣，能力侧重不同，所掌握的技能也不同。

兴趣映射的是性格和人格的不同，就比如科学家对于科学的选择，有的人就会选择物理学而不是人类学。在学科领域内也是如此，有的人会倾向于研究鸟类学而不是遗传学。甚至在某个具体领域内对具体课题的选择中也可以观察到，只是区别不那么大，比如，追溯性抑制和洞察力。这一点也可以用来解释对于方法、材料、精确度、适用度、可行性以及人类关联度的选择。

在科学研究中，我们是相辅相成的。如果每个人都喜欢物理学而不喜欢生物学，那么也就不能指望科学进步了。幸运的是，就像我们对于气候、乐器有不同的追求一样，我们对于科学的追求也不尽相同。一个管弦乐队需要有人演奏小提琴、单簧管，也要有人打鼓。科学也是如此，我们需要有不同的研究方向，才有可能使最广泛意义上的科学成为现实。就像在艺术、哲学、政治中一样，科学也需要各种各样的人（但不是"科学可以容忍各种各样的人"），需要擅长不同领域的他们来提出不同的问题。即使是精神病患者，他也能有所贡献，因为他的病会让他在某些方面极其敏感。

一元论的压力在科学中是真正的危险，因为"关于人类的知识"事实上只是"关于自己的知识"。我们太容易把自己的兴趣、偏见和期望投射到宇宙上。例如，一些物理学家、生物学家和社会学家已经表明，由于他们所选择的领域不同，他们在一些重要方面也会有本质的区别。正因为有不同的兴趣,我们也完全可以期待他们对科学、方法、目标和价值有着不一样的定义。显然,就像在人类其他领域所做的那样,我们对于科学家之间的个体差异也要尊重和接受。

对科学进行心理学研究的启示

对科学家的研究

毋庸置疑,对科学家的研究是对科学进行研究的一个基本方面,甚至是十分必要的。科学作为一种体制,在一定程度上是对人性某些方面的放大投影,因此这些方面的任何知识增长都会自动地成倍增长。例如,每一门科学以及每一门科学中的每一种理论,都将受到这些知识增长的影响:

1. 片面和客观的性质;
2. 抽象过程的性质;
3. 创造力的性质;
4. 文化的性质以及科学家对文化的抵制;
5. 愿望、希望、焦虑、期待对感知的干扰;
6. 科学家的作用和地位;
7. 我们文化中的反智主义;
8. 信仰、确信、信念、确定的本质,等等。

当然,更主要的还是我们已经提到的问题,特别是有关科学家的动机和目标的问题。

科学和人类价值

科学是以人的价值为基础的,其本身就是一个价值体系。人类对于情感、认知、表达和审美的需求而产生了科学,它们同时也是科学研究的目标。任何这种需求的满足都是一种"价值"。正如对真理或确定性的追求一样,对于安全性也有追求。简洁、精练、优雅、整洁之类的审美满足无论对工匠、艺术家、哲学家、数学家和科学家来说都是价值。

但这还远未涉及作为科学家的我们有着共同文化的基本价值观这一现实,至少在某种程度上可能会一直保持这样。这些价值观中包含诚实、人道主义、尊重个体、服务社会、平等地对待他人的任何决定、敬畏生命、保持健康、消除痛苦、尊重他人所得的荣誉、讲信用、有体育道德精神、讲求"公正"等。

显然,"客观性"和"公正的观察"是需要重新定义的短语。"排除价值观"最初意味着排斥神学和其他权威主义教条,因为这些教条已经对这些事实做了预先判断。在今天来说,这种排斥就像在文艺复兴时代时一样,也是必要的。因为,我们仍然希望这些事实不会受到干扰。即使是有组织的宗教活动对我们国家的科学构成了非常微小的威胁,我们仍要用强劲的政治和经济去与之抗衡。

理解价值观

现在,我们应该清楚地认识到,唯一可以预防人类价值观干扰我们对自然、社会以及自己感受的方法就是始终对价值观有清晰的认识，并理解它们对我们感知的影响，继而对此进行必要的干预（这里的干扰，我指的是心理决定因素和现实决定因素的叠加作用，我们要理解的是后者）。对于价值观、需求、愿望、偏见、恐惧、兴趣和精神疾病的研究也必须成为科学研究的基本方面。

其中还包括抽象、分类、理解异同的人类普遍倾向。一般来说，要有选择地根据现实和人的利益、需求、愿望以及恐惧来对生活进行调整。以这种方式将我们的知觉过程组织成各方面，其中有的方面是健康有益的，有的方面是有害的，因为它在突出现实的同时也会给现实蒙上一层阴影。我们必须清楚一点——自然为我们提供的分类线索往往是最低级的或模棱两可的，即使它是"天然的"分界线。我们必须自己创造或赋予它一个分类，这样，我们依据的就不仅仅是自然了，还符合人性、无意识价值、兴趣和利益。只有完全了解这些因素才能将人的决定因素降到最低，从而达到科学的理想程度，而不是一味否定它们的影响。

那些不安的纯理论科学家应该感到放心，因为这些令人忧虑的价值观讨论都是在促使他达成他的目标——增进我们对自然的认识，通过对知识人的研究来优化我们的知识结构。

人类与非人类法则

人类的心理规律和非人类的自然规律在一些方面是相同的，但在其他方面又不全然相同。人类生存在自然界中，但并不意味着他们的法则要与自然一致。生活在现实世界中的人，也免不了要对现实世界做出让步,但这并不是否认人类的内在规律。而这些规律不同于自然界的那些规律,它们呈现出的不是卵石、电线、温度或原子,它们是愿望、忧虑、梦想、希望……哲学和桥梁没法以同样的方式建构,家庭和水晶也不能用同样的方法研究。我们关于动机和价值观的论述并不是说要把自然界主观化或心理化,但是,人性是必须心理化的。

非人类的现实实际是独立于人类愿望和需求的,既不仁爱也不怀恶意。它们没有意图、目的、目标或机能(只有生物才会有意图),也没有意向或情感倾向。因此,如果人类全部消失,这些现实也将不复存在。

无论是出于"单纯的"无私的好奇心,还是为了人类的直接目的而预测和控制现实,只要不强加个人意念去了解事实本身都是可取的。康德声称我们永远无法完全了解非人类的现实际,这一点肯定是正确的。但是,我们仍然可以一点点接近它、一点点认识它。无论其中的真实度有多少,至少我们还有尝试的可能。

科学社会学

对科学社会学和科学家的研究越发值得关注。如果科学家在某种程度上是由文化变量所决定的,那么科学家的产物同样也是由这些变量所决定的。科学研究需要多少不同文化背景的人;科学家在多大程度上必须跳出他所属文化的限制;他在多大程度上是一个国际主义者,而不仅仅是一个国家的人;科学家的成果在多大程度上是由他所属的阶级性质所决定的……为了更合理地解释和更充分地理解文化对自然观念的影响，我们必须提出并解答这些问题。

各种认识现实的方法

科学是获取自然、社会和心理现实性知识的一种手段。有创造力的艺术家、哲学家、人道主义文学家，甚至是无名之辈，都可以是真理的发现者，他们理应像科学家一样受到鼓励[1]。他们不应该被看作是相互排斥的，甚至不能被认为是相互独立的。一位可以同时被看作是诗人、哲学家，甚至是梦想家的科学家肯定比他所处领域中的其他人优秀得多。

如果我们受心理多元论的影响，认为科学家是一个由各种不同的才能、动机和兴趣组成的管弦乐队，那么科学家和非科学家之间的界限就会变得模糊。专注于对科学概念进行批判和分析的科学哲学家，无疑更接近那些对纯理论感兴趣的科学家，而不是纯粹的技术科学家。提出有组织的人性理论的剧作家或诗人自然也更接近心理学家，而不是工程师。科学史学家可以是历史学

---

[1] 或许在今天来说，理想主义艺术家和理想主义科学家之间的区别可以用以下这样的方式来描述：首先，前者往往都擅长发现事物（独特的、特殊的、个体的）的博学者，而后者总是普遍法则（概括的、抽象的）的专家；其次，艺术家更接近作为问题发现者、提出者或假设者的科学家，而不是作为问题解决者、检验者和确定者的科学家。后面这些工作通常是科学家的职责。在这方面，他更像一个商人、运动员，或在处理可验证、可检验问题的务实外科医生。一些结果可以用来判断他的主张。如果他生产自行车，那我们就可以直接数自行车。但是老师、艺术家、教授、治疗师、牧师可以在四十年中犯同样的错误，一事无成，但仍然觉得自己很高尚、很厉害。典型的例子就是治疗师一生都在犯同样的错误，然后还称之为"丰富的临床经验"。

家，也可以是科学家。一个对个案做研究分析的临床心理学家或内科医生可能会从小说家那里，而不是从进行抽象研究和实验的同行那里得到更多启发。

我认为我们没有办法把科学家和非科学家区分开来。我们甚至不应该追求把实验研究作为一个标准，因为很多以科学家自居的人从来没有，也永远不会进行科学实验。一个在大专学校教化学，却从未在化学方面有过任何新发现，只是简单地读过化学杂志的人也自称是化学家。而他所做的只不过是照搬、重复他人的实验而已，一个对地下室发生的一些事情极为好奇的聪明的十二岁学生，或是一个对广告内容有所质疑并积极去核实的家庭主妇都比他更像是一个科学家。

一个研究协会的主席在哪些方面仍是一个科学家呢？他的所有时间（可能到去世的那天为止）都将用在行政组织工作上，可他仍然乐此不疲地称自己为科学家。

如果一个科学家把富有创造性的假设者、细心的实验核查者、哲学体系的建设者、历史学者、技术专家、组织者、教育家、作家、宣传者、应用者和鉴赏者都结合起来，那么我们就可以非常容易地设想出一个理想的团队。这个团队由几名具备不同能力的专家组成，他们中没有人需要自己成为一个全能的科学家！

但同时，我们也要意识到用二分法来区别科学家和非科学家是不合理的。还有一个普遍的结论值得我们注意：从长远来看，过度单一专业化通常对事物发展没有多大好处，因为作为一个完整的人，这么做必定是要在其他方面受苦的。全面发展的健康人在大部分事情上比有缺陷的人都处理得更好。比如，一个试图压制自己的冲动和情感来成为纯粹思想家的人，到最后反倒成了一个只能用病态思维来思考问题的病人。他最后只能是一个糟糕的思考者。总的来说，一个有点艺术气质的科学家要胜过一个没有丝毫艺术感的科学家。

如果我们纵观历史，这就变得非常清楚了。历史上伟大的科学家通常都有着广泛的兴趣，自然也不是什么眼光狭隘的技术专家。从亚里士多德到爱因斯坦，从莱昂纳多（Leonardo）到弗洛伊德，这些伟大的发现者都是多才多艺、富有灵气的。他们不仅对人文主义感兴趣，也热爱哲学、社会以及美学等。

现在，我们应该得出一个结论——科学中心理学的多元主义教会我们：通向知识和真理的道路不止一条，可以是创造性的艺术家，也可以是哲学家或人文主义作家。无论是一个个体，还是个体的某些侧面，都可以成为真理的发现者。

精神病理学与科学家

在其他条件都相同的情况下，我们可以认为科学家（或艺术家、机械师、执行官）在快乐的、有安全感的、平和的、健康的时候要比他们在不幸福、不安定、不健康且有困惑的时候好得多。神经质的人常常歪曲事实，对现实抱着不该有的期望。他们惧怕未知的新奇事物，总是不停地记录现实。他们也很容易受到惊吓，并且极度渴望得到他人的认可。

这个事实至少有三层含义。第一，科学家（准确来说是真理的追寻者）应该拥有健康的心理，而不是在不健康的时候去工作。第二，可以认为，随着文化的改善，公民的健康状况也会得到改善。这一点也将使真相的寻求工作得以改进。第三，我们应该认为，心理治疗可以有效促进科学家的工作。

我们已经承认一个事实：通过减少压力，例如争取学术自由、延长任期、提高薪水等，我们可以帮助那些追求真理的人，继而改善社会条件。①

---

① 对于那些认识到这是一个革命性论述，并有强烈意愿进一步阅读的读者，我推荐大家认真阅读迈克尔·波兰尼（Michael Polanyi）的《个人知识》。如果你还没有读过这本书，那么你绝对没有为下一个世纪做好准备。如果没有时间、毅力或精力去完成这本巨作的阅读，那么我再推荐我的一本简明易读且观点相似的书给大家——《科学心理学之考察》。这一章，这两本书，以及在参考书目中提到的书籍，都充分体现了新的人文主义时代精神，因为它在科学领域得到了重新审视。

第 2 章

科学中的以问题为中心
与以方法为中心

在过去的数十年中,越来越多的人开始关注"官方"科学的缺点和过错。除了林德的绝妙分析之外,几乎所有关于过失源头的讨论都被人们忽视了。本章将试图指明传统科学,尤其是心理学的许多缺陷源头在于以方法中心或技术中心的角度来解释科学。

我更倾向于认为方法中心科学的精粹在于工具、技术、程序、设备和方式,而不是它的疑难、问题、功能或目标。实际上方法中心就是将科学家混同于工程师、内科医生、牙医、实验室技术员、吹玻璃工人、尿液分析员、机器看管人等。再总结得精确一些,方法中心就是将科学和科学方法混为一谈。

过分强调技术

一味强调雅致、完善、润色、技术和设备,总难免会带来一个结果,即淡化问题本身和一般创造力的意义、生命力,以及重要性。几乎每一个攻读心理学博士的学生都会明白它的实践意义。一个在方法论上令人满意的实验,无论究竟是否微不足道,都很少会受到批评。反之若是一个大胆的、突破理论基础的问题,只因为它可能会面临"失败",便总是被各类批评扼杀在摇篮中。的确,科学文献中批评的通常只是方法、技术、逻辑等。在我熟悉的文献中,我还从未看到过一篇论文批评:另一篇论文无关紧要、琐碎或毫无意义。①

因此，人们逐渐倾向于认为学术论文的内容并不重要，只需要润色得足够好就行。总而言之，学术论文再也不会贡献知识。博士研究生们也只需要知道自己研究领域中的技术手段，以及当中已经积累的数据资料。通常没有人会强调和重视好的研究计划。于是，那些明显完全没有创新力的人也有可能成为一个科学家。

在较低层次上来说，高中和大学的理科教学里，也会出现极其相似的结果。学校鼓励学生将理科与直接的设备操作方式以及菜谱中死板的规定程序联系起来，换句话说，就是跟着别人的指导，重复已知的发现。没有人教给他们：科学家不是一名技术员，也不是科学读物的读者。

这些观点十分容易被误解，其实我并没有贬低方法的意思，我只希望能指出，即使在科学中，方式也极有可能与目的混淆。我们应当明白，只有科学的目标或目的，才能体现方式的重要性及合理性。当然，有作为的科学家应当关心技术，但只能是

---

① "但是，即便是那些学者也有可能在一些细枝末节上大做文章。他们称呼其为开创性研究。这些研究的重点是，他们发现的事实之前无人知晓，而并非这些事实值得去了解。或许另一些专家迟早会运用到这些事实。所有大学里的专家们实际上都在为了不可知的结果，以建筑师的耐心，为他人写作。"
（Van Doren, C., *Three Worlds*, Harper & Row, 1936, p. 107.）
"或者他们整天坐在沼泽边，手里拿着钓竿，并因此感觉自己学识渊博，他们在没有鱼的沼泽边钓鱼，无论是谁，我甚至都无法称他浅薄。"
（Nietzsche, F., *Thlls Spake Zarathustra*, Modern Library, 1937, p. 117）
所谓的"运动爱好者"就是坐在那里旁观运动员风姿的人。

因为这些技术有助于实现他合理的目标——解答重要的问题。一旦忘记这一点，他就成了弗洛伊德所说的那种整天擦眼镜却根本不用眼镜的人了。

方法中心论往往把技术员和"设备操作员"推崇至科学的主导地位上，而不是选择那些"提问者"和解决问题的人。我并不是想划分出一道极端且不真实的分界线，但事实上，我们依然可以区分出仅仅掌握了操作方法的人和除此之外还明白为什么而做的人。前者的数量不在少数，并且总免不了成为科学领域的"牧师"，甚至是礼仪、程序和仪式方面的权威人物。这些人在以前不过就是有点讨厌，但如今科学已经成为国家和国际上的策略问题，这些人也因此成为可能随时造成破坏的隐患。这种趋势无疑是危险的，因为相比于去理解创造者和理论家，理解事物的操作者对外行人而言更加省力。

方法中心论倾向于不分青红皂白地高估量化的价值，并将此视为目的本身。这种现象必然发生，因为方法中心论向来更注重陈述的方式，而不是陈述的内容。于是，形式上的雅致和精确便与内容上的切实与宽泛形成了对立。

拥护方法中心论的科学家往往不由自主地令自己提出的问题适合自己的技术，而不是改进技术来解决问题。他们最初提出的问题往往是：用我现在拥有的技术和设备可以解决哪些问题？而不是提出更平常的问题，例如，我应该花时间去解决哪些最紧迫、最关键的问题？除此之外，如何解释大多数普通科学家一生都被耗费在一个狭小的领域内呢？这个区域的边界不是由关于世界的一个基本问题来界定的，而是由一件设备或一种技术的极限来界定的①。在心理学中,很少有人能够体会到"动物心理学家"或者"统计心理学家"这些概念的幽默。它们代表这些人不在乎是否真的可以解决问题,他们只要能够各自使用那些动物资料和统计数据就满足了。这让我们不禁想起那个有名的丢了钱包的酒鬼,他不去丢失的地方寻找,执意在路灯下找钱包,"因为那儿光线好"。或者,这也会让我们想起那个医生,他将自己的所有病人都诊断为痉挛症,因为那是他唯一会治的病。

方法中心论的另一种强烈倾向就是将科学分为不同等级,而这样做是相当危险的。在这份等级中,人们认为物理学比生物学更"科学",而生物学又比心理学更"科学",心理学又比社会学更"科学"。不过只有在完美、成功和精确的技术基础上,这种等级的假设才有可能实现。以问题为中心的科学永远不会提出这种等级说,因为谁会从本质上认为失业、种族偏见或是爱情问题,会不如形体、钠或肾功能的问题重要呢?

方法中心论倾向于将科学进行严苛的划分,在每部分间筑起高墙,使得各部分孤立,分属不同领域。当人们询问雅克·勒布(Jacques Loeb)他究竟是神经科医生、化学家、物理学家、心理学家还是哲学家时,他只是回答道:"我只解决问题。"当然,这本应是一种更寻常的回答。如果科学界有更多像勒布这样的人就好了。但是,我们的迫切需要却受到哲学的鲜明阻碍:如今的哲学令科学家成为技师和专家,而非富有冒险精神的真理探

---

① "我们倾向于重复已经懂得如何做的事情,而非尝试进行应该完成的事情。"(Anshen, R. ed., *Science and Man*, Harcourt, Brace & World, 1942)

求者，令他们成为学富五车却不懂提问的人。

如果科学家把自己看成是问题的提出者和解决者，而非专业的技术人员，那么现在就会出现一股涌向最新科学前沿的洪流，涌向那些我们本应最为了解却实际知之甚少的心理学和社会学问题。为什么极少有人涉足、深入这些领域？为什么同样情况下一百名科学家选择从事物理或化学研究，却只有十二名研究心理问题？派一千名头脑聪明的人去制造更先进的炸弹（甚至是更优化的青霉素），或是让他们去解决民族主义、心理治疗或剥削的问题，究竟解决哪一个问题对人类来说更好？

科学中的方法中心论在科学家和其他寻求真理的人之间，在他们寻求真相和理解真相的各种方法之间制造了巨大的分歧。如果我们把科学定义为追求真理、领悟和理解，关注重要问题，那么我们就很难区分科学家和诗人、艺术家和哲学家[①]。他们公开关心的问题可能是一样的。当然，最终应该进行一个诚实的语义上的区分，而且必须承认，这种区分必须主要基于防止错误的方法和技术上的差异。然而，如果科学家、诗人和哲学家之间的差距不像今天这样严重，那么对科学研究来说显然会更好。方法中心论仅仅简单地将它们放在不同的领域，而问题中心将把他们想象成相互帮助的合作者。多数伟大的科学家的个人经历表明，后一种情况比前一种情况更接近事实。许多伟大的科学家本身也

---

① "你必须热爱问题本身。"——里尔克（Rilke）
"我们已经了解了所有的答案，所有的答案：那就是我们不知道的问题。"
（A. MacLeish, *The Hamlet of A. MacLeish*, Houghton Mifflin）

是艺术家和哲学家，他们常常从哲学家那里获得各种营养，数量不亚于从他们的科学家同事那里得到的营养。

方法中心和科学正统观念

方法中心论总是不可避免地会形成一种科学上的正统现象，而这种正统又反过来造成一种异端。科学中的疑难和问题很少能被系统性地阐明、归类，或是归入档案系统。过去的问题不再是问题，而是答案。未来的问题尚未出现，但它们有可能可以确切阐述过去的方法和技术，并将这些方法和技术分门别类。这些问题便被称为"科学方法的法则"。它们披着传统、忠诚和历史的外衣，被奉为圣典，因此往往是当下的桎梏了（而不仅仅具有暗示启发或帮助作用）。在那些缺乏创造力、胆小、守旧的人手中，这些"法则"实际上成了一种要求，要求我们按照前辈解决他们当时问题的手段来解决如今的问题。

这种态度对心理学和社会科学来说尤为危险。在这里，采取真正科学的指令通常被翻译为：使用自然法则和生命科学的技术。因此，许多心理学家和社会科学家往往倾向于模仿旧的技术，而不是创造和发明新技术；然而这些新的技术是我们必须的，因为它们的发展程度、谈论的问题和收集的数据在本质上不同于物理科学。对于科学来说，传统可能会成为一种危险的"恩赐"，而忠诚是绝对危险的。

科学正统观念的危险

科学正统观念的一个主要危险是，它往往会阻碍新技术的发展。如果科学方法的法则已经被制定，那么剩下需要做的事情就只是应用它们。新的方法、新的处理方式，必然会被怀疑，而且常常会遭到敌视，如精神分析、格式塔心理学、罗夏测验。这种预料之中的敌意，可能部分是由于新的心理和社会科学所要求的相互依存、功能全面的逻辑、统计和数学尚未出现。

一般情况下，科学的进步是一种合作的产物。否则，局限性鲜明的个体怎么可能获得重要的甚至伟大的发现？在没有合作的情况下，发展很容易衰竭，除非出现了一帮不需要帮助的巨人。正统意味着拒绝帮助异端。既然（无论是正统派还是异端派）很少出现天才，那么就只有坚持正统科学，才能持续、平稳地发展。我们可以预见，异端思想在长期的令人厌烦的忽视或反对中被搁置，然后突然突破屏障（如果它们是正确的话），继而转身变为正统观念。

正统观念带来的另一种可能更为严重的危险是，它往往会对科学的范围进行越来越多的限制。这些正统观念不仅阻碍了新技术的发展，而且往往会阻挡许多问题的提出，因为读者很可能会认为，目前已有的技术无法回答这些问题，如关于主观的问题、关于价值观和宗教的问题。就是这些愚蠢的理由导致不必要的认输，导致"不科学的问题"这一概念自相矛盾，就好像有什么问题我们既不敢问，也不敢答。诚然，任何一个读过并且理解科学史的人，都不敢谈论无法解决的问题，他只会谈及尚未解决的问题。若是依照后一种表达方式，我们的行动的确有了明确的动机，有了进一步发挥创造力和创造性的契机。就目前的科学正统观念而言，我们可以用科学方法（我们知道的）做些什么？我们被推至反向，主动地作茧自缚，画地为牢，抛弃了人类的广阔利益。这种趋势可能走向最不可思议且最危险的极端。最近，国会正在讨论努力建立国家研究基金会，在讨论过程中，甚至有些物理学家建议，所有关于心理科学和社会科学的研究都不应该享有基金会的补助，因为这些研究都不够"科学"。假如不是仅仅出于对精良和成功技术的尊重，毫无对科学提问本质的认知，以及它来源于人类价值观和动机的了解，那么，这种发言是凭何提出的呢？作为一名心理学家，我该如何解释我的物理学家朋友们说出的这些和其他类似的嘲弄？我应该使用他们的技术吗？但是这些技术其实对我的问题毫无用处，那如何解决心理问题呢？难道这些心理问题不应该解决吗？或者科学家应该完全退出这个领域，把它还给神学家？或者这是针对个人的嘲弄？这是否意味着心理学家是愚蠢的，物理学家是聪明的？但这种毫无根据的荒谬论断是因何产生的呢？根据印象？那么我必须来谈谈我的印象，我认为任何一个科学团体中都有傻瓜，谁都不能避免。那么，哪种印象更有根据呢？

只能说他们暗地里将技术摆在了首要位置，也许还是唯一的位置，除此之外，恐怕再也没有其他什么可能的解释了。

以方法中心论为核心的正统观念鼓励科学家"求安全、求稳固"，而不是大胆勇敢。这一想法令科学家的常规工作越发平缓，像是在精心布置的道路上一寸一寸地前移，而不是在未知的领域中开辟新径。它迫使人们在面对未知问题时，持保守态度而不是选择激进的方法。这也往往会使科学家成为定居者，而不是开拓者。①

对于科学家而言最恰当的位置,或至少可以说是一段时间内最恰当的位置,是在未知的、混沌的、朦胧的,或是难以控制的、神秘的、未被清楚表达的事物之中。在以问题为导向的科学中,哪里有需要,他就应该出现在哪里。也正是因为科学中强调手段的方式,令科学家无法突破。

过分强调方法和技术会促使科学家认为:(1)他们比自己实际的情况更为客观,并没有太过主观;(2)他们不需要从价值角度考虑自身。方法在伦理上是中立的,疑难和问题可未必如此,因为它们迟早会涉及关于价值的难以解决的争论。避免价值问题的一种方法,就是强调科学的技术,而非科学的目标。事实上,科学方法中心论导向的一项主要根源,似乎就是尽可能追求客观(无价值)。

但是,正如我们在第1章中所看到的那样,无论在过去还是现在,科学都不是,也不可能是完全客观的;也就是说,科学无法独立于人类的价值。更重要的是,我们甚至应该好好讨论一下,它究竟是不是应该保持绝对客观(而不是人类可能达到的客观)。本章和上一章中列出的所有错误都证明了,若是忽视了人性的缺点,那是极其危险的。神经症患者不仅为自己的徒劳付出了巨大的主观代价,而且更为讽刺的是,他也会逐渐沦为一个思想越来越匮乏的可怜人。

---

① 天才是装甲部队的先头部队;他们闪电般地进入无人地带,留下了必然无人保护的侧翼部队。(Koestler, A., *The Yogi and The Commissar*, Macmillan, 1945, P.241.)

由于这种幻想中的价值独立，价值的标准变得越来越模糊。如果方法中心论的哲学体系非常极端（但他们很少是这样的），或是如果它们能够保持始终如一（但是他们不敢这样做，因为他们害怕会得出明显愚蠢的结果），那么就没有办法区分出所谓的重要实验和不重要实验，只有可能找出技术上完善的实验和技术上糟糕的实验[1]。若是只利用方法论的标准，那么最微不足道的研究也可以要求与最富有成果的研究一样，得到同样多的尊重。当然，实际情况并没有这么极端，只是人们试图呼吁除了方法论之外的标准和尺度。然而，尽管这种错误很少以明显的形式出现，但它常以不明显的方式出现。科学期刊上的很多实例都说明了这一点：不值得做的事也不值得做好。

如果科学只不过是一套规则和程序，那么它与象棋、炼金术、"防护学"（Umbrellaology）或牙科就诊活动有什么区别呢？[2]

---

[1] "科学家的伟大之处，与其说在于他解决了一个问题，不如说在于他提出了一个问题，而这个问题的解决方法……将带来真正的进步。"（Cantril, H., *An inquiry concerning the characteristics of man, J. abnorm. social Psychol.*, 1950.45, 491-505）

"一个问题的表述往往比它的解决方案更为重要，因为解决方案可能仅仅是关于数学或实验技能的问题。提出新的问题，指明新的可能性，从一个新的角度看待老问题，需要创造性的想象，这些标志着科学的真正进步。"（Einstein. A., and Infeld. L.,*The Evolution of Physics,* Simon and Schuster.1938.）

[2] 牛津大学基督圣体学院的理查德·利文顿爵士将技术人员定义为"除了自己工作的最终目的，和它在宇宙秩序中的地位之外，对工作的其余方面都了如指掌的人"。另外也有人以类似的方式，将专家解释为一个在大谬论中避免所有小错误的人。

第 3 章

动机理论引言

在这一章中,我提出了十六种关于动机的命题,任何一个合理的动机理论都应当涵盖这些命题。其中的一些命题真实得近乎平庸,但我仍然觉得需要重新强调一下,还有一些可能没那么容易被接受,争议更多一些。

作为一个整体的人

我们的第一个命题是,所有个体都是一个完整的、有组织的整体。心理学家通常会非常虔诚地接受这种理论说法,然后常常在实际的操作中平静地忽略它。在健全的实验和合理的动机理论成为可能之前,我们必须认识到它既是一种实验现实,也是一种理论现实。在动机理论中,这个命题包含着许多具体的事情。例如,受到外界推动的是整个个体,而不仅仅是部分。在一项好的理论中,不存在例如胃或嘴,或生殖器的需要,只有这个人的需要。是约翰·史密斯想要食物,而不是他的胃要吃东西。此外,满足感会席卷整个个体,而不仅仅是他的一部分。食物满足了约翰·史密斯的饥饿感,而不是他的胃的饥饿感。

实验者们将约翰·史密斯的饥饿感仅仅当作胃肠道的一种功能来对待,这令他们忽略了这样一个事实:当一个人饥饿时,不仅是他的胃肠功能发生了变化,其余许多方面,甚至可能是他具有的大部分功能也都发生了变化。他的感知能力会发生变化(他会比其他时候更容易注意到食物);他的记忆会发生变化

（此时的他会比其他时候更容易记住一顿大餐）；他的情绪会发生变化（他比其他时候更紧张，也更激动）；他的思考内容也发生了变化（他更倾向于思考如何获得食物，而不是如何解决一道代数题）。这份列表可以扩展到所有生理和心理的官能、能力和功能。换句话说，当约翰·史密斯饿的时候，饥饿席卷了他全身，此时作为个体，他有别于其他任何时候。

作为范例的饥饿

事实上，选择饥饿作为其他所有动机状态的范例，无论在理论上还是实践上，都是不明智也不合理的。通过更为仔细的分析我们可以看出，相比于一般动机，饥饿驱动更像是一种动机特例。它比其他动机更为孤立［格式塔派（Gestalt）和戈尔茨坦派（Goldsteinian）的心理学家使用了"孤立"这个词］；比其他动机不常见；最后，它与其他动机的不同之处在于，它有一个已知的躯体基础，这对于动机状态来说是极其罕见的。那么，更常见的直接动机有哪些？我们可以通过回顾一日的生活过程，很容易地发现问题。从意识中掠过的欲望通常是对衣服、汽车、友谊、陪伴、赞扬、名誉等的欲望。通常，这些欲望被称为次级或文化驱动力，人们认为这些驱动力与真正"值得尊敬的"或最重要的驱动力（生理需求）不在一个层面。实际上，这些驱动力对我们来说更加重要，也更为常见。因此，我们最应该选择它们中的一个作为范例，而不是饥饿驱动。

一般的假设认为，所有的驱动力都会效仿生理驱动力的例子。但现在，我们可以合理预言，这将永远不会发生。大多数驱动力都不是独立的，不会局限在躯体的某一部分，也不能被视作当时有机体中发生的唯一事情。典型的驱动力、需求或欲望不会，也可能永远不会与特定的、独立的、局部的躯体基础有关。典型的欲望显然是整个人的需要。可以说，选择这种驱动力作为研究模型会更加有效，比如说，选择对金钱的渴望，而不是单纯的饥饿感，或者你可以选择更好的范例——一个更为基础的目标，比如，对爱的渴望，而不是任何片面的目标。考虑到我们如今掌握的所有证据，无论我们多么了解人体对消除饥饿的渴望，也可能永远无法完全理解一个人对爱的需要。事实上，我们或许可以得出一个更有力的说法，即相比于透彻研究饥饿驱动力，充分认识到机体对爱的需要，可以帮助我们更多地了解普遍的人类动机（包括饥饿驱动力本身）。

在这一点上，我们不妨回顾一下格式塔心理学家经常对单一性概念进行的批判性分析。与爱的驱使相比，饥饿的驱使似乎很简单，但从长远角度来看，它其实并没有那么简单。通过选择相对独立于机体整体的事例和活动，我们可以大致了解单一性的面貌。其实很容易就可以发现，一项重要的活动与人身上几乎所有重要的方面都保持着动态的关系。那么，为什么要选一项在这个意义上根本不是典型的活动呢？仅仅是因为我们习惯的（但也不一定是正确的）有关隔离、还原的实验技术更容易操作，或是相比于其他活动，它更为独特？如果我们面临以下问题选择：（1）处理从实验性角度来说极为简单，但意义不大或毫无意义的问题；（2）解决实验角度极其困难但尤为重要的问题；我们当然应该毫不犹豫地选择后者。

目的和手段

如果仔细研究日常生活中的典型欲望，我们就会发现它们至少有一个重要的特征，即它们通常是达到目的的手段，而并不是目的本身。我们需要钱，目的是为了买一辆汽车。反过来，因为邻居买了一辆车而我们不想低人一等，因此我们也想要一辆汽车，如此一来便可以维护自己的自尊，也可以得到别人的爱和尊重。通常，当我们分析某种有意识的欲望时，会发现其实可以深入表象的背后，探求个体内心更基本的其他目的。换言之，我们面临着一种与精神病理学中的症状的作用非常相似的情况。这些症状很重要，但重要的点并不在于症状本身，而是在于它们的最终含义，即它们的最终目标是什么，或者说它们会达到怎样的效果。研究症状本身并无甚意义，但研究症状的动态意义十分重要，因为它的成效颇大，举例来说，它能实现心理治疗。那些在我们的意识中一天穿梭数十次的特定欲望，它们本身并不重要，重要的是它们代表什么，它们指向何处，在经过深层分析后它们最终意味着什么。

这种更深层次的分析有个特点，即它总是最终指向某些我们无法实现的目标或需求；也就是说，满足这些需求似乎就是目的，似乎不必再进一步证明或核实。这些需求在普通人身上呈现出某种特点，即通常无法被直接发现，更多的时候，这种需要像是来源于繁多的、意识明确的欲望概念的一种衍生物。换句话说，对动机的研究在一定程度上必须是对人类终极目标、欲望或需求的研究。

这些事实暗示了健全动机理论的另一个必要性。由于这些目标在意识中通常不会直接显现，我们因此不得不即刻解决无意识动机的所有问题。仅仅仔细研究有意识动机的生活，往往会令我们遗漏许多与意识中看到的同等重要甚至更为重要的东西。精神分析反复证明过，一种有意识的欲望以及欲望之下隐藏着的最终无意识目标，二者之间的关系根本不必是直接的。事实上，就像在反应形成中展现的那样，这种关系实际上可能是一种消极关系。如此一来，我们可以断言，健全的动机理论不可能会忽视无意识生活。

欲望和文化

如今，有充足的人类学证据表明，虽然人们有意识的日常欲望的差异极大，但所有人的基本欲望或最终欲望差异并没有那么大。主要原因是，两种不同的文化可能提供两种完全不同的方式来满足某种特定的欲望。以自尊为例。在一个社会里，一个人靠自己好猎手的身份获得自尊；而在另一个社会里，获取自尊却要靠当一位伟大的医生或一位勇猛的战士，或是一个冷酷无情的人等。那么，如果我们从根本上考虑，或许可以认为，一个人想要成为一名好猎手的欲望和另一个人想要成为好医生的愿望，有着同样的动力和同样的根本目标。随后我们可以断言，对于心理学家来说，将这两种看似不同的有意识欲望归于同一范畴，而不是纯粹基于行为依据将它们归入不同的范畴，会更有用。显然，目的本身远比通向目的的道路更为普遍，因为这些道路依赖于特定文化，具有当地性。人类比你最初想象的更为相似。

多重动机

我们从精神病理学的研究中了解到,一个有意识的欲望或一种有动机的行为,具有与我们刚刚讨论的同出一源的另一个特点,那就是这种欲望或行为可以作为一种渠道,其他意图可以通过这种渠道来展现自己。其实有好几种方式可以证明这一点。例如,众所周知,性行为和有意识的性欲所暗含的、无意识的目的可能是极其复杂的。对一个男人来说,性欲可能实际上代表着证明自己阳刚之气的欲望。但在其他人身上,性欲可能从根本上代表了一种想要让人记住的欲望,或者是对亲密、友好、安全、爱的渴望,又或是这些欲望的任意组合。在意识当中,所有这些人的性欲可能内容都是相同的,而且可能所有人都会错误地认为他们只是在追求性满足。但我们现在知道,这种认知是不正确的;解决这些性欲和性行为在根本上代表的问题,而不是人们在意识中认为的它们代表的方面,对于理解个体尤为重要(无论是预备行为还是完成行为都是如此)。

另一种支持这一观点的证据是,人们发现一个单一的精神病理学症状可能同时代表着几种不同的,甚至相对立的欲望。一只因癔症而无法正常活动的手臂可能象征着,在同时面临对复仇、怜悯、爱和尊重的欲望时,个体得到了全部满足。若是仅从纯粹的行为方式考虑,无论是第一个例子中的有意识的愿望,还是第二个例子中的显性症状,都意味着我们武断地放弃了全面理解个人行为和个体动机状态的可能性。我们必须强调,若是一种行为或一个有意识的欲望只有一个动机,那一定是,不寻常的!

激励状态

从某种意义上说,几乎所有的机体状况本身也是一种激励状态。如果我们说一个人失恋了,那么我们想表达些什么?静态心理学会在这句话后面加个句号,然后就满足了。但是,动态心理学会在大量的经验论证基础上,通过这句话传达出更多的含义。这种感觉在整个有机体的身体和心理方面都会产生影响。例如,它还意味着紧张、压力和不愉快。此外,除了目前与有机体其他部分的关系之外,这种状态会自然而然地、无法避免地促发许多其他情况,例如,想要重新赢得感情的强迫欲望、各种各样的自卫努力、敌意堆积等。

很明显,如果我们想要解释"这个人失恋了"这句话隐含的状态,那么就必须添加相当多的论述来讨论他因为失恋而遭遇了什么。换句话说,失恋的感觉本身就是一种激励状态。一般情况下,或者可以说至少在一般情况下,目前流行的动机概念是建立在一种猜测之上的,即假设动机状态是一种特殊的、不寻常的状态,与有机体中发生的其他事情有明显的区别。相反,健全的动机理论应该假设动机是恒定的、永无止境的、会起伏的,也是复杂的,而这些特征几乎是所有有机体状态的普遍特征。

动机间的关系

人是一种不满足的动物,只能在极短暂的时间里达到完全满足的状态,除此之外则很少能再有。当一个愿望得到满足时,另一个愿望便会出现,取代它原来的位置;当这个需求被满足时，又会有另一个欲望探出脑袋。一个人几乎总是在渴求着什么，这是贯穿人类一生的特点。因此，面对诸多渴求，我们必须研究所有动机之间的相互关系；与此同时，如果我们想全面了解我们探究的动机关系，又意味着我们必须放弃孤立的动机单元。动机或欲望的出现，由它引发的行动，以及获得目的物品后带来的满足感，将这些全部加在一起，给我们带来的只是一个从动机单元复合物提取出的人工的、孤立的、单一的例子。实际上，整个有机体可能包含的其他所有动机的或满足或不满的状态，总是会制约这种现象的出现，换句话说，就是基于这样或那样的优先欲望已经达到了相对满足的状态。想要某种东西本身就意味着存在对其他需求的满足。假如我们在大部分时间里都饥肠辘辘，假如我们一直觉得口渴难耐，假如我们不断地受到一场即将来临的灾难的威胁，或者假如每个人都恨我们，那么我们就永远不会有作曲或构想数学体系的欲望，也不会有装饰房子、打扮自己的欲望。

动机理论的建构者从来没有对以下两个事实给予恰当的尊重：第一，除了递进或相对递进的方式，否则人类永远不会满足；第二，欲望似乎会按照某种优先等级自动排列。

驱动力目录

我们应该彻底地放弃想要为驱动力或需求列出分解图表的想法。出于各种不同的原因，这些目录在理论上就是不可靠的。首先，它们意味着列出的各种驱动力是均等的，具体来说即是指在效力上和出现的概率上是均等的。然而这并不正确，因为在意识中浮现出的任何一种欲望的概率，取决于其他优先欲望的满足与否状态。各种特定驱动力出现的概率有极大差别。

其次，这样的列表意味着这些驱动中的每一种都是毫不相干的。自然，它们之间并不是以任何形式形成孤立的。

最后，因为这种驱动力目录通常是基于行为制定，完全忽略了我们所知道的驱动力的动态特性，例如，它们的有意识和无意识方面可能是不同的；一种特定的欲望实际上可能是其他几种欲望表达自己的渠道；等等。

这种目录的愚蠢之处还在于，这些驱动力并不是以孤立的、互不相关的数值算数作为排列依据，而是按照每种驱动力的具体特征排列。这就意味着，一个人选择在目录中列出多少种驱动力，完全取决于他对这些驱动力具体特性的分析程度。这份目录呈现出的真正图景并不是许多木棒依次排列，而是像一组套盒，一个大盒子里有另外三个盒子，每个盒子里有另外十个小盒子，这十个盒子里每个又装有其他五十个更小的盒子，以此类推。或者我们可以再做一个类比，将其当作在不同的放大倍数下观察一块组织切片。这样一来，我们便可以谈论满足或平衡的需要；或者更具体地说是吃东西的需要，是填饱肚子的需要，是对蛋白质或是某种特定蛋白质的需要等。然而，我们现有的目录毫不区分地将太多以不同程度放大后的需求混合在了一起，这种混乱导致部分目录包含了三到四种需求，而更有一些包含了数百种需求。如果我们愿意，我们可以制作一种包含从一到一百万的任何一个数量的内驱力目录，内驱力数量完全取决于分析的具体性。此外，我们应该认识到，如果我们试图讨论基本的欲望，就应该清楚地将它们当作不同的欲望组，当作不同欲望的基础类型或集合。换言之，这种基本目标的列举应是一种抽象的分类，而不能做成所谓的目录清单。

此外，所有已经公布的驱动力目录似乎都显示，各种驱动力间存在相互排斥的情况，但事实并非如此。通常驱动力之间会有重叠，这种重叠令我们几乎不可能将任何一种驱动力与其他一种非常清晰、明确地区分出来。在对驱动力理论的所有批判中也应该指出，驱动力概念本身可能就来自对生理需求的执着。在处理这些需求的过程中，我们可以很容易区分出刺激物、动机行为和目标对象。但是，当我们谈论对爱的渴望时，区分动机和目标对象就变成了一项难事。在这种情况下，驱动力、欲望、目标对象、行为活动似乎都是一回事。

动机生活的分类

在我看来，现有的大量证据表明，可以区分动机生活的唯一一种可靠且根本的基础，就是基本目标或需求，而不是一般刺激物意义上的驱动力目录（是"拉动"而不是"推动"）。动态方式向心理学理论建设强加了不停变化的要求，而只有基本目标可以在所有的变化中保持不变。我们在前文中谈论到各种考虑情况正支持了这一论点，无须进一步证明。因为我们已经发现动机行为可以表达许多情况，所以它无疑并不是一种很好的分类基础。同理，特定的目标对象也不是很好的分类基础。一个人对食物有欲望，然后以适当的方式获得食物，继而咀嚼食用，实际上他可能是在寻求安全，而不是食物。一个人经历了性欲、求爱、完美性行为的全部过程,但实际上他可能是在寻求自尊而不是性满足。通过内省出现在意识、动机行为,甚至明确寻求的目标对象或效果中的内驱力,都不是建立人类动机生活的动态分类的坚实基础。真希望我们可以只凭借逻辑的排斥过程,最终留下多半无意识的基本目标或需求,作为动机理论分类的唯一可靠基础。①

动机和动物资料

学术派的心理学家在动机领域的研究主要依靠动物实验。白鼠不是人,这一点不言而喻,但不幸的是,我们仍然有必要再强调一遍,因为动物实验的结果常常被当作我们对人性理论研究依据的基础资料。②动物资料当然有很大的用处,但需要我们谨慎且明智地使用它们。

我认为动机理论必须以人类为中心,而不能以动物中心。首先让我们聊一聊本能的概念。我们可以明确地将本能定义为一个动机单位,在这个单位中,内驱力、动机行为、目标对象或目标效果,都明显地由遗传决定。随着我们研究的物种级别不断上升,在这种定义下的本能有逐渐消失的趋势。例如,在白鼠身

---

① 参见默里(Murray)的《人格探索》(*Explorations in Personality*)以及其他人关于此类观点的更详细讨论。
② 例如,P.T.杨武斯地将目的或目标的概念从动机理论中剔除,原因是我们不能问一只老鼠,它的目的是什么,那还有必要在这里指出我们可以问一个人他的目的是什么吗?与其因为我们不能问老鼠而拒绝把目的或目标作为一个概念,不如当作是因为我们不能问明白老鼠的目的,因此拒绝它,后者似乎更加明智。

上，我们可以公正地说，根据我们的定义，它们的身上存在饥饿本能、性本能和母性本能。在猴子身上，性本能已经完全消失了，饥饿本能也明显地以各种方式被削减，毫无疑问，猴子的身上只有母性本能还肯定存在。至于人类，根据我们的定义，这三种本能都消失了，取而代之的是遗传反射、遗传驱动力、自主学习和动机行为中的文化学习和目标对象选择中的文化学习（见第6章）。因此，如果我们细细研究人类的性生活，我们会发现纯粹的内驱力本身是由遗传决定的，但是对象的选择以及行为的选择，一定是在生活的历史过程中学会的。

随着研究的物种级别进一步上升，对高等级物种来说，食欲变得越来越重要，饥饿感变得越来越不重要。举个例子来说，与猴子相比，白鼠在选择食物方面的可变性要小得多，而猴子的可变性又比人类小得多。

最后，当我们研究的物种等级上升，本能逐渐削弱，生物越来越依赖作为一种适应工具的文化。如果我们必须用动物资料来解释这些事实的话，我可以举个例子，要是仅仅因为我们人类更像猴子而不是白鼠，那么我们应该更喜欢将猴子作为动机实验的对象而不是白鼠。哈洛（Harlow）和许多其他灵长类动物学家已经充分证明了这一点。

环境

到目前为止，我只谈到了有机体本身的性质。现在我有必要至少简单地谈一谈生物体所处的情境或环境。我们当下必须承认，如果不是与环境和其他人发生联系，人类的动机很少可以在行为上实现。任何动机理论都必须无可厚非地考虑到这一事实，这意味着它不仅需要包括环境，而且需要包括有机体本身，以及文化决定的作用。

一旦我们承认了这一点，我们仍然需要提醒理论家，不要过分专注于外部、文化、环境或情境。我们的中心研究对象毕竟是有机体或性格结构。情境理论很容易走向这种极端：它将有机体仅仅看作是场域中的一个附加对象，相当于一个障碍物，或者个体试图获得的某个物件。我们必须记住，个人在一定程度上创造了他的障碍物和自己的价值目标，部分障碍物和目标的术语上的界定原则，必须由某种情景下特定的有机体来设定。我不知道有什么方法可以普遍地定义或描述某种领域，且能够在描述时抛开其中特定的有机体的功能。当然，我必须指出，当一个孩子试图实现对他来说有价值的目标，却受到某种障碍的限制时，他不仅会确定这个目标是有价值的，而且会确定这个障碍一定是个障碍。从心理学上来说，并没有什么障碍一说，只有具体的某个人在试图获取所求之物时的阻力。

在我的印象里，当以不充分的动机理论作为基础时，极端的或排他的情境理论叫嚣得最为热烈。比如，任何纯粹的行为理论都需要情境理论来赋予它所有意义。一个基于现有内驱力，而不是目标或需求的动机理论，如果不想被推翻，也需要强有力的情境理论。然而，一个强调恒定的基本需求的理论，本身是相对长久的，并且更独立于有机体所处的特定环境。因为需求组织了自己行动的可能性，可以说是以最有效的方式且极具变通性，不仅如此，它还组织甚至创造了外部的现实。换种说法就是，如果我们接受科夫卡（Koffka）对地理环境和心理环境的区分，那么理解地理环境是如何成为心理环境的唯一令人满意的方法就是，理解心理环境的组织原则是有机体在特定环境中的当前目标。

因此，可靠的动机理论必须考虑到情况，但决不能成为纯粹的情境理论；也就是说，除非我们明确地愿意放弃了解有机体恒常的本性，转而去了解它所生活的世界。

为了避免不必要的争论，我需要强调一下，我们现在关心的不是行为理论，而是动机理论。行为是由几种决定因素决定的，动机只是其中一种，环境又是另一种。动机的研究不是否定情境决定因素的研究，而是对其进行补充。在一个更大的结构中，它们各自占有一席之地。

融合

任何动机理论都必须考虑到两个事实，第一，有机体通常表现为一个整体；第二，但并非所有时间里都是如此。这是因为，除有机体整体外，还有一些特定且孤立的条件作用和习惯，以及各种各样的分层反应，和我们所知道的大量分裂和缺乏整合的现象。不仅如此，有机体更可以在日常生活中以非同时的方式做出反应，就像我们可以同时做许多事情一样。

显然，当有机体全然面对一次巨大的欢愉或极具创造力的瞬间，或是一个重大问题、一次威胁或一场紧急情况时，它最能发挥融合作用，自成一体。但是当威胁具有压倒性优势，或者当有机体太过虚弱或无力掌控情况时，它就会分裂。总的来说，当生活轻松顺利时，有机体可以同时做很多事情，朝着多个方向发展。

我相信，有相当一部分现象，看上去似乎是具体且孤立的，但实际上并非如此。我们通常可以通过更深入的分析，来证明它们在整个结构中占有重要的位置，如转换性的歇斯底里症。这种明显的整合能力的缺乏，有时可能只是我们自己无知的反应，但我们现在已经掌握了足够的知识，可以确定在某些情况下，孤立的、局部的或是分层的反应是可能的。而且我们如今越来越清楚，这种现象并不一定是软弱的、不好的或病态的。相反，它们通常被视为有机体中一项最重要能力的证明，即有机体可以以局部、特定或分层的方式处理不重要的或熟悉的或容易克服的问题，从而使有机体的主要能力仍能自由地用于更重要或更具挑战性的问题。

无动机行为

在我看来，并不是所有的行为或反应都是有动机的，至少不是普通意义上追求需要的满足，即寻找所缺少或需要的东西，不过心理学家几乎普遍接受与我的看法相反的观点。成熟、表达、成长以及自我实现的现象都违背了普遍动机规则，我们最好将这些现象视为表达而不是应对。我在接下来的章节中将详细讨论这些问题，特别是第10章和第14章。

此外，诺曼·麦尔（Norman Maier）还有力地提醒我们注意弗洛伊德学派经常提及的一种区别，但他们从未清晰明确地解释过这种区别。大多数神经症症状或趋势都是基本需求满足受到扭曲的冲动，这些冲动在某种程度上受到了阻碍或误导，或被与其他需求混淆，或是用错了方式。然而，其他症状并不是满足感的扭曲，而是单纯的保护或防御。他们没有什么目的，只是防止自己受到进一步的伤害、威胁或挫折。这种症状区别就好像是两个战士间的差异，一个仍然希望胜利，另一个对胜利毫无希望，只想尽可能不要输得太惨。

由于放弃和绝望一定与治疗中的预断、与对学习的期望，甚至可能与寿命有相当大的关系，因此任何完善可靠的动机理论，都必须涉及麦尔的区别论以及克利（Klee）对这种区别的解释。

达到目的的可能性

杜威（Dewey）和桑代克（Thorndike）强调了动机的一个重要方面，一个已经被大多数心理学家完全忽视的方面，即可能性。总的来说，我们有意识地渴望一切可以确实获得的东西，也就是说，我们对愿望的现实态度要比精神分析学家所允许的更为现实，因为他们总是专注于无意识的愿望。

当一个人的收入增加时，他发现自己积极地渴望和争取一些他几年前连做梦都不敢想的东西。普通的美国人渴望汽车、冰箱和电视机，因为它们是真正可能获得的东西；他们不奢望游艇或飞机，因为这些东西实际上距离普通美国人很遥远。很可能就算在无意识里，美国人也不会想要它们。

重视达到目的的可能性这一因素，对于理解美国人口中不同阶级和等级之间的动机差异，以及理解美国的文化与其他贫穷国家和文化之间的动机差异至关重要。

现实的影响

与这个问题相关的,是现实对无意识冲动的影响。对弗洛伊德来说,本我冲动就是一种离散的存在,与世界上任何其他事物都没有内在的联系,甚至与其他本我冲动也没有联系。

> 我们可以用图像来更近似地解释本我,我们可以称之为一种混乱,一锅翻涌沸腾的激荡。这些本能令本我充满能量,但它并没有组织和统一的意志,只有一种冲动,遵循快乐原则,为本能的需要获得满足。逻辑法则,尤其是矛盾法则,不适用于本我的过程。互相矛盾的冲动并存,不会相互抵消或是分离;它们最多在具有压倒性力量的经济压力下以妥协的形式联合起来,释放它们的能量。在本我中没有任何可以比作虚无的成分,哲学家们曾主张空间和时间是我们进行心理活动的必要形式,但我们惊讶地发现,本我并不符合这一论断……
>
> 自然,本我不懂价值,没有善恶,不管道德。与快乐原则密切相关的经济因素,或者你可以说是数量因素,控制着本我的全部进程。本能的精神集中寻求发泄——在我们看来,这就是本我的全部。(西格蒙德·弗洛伊德,《精神分析引论》,诺顿出版社1933年版,第103—105页)

在某种程度上,一旦这些冲动被现实条件控制、减弱或阻止,它们就成为自我的一部分,而不是本我了。

把自我视为本我的一部分是不会错的,因为自我更接近外部世界,且受到本我的影响,所以它的力量会被削弱,但它的目的仍是接受外部刺激并保护有机体免受伤害,就像包裹住微小的生命物质的外皮层。这种与外部世界的关系决定了自我。它承担了为本我展现外部世界的任务,从而保护本我;对于本我来说,只有完全不顾外界的优越力量,盲目地极力满足自己的本能,才能逃脱毁灭。在完成这一任务的过程中,自我必须观察外部世界,并在感知留下的记忆痕迹中保存一幅外部世界的真实画面,与此同时,它必须通过现实测试,消除外部世界画面中来自内部激发源的所有因素。自我为了本我,控制着通往能动性的道路,但它在欲望和行动之间插入了思考这一拖延因素,在思考期间,它利用了储存在记忆中的残余经验。无可争议地,快乐原则影响着本我的进程,但以这种方式,自我推翻了这一原则,并用现实原则加以取代,而现实原则保证了更好的安全性和更可能的成功性。

然而,约翰·杜威的观点是,成人的所有冲动,或至少是特有的冲动,都是与现实结合并受其影响的。简言之,这句话相当于主张并没有什么本我冲动,换句话说,字里行间都在表明,如果有所谓的本我冲动,那么它们在本质上就是病态的,不是健康的。

尽管我无法提供什么有经验的解决办法,但我仍然指出了这一矛盾，因为这是一个极其关键的、无法妥协的差异。

在我们看来，问题并不在于弗洛伊德描述的那种本我冲动究竟是否存在。任何一个精神分析学家都会证明，不顾现实、常识、逻辑甚至个人利益的幻想冲动是会出现的。问题是，这些幻想冲动究竟是疾病或退化的证据，还是健康人内心最深处精髓的体现？在生命的历史中，婴儿的幻想究竟是在何时开始被现实的感知削弱的？是不是所有人的出现时间都一样，神经质和健康的人都一样？高效工作的人能完全不受这种影响吗？能保护自己动机生活中的任意隐秘角落吗？或者，如果事实证明，这种完全起源于有机体内部的冲动确实存在于我们所有人身上，那么我们必须问：它们是什么时候出现的？在什么条件下出现？它们一定是弗洛伊德认为的麻烦制造者吗？它们一定会与现实对立吗？

了解健康动机

我们对人类动机的了解大多并非来自心理学家，而是来自治疗病人的心理治疗师。这些病人既是十分有用的数据来源，也是大量错误理解的来源，因为他们明显代表了人口阶层中的下层人。即使在原则上，我们也应该拒绝以神经症患者的动机生活作为健康动机的范例。健康不仅仅意味着没什么病，甚至可以说是根本没有病。任何值得注意的动机理论都必须涉及健康强壮的人的最高能力，以及心理有缺陷者的防御策略；与此同时，它还需要涵盖并且解释人类历史上最伟大、最优秀的人物最为关心的事物。

仅从病人那里，我们永远也不可能得到这种认知。我们还必须把注意力转向健康人。动机理论家们必须找到更加积极的方向定位。

第 4 章

人类动机理论

引 言

本章试图构架出一套积极的动机理论,它将既满足前一章列举的理论要求,又符合已知的、临床的、观察后的以及实验的事实。不过,它最直接的来源在于临床经验。我认为,这个理论满足詹姆斯和杜威的功能主义传统,并且融合了韦特海默(Wertheimer)、戈尔茨坦、格式塔心理学,以及弗洛伊德、弗洛姆、霍妮、赖克(Reich)、荣格和阿德勒的动力主义。这种整合或综合可以称为整体动力理论。

基本需求

生理需求

动机理论通常以需求为出发点,即所谓的生理驱动力。最近的两项研究使我们有必要修正一下自己对这些需求的传统观念:第一,体内平衡概念的发展;第二,发现食欲(食物中的优先选择)可以相当有效地指示出身体实际的需求或缺乏。

体内平衡是指人体自主努力维持恒定的、正常的血流状态。坎农(Cannon)描述了这一过程,包括血液的:(1)水含量;(2)盐含量;(3)糖含量;(4)蛋白质含量;(5)脂肪含量;(6)钙含量;(7)氧含量;(8)恒定的氢离子水平

（酸碱平衡）；（9）恒温。很明显，研究内容还可以扩展到其他矿物质、激素和维生素等。

他还总结了食欲与身体需求之间的关系：如果身体缺乏某种化学物质，个体便会倾向于（以一种不完美的方式）对缺失的食物元素产生特定的食欲或偏爱。

因此，想要列出基本的生理需要表似乎是不可能的，也是无用的，因为根据描述的具体程度，需求的多少可以是任何你希望的数量。我们不能把所有的生理需求都看作是体内平衡的。我们目前还没有证实，性欲、嗜睡、纯粹的行为活动、运动以及动物身上的母性行为都是体内平衡的。此外，这里并不包括各种感官享受（味道、气味、挠痒、抚摸），这些快感可能是生理上的，也可能成为动机行为的目标。我们也不知道如何解释这样一个事实：有机体在具有保守、懒惰和不积极倾向的同时，也具有对活动、刺激和兴奋的需要。

在上一章中，首先，我们已经指出，应当将这些生理上的驱动力或需求看作是不寻常的，而不是典型的，因为它们是可孤立的，在身体上是可定位的。也就是说，它们相对独立于彼此、独立于其他动机和整个有机体。其次，在许多情况下，我们都有可能证明，我们的躯体中存在针对驱动力的、潜藏的具体部位基础。这并不像人们想象的那么普遍（疲劳、困倦、母性反应除外），但在对于饥饿、性和口渴的经典例子中，它是真实确切的。

需要再次指出的是，任何生理上的需要和与之相关的完善行为，都是其他各种需要的渠道。也就是说，一个认为自己饿了的人，实际上可能在寻求更多的安慰或依赖，而不是维生素或蛋白质。相反，人们可以通过其他活动，如饮水或吸烟，部分地满足饥饿的需要。换句话说，尽管这些生理需求相对独立，但它们并非是彻底独立的。

毫无疑问，这些生理需求是所有需求中最主要的成分。具体来说，举个极端的例子，假如一个人在生活中所有想要的东西都没得到，那么他最主要的动机可能是生理上的需要，而不是其他任何需要。一个缺乏食物、安全感、爱和尊重的人，对食物的渴望最有可能比其他任何欲望都强烈。

如果所有的需要都得不到满足，而有机体又因此被生理需求所支配，那么所有其他的需求可能会完全消失，或者被推至幕后。因此，我们可以公正地说，整个有机体展现出的特点简单来说就是饥饿，因为他的意识几乎完全被饥饿所占据。他将所有能力都用于消除饥饿，而这些能力的状态几乎完全取决于消除饥饿这一个目的。感受器、效应器、智力、记忆、习惯，现在都可以简单地定义为是消除饥饿的工具。对于实现这一目的没有用处的能力，则处于休眠状态，或者干脆被屏蔽。在这种极端的情况下，写诗的冲动、对汽车的渴望、对美国历史的兴趣、对一双新鞋的渴求，都会被遗忘或变得次要。对于一个极度饥饿而近乎危险的人来说，除了食物，他没有其他任何兴趣。他的梦里是食物，记忆中是食物，想法里是食物，他只对食物展露感情，只能感知到食物，只想要食物。通常能够与进食、喝水或性行为等生理驱动力巧妙融合的更微妙的决定因素，此刻可能已经消失殆尽，结果是，我们可以在这个时候（但仅在这个时候）毫无保留地怀揣缓解饥饿这一目的,来谈论纯粹的饥饿感和行为。

当人类有机体被某种需要所支配时,它会展现出另一种特殊属性:对于未来的整个哲学观也趋于改变。对于长期处在极度饥饿状态下的人来说,乌托邦可以被简单地定义为食物充足的地方。他倾向于认为,只要能保证他余生都有饭吃,他就会非常幸福,再也不想别的东西了。生活的本身意义就是吃,其他任何事情都是不重要的。自由、爱、社会情感、尊重、哲学,都可能被当作无用的奢侈品而弃之不顾,因为它们不能填饱肚子。可以说,这样的人仅仅是为了面包活着。

我们不能否认这类事情的真实性,但可以否认它们的普遍性。从定义上讲,紧急情况在正常运作的和平社会里是罕见的。但人们常常会遗忘这条真理,主要是两个原因。首先,除了生理上的动机外,老鼠几乎没有什么其他的动机,既然对这些动物的动机进行了这么多的研究,那么我们可以很容易将对老鼠的研究结果延展至人类身上。其次,人们往往意识不到文化本身就是一种适应性的工具,它的主要功能之一就是逐渐减少生理上的紧急情况出现的频率。在大多数已知的社会中,长期处在紧急情况下的极度饥饿是罕见的,并不是一种普遍现象。总之在美国是这样,当一个普通的美国公民说"我饿了",他实际是在经历食欲翻涌,并不是饥饿,而真正攸关生死的饥饿,他可能极偶然才会碰到,一生中可能也就只有几次。

显然,一个掩盖更高动机、掩盖对人类能力和人性的片面看法的好方法,就是让有机体处于长期极度饥饿或干渴的状态。如果有任何人试图将紧急情况延伸成为典型状态,利用自己在生理极度匮乏情况下的行为来衡量人类的所有目标和欲望,那么他这无疑是对许多事实视而不见。人仅仅是为了面包而活着,这句话没有问题,但这只有在没有面包的时候才是事实。但是,当人们有足够的面包,并且腹中长期有食时,他的欲望又会发生什么变化呢?

另一种(也是更高级的)需求——并不是生理上的饥渴——会马上出现,随即支配机体。当这些需求得到满足,新的(更高级的)需求又会出现,循环往复。这就是我们所说的,人类的基本需求呈现出一个具有相对优势的层次结构。

这句话包括的重要内涵是:在动机理论中,满足成为与匮乏同等重要的概念,因为它将有机体从一个相对更注重生理的需要支配下释放出来,从而允许其他更为社会性目标的出现。生理需求,连同它们的局部目标,在长期得到满足时,就不再扮演行为活动中的积极决定因素或组织者了。它们现在只是以一种潜能的方式存在,如果这种需求受阻,它们可能会再次出现,并且再次控制机体。不过,满足了的欲望不再是欲望。因此,只有未满足的需要才能支配机体、组织行为。如果饥饿得到消除,那么它在当前个人的原动力中就变得没那么重要了。

在某种程度上,这一说法会受到我们接下来将充分讨论的一个假设的限制,即正是那些某种特定需要总是会被满足的人,最能忍受将来这种需求的匮乏,不仅如此,面对当前的满足感,那些过去一直无法被满足的人会表现出与从未缺乏满足的人完全不同的反应。

安全需求

如果生理需求得到了相对较好的满足，那么就会出现一系列新的需求，我们可以将这些需求大致归为安全需求（安全性、稳定性、依赖性、保护性，免受恐吓、焦虑和混乱，对结构、秩序、法律、限制的需要，对保护者的力量的需要等）。之前讨论到的生理需求具有的所有特点都适用于安全需求，不过程度较弱。安全需求也同样有可能完全控制机体，它或许是行为的唯一组织者，在机体能力的服务过程中，调动它们的所有能力，我们也因此可以将整个有机体公正地描述为一种寻求安全的机制，将感受器、效应器、智力以及其他能力认作是寻求安全的工具。正如饥饿的人一样，我们发现这个具有支配作用的目标，不仅对于他当前的世界观和哲学观，而且对于他未来的哲学观和价值观都是一个强有力的决定因素。实际上，所有事情看上去都没有安全重要（甚至有时包括生理需求，不过因为这种需求得到了满足，现在已经受到低估）。如果这种缺乏安全的状态极度严重，且持续时间长久，那么我们可以说这种状态下的人仅仅是为了安全而活着。

尽管在本章中，我们主要关注的是成年人的需求，但我们可以通过观察幼儿和儿童来更有效地理解成年人的安全需求，因为幼儿和儿童身上的安全需求要简单得多，也明显得多。幼儿面对威胁或危险时表现出的反应会明显得多，其中一种原因就是他们根本不会抑制这种反应，而我们社会中的成年人，却被教导要不惜一切代价抑制这种反应。因此，即使成年人确实感到他们的安全受到了威胁，我们也可能无法从表面上看到这一点。但如果婴儿突然受到干扰或是摔倒，或被吓到（可能是因为巨响、闪光或其他不寻常的感官刺激，或是被粗暴地对待、在母亲怀中失去支撑、奶水等食物不够等）时，他们会以各种方式拼命做出反应，好像自己岌岌可危[①]。

在婴儿身上，我们还可以看到他们对各种身体不适表现出的更直接的反应。有时，这些不适似乎是立即的且本质上的威胁，似乎令孩子感到不安全。例如，呕吐、腹痛或其他剧烈疼痛会使孩子以不同的方式看待整个世界。可以假设，在这样一个痛苦的时刻，对孩子来说，整个世界突然从阳光灿烂变得黑暗阴郁，可以说是变成了一个任何事情都可能发生的地方，在这里，以前曾是稳定的东西突然变得不稳定了。因此，一个孩子如果因为吃了一些变质食物而生病，可能会在一两天内感到害怕，做噩梦，并且出现一种在他生病之前从未见过的状态，即需要保护和安慰。最近关于外科手术对儿童心理影响的研究充分证明了这一点。

另一个表明孩子需要安全感的迹象是，他更喜欢一种没有变化的日常或节奏。他似乎想要一个可预测的、遵守法律的、有序的世界。例如，父母的不公正、不公平或言行不一似乎会使孩子感到焦虑和不安全。这种态度与其说是因为不公正本身，或是

[①] 随着孩子的成长，完备的知识、对周围环境的熟悉以及更好的运动发展，使得这些危险变得越来越不可怕，他们也越来越容易控制这些危险。纵观一生，可以说教育的一项主要目的，就是通过知识消除一些表面上的危险，例如，我不怕雷声，我懂得雷声的形成原因。

由不公正造成的任何特定痛苦，倒不如说是因为这种待遇令他们感到世界是不可靠的、不安全的或不可预测的。在一个至少有骨架轮廓的系统下，孩子似乎更能茁壮成长，这个系统不仅针对当下，而且包括遥远的未来，都有某种计划和常规，有一些可以依赖的东西。儿童心理学家、教师和心理治疗师已经发现，孩子们更喜欢和需要有限度的宽容，而不是无限制的放任。我们或许可以换种方式更准确地表达这一点：孩子需要一个有组织、有结构的世界，而不是无组织、无结构的世界。

父母和正常的家庭结构的中心作用是无可争辩的。争吵、人身攻击、分居、离婚或家庭成员的去世往往是特别可怕的。同样，父母对孩子大发脾气，或是威胁要严厉惩罚孩子，大声呼叫孩子的名字，厉声厉语，粗暴地对待，或者实际的体罚，有时会引起孩子惊慌恐惧。因此，我们可以假设这里牵扯到的绝不仅仅是皮肉之苦。诚然，在一些孩子身上，当他们害怕失去父母的关爱时，这种恐惧可能也会出现，不过就算是完全被父母抛弃的孩子，这种恐惧也可能发生，他们仇视父母似乎更多的是为了安全和保护，而不是因为希望得到爱。

让一个普通的孩子面对全新的、不熟悉的、陌生的、难以掌控的刺激或情境时，往往会引发危险或恐怖反应。举例来说，迷路甚至短时间里与父母分离，面对陌生的面孔、新的情况和任务，见到怪异、不熟悉或是无法掌控的物体、疾病或死亡，尤其是在这个时候，孩子会发疯似的依恋父母。这有力地证明了父母作为保护者的作用（与他们作为食物给予者和关爱给予者的角色作用完全不同)。①

从这些以及其他类似的观察中,我们可以概括出:在我们的社会中,普通的孩子,以及表现得没有那么明显的普通成年人,一般都更喜欢一个安全、有序、可预测、有法律、有组织的世界。他们可以依赖这个世界。在这个世界里,出乎意料的、无法掌控的、混乱不堪的或其他危险的事情都不会发生,并且无论如何,也会有强大的父母或保护人保护他免受伤害。

我们可以很容易地在儿童身上观察到这些反应,这在某种程度上证明了我们社会中的儿童感到很不安全(或者换句话说,孩子们在世界里糟糕地长大了)。一个在没有威胁、充满爱的家庭中长大的孩子,通常不会像我们所描述的那样做出反应。在这类儿童中,他们往往只有在碰上连成年人都认为危险的物体或是状况下,才会采取危险反应。

在我们的文化中,健康且幸运的成年人,很大程度上在安全需求方面得到了满足。和平、平稳、稳定、良好的社会通常会给予其成员足够的安全感,令他们不受野兽、极端温度、蓄意袭击、谋杀、动乱、暴政等威胁。因此,从一种非常现实的意义上,不会再有什么安全需要会成为此类社会成员的有效动机。正如一个吃饱的人不再感到饥饿,一个安全的人也不再感到危险。如果我们想直接而清楚地看到这些需求,我们就必须将关注转移

---

① 我们可以对孩子们做一组安全测试:让他们听一次小鞭炮的爆炸声,见一张满面胡须的面孔,进行一次皮下注射,让母亲离开房间,将他放在高高的梯子上,让一只老鼠爬到他身边,等等。当然,我不是在认真地建议大家故意进行这些测试,因为它们很可能会伤害受测试的孩子。但这些和类似的情况在孩子的日常生活中是经常出现的,我们可以观察到。

到神经质或近乎神经质的人身上，转移到经济上和社会上的弱势群体，或者转移到社会动乱、革命或者权威的崩溃。在这两个极端之间，我们只能在一些现象中感知安全需求的表达，例如，人们普遍偏向于寻求一份有保障的、能够长期任职的工作，渴望有储蓄账户以及各种保险（医疗、牙科、失业、残疾和老年保险）。

为寻求安全和稳定，世人还在其他更广泛的方面做了尝试，最为普遍的尝试就是他们偏爱熟悉的事物，讨厌不熟悉的事物，或是偏爱已知事物而不是未知事物。人们有种倾向，想要用某种宗教或世界哲学，将宇宙和其中的人组织成某种令人满意的和谐、有意义的整体，这在一定程度上也是出于寻求安全的动机。在这里，我们也可以将科学和哲学的出现，列为部分出于安全需要（我们稍后将看到，有关科学、哲学或宗教的努力也包括其他动机）。

否则，只有在真正的紧急情况下，比如战争、疾病、自然灾害、犯罪浪潮、社会动乱、神经症、脑损伤、权威崩溃、长期恶劣的情况下，安全需求才被视为有机体潜能的积极和主导推动力。

在我们的社会中，有些患有神经症的成年人在很多方面都像不安全的孩子一样渴望安全，只不过在成年人身上，这种情况表现得更为特殊。在一个充满敌意、充满威胁且势不可当的世界里，他们往往会对未知的心理危险做出反应。这样的人表现得好像每时每刻都要大祸临头，也就是说，他像是在应对紧急情况那样做出反应。他表达安全的方式比较特殊，常常需要找一位保护者，或者一位他可以依赖的更强大的人，甚至是直接找一位"元首"。

可以将神经症患者描述为一个保留着童年世界观的成年人，这一点很有用。也就是说，一个患有神经症的成年人，他的行为可能表现得就像是真的害怕挨打，害怕母亲反对，害怕被父母遗弃，或者害怕被抢走食物。就好像他对恐惧的孩子气态度和对危险世界的恐吓反应已经藏至心底，丝毫没有受到成长和学习过程的影响，而现在面临那些让孩子感到危险和受胁迫的刺激后，那些反应又随时会被再次唤醒①。特别是霍妮，她写了许多关于"基本焦虑症"的好文章。

寻求安全的这一特征表现得最为明显的神经症是强迫性神经症。这种神经症患者疯狂地试图指挥世界、稳定世界，以便确保不会出现无法控制的、意料之外的或陌生的危险。他们用各种各样的仪式、规则和程式来保护自己，如此一来，所有可能的意外事件都能得到保障，也就不会出现新的意外事件了。他们很像戈尔茨坦描述过的脑损伤病例，这种病人总是想方设法保持自己的心理平衡，例如：避免一切不熟悉和陌生的事物；以一种整洁有序、纪律严明的方式安排自己有限的世界，使世界里的一切都可以依靠。他们试图安排世界，杜绝任何意外（危险）的发生。如果不是自己的过错导致某些意想不到的事情确实发生了，他们就会产生一种恐慌反应，好像这件意外事件造成了非常严重的危

---

① 并不是所有神经症患者都感到不安全。神经症也可能出现在一个大体感觉安全的人身上，此时它的表现核心就是某样东西阻碍了他对感情和尊重的需要。

险。我们在健康人身上只能看到一种不太强烈的偏好，例如，对熟悉的事物的偏好，但在异常人的身上，熟悉的事物变成了生死攸关的必需品。一般精神病患者丝毫没有或者也只是最低程度上拥有对新奇和未知事物的健康品位。

每当法律、秩序、社会权威受到真正的威胁时，社会的安全需求就变得非常迫切。动乱或虚无主义的威胁，可以将大多数人的需求从更高层次上拉回至更重要的安全需求。在这种情况下，一种常见的，几乎是可以预见的反应，就是人们更容易接受独裁或军事统治。这对所有人来说都是正确的，包括健康的人，因为他们也会倾向于在现实情况下退回安全需求水平来应对危险，并随时准备好自卫。但对于徘徊在生死边缘的人来说，这似乎是最真实的。他们尤其受到来自权威、合法性和法律代表的威胁。

对爱和归属的需求

如果生理需求和安全需求都得到了很好的满足，那么就会出现对爱、情感和归属的需求，并且刚刚描述过的整个周期都将以这个新的中心不断重复。现在，这个人将前所未有地强烈地感觉到没有朋友，没有爱人，没有妻子，没有孩子。他渴望与一般人建立亲密的关系，即在他的团体或家庭中占有一席之地，他将付出最大努力来实现这一目标。他希望得到这样一个地位，胜过希望得到世上的一切物品，甚至可能忘记自己曾经在饿肚子的时候，嘲笑爱是不真实的、不必要的或不重要的。此刻，他强烈地感受到孤独、感受到被抛弃、感受到被拒绝、感受到无亲无友和无根无家的痛苦。

尽管归属是小说、自传、诗歌和戏剧以及新兴社会学文学中的一个常见主题,但我们掌握的关于归属的科学资料依然很少。借助文学作品,我们大体上了解到许多因素对于儿童成长的破坏性影响,包括经常搬家、迷路、工业化造成的人口大面积过度流动;他们居无定所,蔑视自己的根基、出身、团体;与自己的家乡、邻居、亲朋好友分离;体会着过客的感受,或是被当作外来人对待而不是本地人。我们仍然低估了邻里、故乡、宗族、"同类"、阶级、伙伴、熟人同事的重要性。在这里我很高兴地向大家推荐一本书,它以极大的感染力和说服力讲述这一切,它能帮助我们深刻地理解我们自身的动物倾向:需要群居、加入组织、需要归属。或许阿德里(Ardrey)的《地狱法则》将有助于培养我们的这些意识。这本书的大胆直率令我受益匪浅,因为它强调了我平时疏忽的问题,并迫使我认真地思考这件事。或许对读者来说也是如此。

我认为,我们的社会流动性、传统群体的瓦解、家庭的分散、代沟、稳定的城市化发展和乡村面对面亲密文化的消失,以及随之而来的美国式友谊的浅薄,令人们对交往、亲密和归属越发不满足,进而加剧了想要得到它们的欲望,增强了想要克服现在人人熟悉的疏离感、孤独感和陌生感的需求;在一定程度上,这些欲望和需求令大量训练团队(T-groups)、其他个人自主团队和有目的的社会团体迅速地发展起来。一部分青年反叛团体也给我留下了深刻的印象——我不知道究竟有多少——他们的出现,是出于对集体、对交往、对面对共同敌人时真正团结在一起的强烈渴望。这里说的敌人可以是任何人或事物，只要它能够装作是某种外来威胁，令集体团结一致。同样的事情也曾发生在士兵们的身上，他们被共同的外在危险推向了一种不同寻常的兄弟情谊和亲密关系中，结果是他们一生都会保持着这种紧密联系的关系。如果一个好的社会想要生存下去、想要健康发展下去，那么它无论如何都必须满足人的这种需求。

在我们的社会中，我们可以从出于失调状态且更为严重的病理案例中，发现这些需求的受挫是最常见的基本核心。人们总是矛盾地看待爱和感情，以及它们在性行为中的可能表现，并且习惯性地对它们施加许多限制和禁忌。事实上，所有的精神病理学家都强调，在不适应的情况中，抑制爱的需要是失调发生的基础。因此，人们对这种需求进行了许多临床研究，除了生理需求以外，所有的需求里，我们可能最了解的就是对爱的需求。萨蒂（Suttie）曾对我们描述的"温柔的禁忌"写过一篇精彩的分析文章。

针对这一点，我必须强调，爱不是性的同义词。性可以作为纯粹的生理需要来研究。一般的性行为是由多方面决定的，也就是说，不仅由性决定，而且还由其他需要决定，其中最主要的是对爱和情感的需要。我们同样不能忽视一条真理，爱的需要既包括给予爱，也包括接受爱。

自尊需求

我们社会上的所有人（除了一些病态的例外）都需要或渴望别人给予自己一种稳定的、牢固不变的、通常较高的评价，也渴望或需要自尊、自重以及他人的尊重。因而，我们可以将这些需求分为两类：第一，是对力量、成就、充分性、掌握和能力、面对世界时的信心、独立和自由的渴望①；第二，我们可以称之为对名誉或威望的渴望（来自他人的尊重或尊敬），对于地位、名望、荣誉、支配地位、认可、关注、重要性、尊严或欣赏的渴望。阿尔弗雷德·阿德勒和他的支持者们相对强调这些需求，而弗洛伊德则相对忽视它们。然而，如今的精神分析师和临床心理学家中越来越多的人开始意识到它们的重要性。

自尊需求被满足后，人们会产生一种自信感、价值感、力量感、能力感和胜任感，使他们觉得自己在这个世界上是有用的，也是必须的。但是，一旦这些需求受到阻碍，人们就会产生自卑感、软弱感和无助感。这些感觉反过来又会使人们丧失基本的信心，或是觉得需要得到补偿，或是发展出神经症倾向。通过研究严重的创伤性神经症，我们可以很容易地认识到基本自信的必要性，并理解没有自信的人是多么无助。

从神学家对骄傲和狂妄的讨论，从弗洛姆关于个体本性的虚假自我感知理论，从罗杰斯（Rogers）的自我研究，从像安·兰德（Ayn Rand）这样的散文家，以及其他来源，我们已经越来越多地认识到，相比于把自尊建立在自己的实际能力以及

---

① 我们不知道这种特殊的欲望是否具有普遍性。关键的问题，特别是对于今天来说尤为重要的问题在于，那些无法避免要被奴役和支配的人会感到不满，并进行反叛吗？根据众所周知的临床数据，我们可以认为，一个了解真正自由的人（不是通过放弃安全和保障为代价得来，而是建立在充分安全和保障基础上）绝不会愿意或轻易地让他的自由被剥夺。但我们不能肯定，对于生而为奴的人来说，这是不是真的。

对任务的胜任能力和适合度上，将自尊建立在他人的意见上，要危险得多。因此，最稳定也最健康的自尊，是建立在来自他人的当之无愧的尊重之上，而不是建立在外在的名声或声望，和无端的奉承之上。这种想法，也有助于将完全建立在意志力、决心和责任基础上的实际能力和成就，与基于一个人真正的内在本性、一个人的身体素质、一个人的遗传基因或命运，或如霍妮所说，依靠人的真实自我，而不是理想化的虚假自我、自然而容易产生的能力和成就区分开来。

自我实现需求

即使所有这些需求都得到了满足，我们仍可以经常（加入并非总是）预料到新的不满和不安很快就会产生，除非个人正在做适合他自己的事情。如果想从根本上保持内心平和，那么音乐家就必须作曲，画家必须作画，诗人必须写诗。一个人能够成为什么样的人，他就一定会成为那种人，因为他必须忠于自己的本性，这种需要就是自我实现的需要。更详细的描述请见第11章。

"自我实现"这个专有词汇最早由库尔特·戈尔茨坦（Kurt Goldstein）首创，本书以一种更加具体和有限的方法采用了这个词。这个词指的是人对自我实现的渴望，也就是说，是一种实现自己潜能的倾向。这种倾向可以被描述为渴望成为越来越独特的一个人，成为他能够成为的一切。

当然，这些需求呈现的具体形式因人而异。在一个人身上，它可以表现为渴望成为一位理想的母亲；在另一个人身上，它可以体现为尽情运动；在另一个人身上，又有可能变成绘画或发明①。在这个层面上，个体差异最大。

这些需求的明确出现通常取决于前面我们讨论的对生理、安全、爱和自尊需求的满足。

满足基本需要的前提

有一些条件是满足基本需要的直接前提。这些前提面临的威胁就好像是基本需求本身面临的直接威胁。诸如言论自由、在不伤害他人的前提下做自己想做的事情的自由、表达自己的自由、调查和寻求信息的自由、自卫的自由、公正、公平、诚实、有序等，这些都是满足基本需求的先决条件。阻碍这些自由将会威胁到个人或令他们做出紧急反应。这些条件本身并不是目的，但它们近乎目的，因为它们与基本需要密切相关，而满足基本需要本身显然就是唯一目的。人们有理由保卫这些条件，因为没有它们，基本需求就不可能得到满足，或者至少会受到严重的威胁。

如果我们还记得认知能力（感性的、智力的、学习的）是一套调节工具，除了其他功能外，它还具有满足我们基本需求的功能，那么很明显，它们面临的任何危险、任何剥夺，或是阻碍

---

① 很明显，创造性行为，例如绘画，和其他行为一样，都有多重决定因素。在天生具有创造力的人身上，我们可以看出他们是否满意、是否快乐、是饥饿还是满足。而且，很明显，创造性活动是有报偿的，有改善作用，或者是有纯粹经济效益的。我的印象是（通过非正式的实验），仅仅通过观察，就可以区分基本满意的人和基本上不满意的人的艺术和智慧成果。在任何情况下，我们也都必须以一种动态的方式，将外显行为与其各种动机或目的区分开来。

它们自由行使权利的任何行为，也必然会间接地威胁到基本需求本身。这种说法部分解决了人们共同面对的一些问题，例如，对好奇心，对知识、真理和智慧的探索，以及对解决宇宙奥秘的不懈渴望。保密、审查、欺骗、通信封闭，如此种种都威胁着所有的基本需求。

因此，我们必须提出另一种假设，并讨论一下它与基本需求的亲密程度，因为我们已经指出，有意识的欲望（部分目标）几乎都十分重要，因为它们或多或少都与基本需要紧密相关。这种说法对于不同的举止行为都同样成立。如果一种行为直接满足了基本需求，那么它在心理上就是重要的；某种行为越不直接，或者满足需求的贡献越弱，从动态心理学的观点来看，这种行为就越不重要。这同样适用于各种防御或应对机制。有些防御行为与基本需求的保护或实现直接相关，而另一些则只有微弱而遥远的联系。事实上，如果我们愿意的话，我们可以将防御机制分为更基本的和不太基本的两种，我们可以断言，更基本的防御机制在遇到危险时，比不太基本的防御遇到危险更具威胁性（切记这一切都只是因为它们与基本需求的关系）。

认识和理解的欲望

我们对认知冲动、它们的动力或病理学知之甚少，主要原因是，它们在临床上并不重要，那么在以医学治疗传统为主导的诊所里，即在那些目的在于消除疾病的地方，也肯定不重要。这里没有传统神经症中发现的纷杂的、令人兴奋和谜一般的症状。认知精神病理学是苍白且微妙的，容易被忽视，人们或干脆将认知精神病定义为正常。这种病不会呼救,因此,我们在心理治疗和心理动力理论的伟大创造者弗洛伊德、阿德勒和荣格等人的著作中,完全找不到任何关于这个方面的主题。

希尔德(Schilder)是我所认识的唯一一位专业的精神分析学家,他的著作中充满了好奇心和理解力。在学院派心理学家中,墨菲(Murphy)、韦特海默和阿希(Asch)已经讨论过这个问题。到目前为止,我们只是顺便提到了认知需要。获取知识、使宇宙系统化,在某种程度上被认为是在这个世界上获得基本安全的方法,或是智者自我实现的表达方法。此外,我们还讨论了作为满足基本需要的先决条件的调查和言论自由。虽然这些论述可能有一定作用,但它们并没有构成对好奇心、学习、哲学、实验等促动作用的明确答案。它们充其量不过是部分答案。

除了上述这些获取知识的消极决定因素(焦虑、恐惧)之外,我们有合理的理由假设,存在一些本质上是积极的冲动来满足好奇心、了解、解释和理解的需要。

1. 我们可以很容易地在高等动物身上观察到类似人类好奇心的表现。猴子会把东西掰开,将手指插进洞里,在各种不可能涉及饥饿、恐惧、性欲、舒适状态等情况下探索。哈洛的实验以一种可接受的实验方式充分证明了这一点。

2. 人类的历史向我们展示了许多令人满意的例子:当人类面临极大危险,甚至是生命危险时,他都会探寻真相并做出解释。"虚心的"伽利略总是前仆后继。

3. 通过研究心理健康的人,我们发现,作为心理健康人的一个决定性的特征,就是他们会被神秘、未知、杂乱无序或是无法解释的事物所吸引。这似乎本身就是一种吸引力,这些领域本身就很有意思。相比之下,众所周知的事物则令人厌倦。

4. 从精神病理学中得出推断也许是可行有效的。强迫性神经症(和一般的神经病)、戈尔茨坦研究的脑损伤的士兵以及迈尔所做的老鼠的固恋研究,(在临床观察水平上)都显示出有机体对熟悉、固有的事物展现出一种强迫性和焦虑性,对于陌生的、无序的、意料外的、未经驯化的事物的恐惧。另一方面,有些现象又可能会使这种可能性无效。这些现象包括被强迫的非传统行为、长期反抗各种权威、波希米亚放纵主义、渴望恐吓别人,所有这些行为都可以在某些神经症患者和处在去文化过程中的人身上找到。

也许第10章中描述的坚持不懈的戒毒方法也与此相关,不管怎样,对于糟糕透顶、不被理解和神神秘秘的人来说,这些行为吸引力极强。

5. 当认知需求受挫时,可能会产生真正的心理病态结果。下面的临床印象也是与之相关的。

6. 我曾见过几个案例,它们清楚地向我展示了,病态状况(无聊、对生活失去兴趣、自我厌恶、压抑全身机能、理智生活和品位的持续恶化等)①发生在过着无聊生活、从事枯燥工作的聪明人身上。我这里至少有一个案例证明,适当的认知疗法(恢复业余学习,寻找一份对智力要求更高、洞察力更强的职位)可

---

① 这种综合征与里波特和后来的迈尔森所称的"快感缺乏症"非常相似,但他们将其归因于其他因素。

以消除这些症状。

我见过许多聪明、富裕、无所事事的女人慢慢地出现了同样的智力缺乏症状。那些按照我的建议埋头做一些值得他们做的事情的人,自身症状往往会好转甚至被治愈,这足以让我深刻认识到认知需求的存在。在那些新闻、信息和事实来源被切断的国家,在那些官方理论与明显现实严重矛盾的国家,至少有些人会全然地表现出愤世嫉俗的态度,他们不相信任何价值观,甚至怀疑显而易见的东西,普通人际关系遭到严重破坏,他们绝望且低落。其他人的反应似乎更为被动,迟钝、顺从、丧失主动性和积极性,变得日益狭隘。

7. 对了解和理解的需求在婴儿后期和童年时期就已经出现了,甚至表现状态可能比成年期更为强烈。此外,无论怎样解释,这似乎是一种成长的自然产物,而非依靠学习获得。孩子们不需要被教导要充满好奇,反而一些制度化的机构可能会教导他们不要好奇,如戈德法布(Goldfarb)的研究。

8. 最后,满足认知冲动会令人在主观上感到满意,并产生最终经验。虽然人们为了获取成果、学习等原因,忽视了这方面的洞察力和理解力,但实际真理是,在任何人的一生中,洞察力通常都是光明、快乐且富有感情的突出存在,甚至可能是一个人一生中最为重要的存在。

上述种种克服障碍的事件、遭遇挫折便出现的变态现象、一些普遍的(跨物种、跨文化)现象、永不消退(尽管微弱)的持续压力、个人在发展早期自然出现的希望需求得到满足的现象——满足这种需求是个人潜力完全发展的前提条件,所有这些现象都指向了一种基本的认知需要。

然而,这种假设并不全面。即使我们了解到这一点,但我们依然会受到激励,一方面会越来越细致深入地了解认知,另一方面,又朝着一种世界哲学、神学等方向越来越广阔地扩充认知。如果我们获得的认知是孤立的或者是极微观层面的,我们必然会将其理论化,或者分析或是组织,或者两者兼而有之。这个过程被一些人定义为寻求意义。然后,我们将假定出一种欲望,一种理解、系统化、组织化、分析、寻找联系和意义的欲望,一种构建价值体系的欲望。

一旦我们开始讨论这些欲望,就会发现它们也形成了一个小小的层次结构,在这个层次中,求知的欲望胜过理解的欲望。我们之前所描述过的优势层次结构具有的特征,似乎也适用于这一个层次结构。

我们必须警惕这种极易发生的、将这些欲望与我们前面讨论过的基本需要分离的倾向,即在认知需要和意念需要之间做出绝对的区分。求知欲和理解欲本身就是一种意念,即具有争取性,与我们已经讨论过的基本需要一样,是一种人格需要。此外,正如我们所看到的,这两种层次结构是相互关联的,并非泾渭分明,并且我们将在下面看到,它们彼此协同,并非互相对立。

审美需求

相比于其他需求,我们对这些需求的了解甚至更少,然而历史、人文科学和唯美主义者的证词却不允许我们回避这一令人不安（对科学家而言）的领域。我曾挑选出一部分人，试图在临床人口学的基础上研究这一现象，并至少让自己确信，在某些人身上确实存在着基本的审美需求。他们因丑陋而生病（以特殊的方式），又因周遭的美丽事物而被治愈；他们热烈地渴望着，而这种渴望只能通过美来满足。这种需求几乎普遍存在于健康儿童的身上。所有文化中都存在这种冲动的部分证据，任何时代也都存在这种冲动，甚至包括穴居人时期。

审美需求与意识和认知需求大面积重叠，因此我们不可能将它们全然区分开来。对秩序的需要、对称的需要、闭合的需要、完美行为的需要、系统和结构的需要，或许可以不分青红皂白地归因于认知需要、意念需要或者审美需要，甚至可以归因于神经症的需要。就我自己而言，我认为这一研究领域是格式塔心理学和动态心理学的交汇点。举个例子来说，当一个人看到一幅画歪歪斜斜地挂在墙上，他就有把画挂正的强烈冲动，这意味着什么？

基本需求的更多特征

基本需求等级的固定程度

我们已经说过，到目前为止，这个等级制度似乎呈现一种固定的秩序，但实际上它并不像我们表达的那样僵化刻板。确实，与我们共事过的大多数人，他们的基本需求似乎遵循着我们之前指出的秩序排列，但是也有一些例外。

1. 例如，在有些人身上，自尊似乎比爱更重要。这种最常见的等级颠倒现象,通常是由于这样一种观念的发展,即最有可能获得爱的人会是意志坚定或有权势的人,是受人尊重或敬畏的人,是充满自信或有进取心的人。因此,这些缺乏爱并寻求爱的人可能会努力摆出一副咄咄逼人、骄傲自大的样子。但从本质上讲,他们追求高度的自尊及其行为表现,更多的是作为一种手段而达到目的,并不是为了自己的自尊;他们的自我表现是为了爱,而不是为了自尊本身。

2. 还有一些显然天生具有创造力的人,他们的创造力似乎比其他任何反向决定因素都重要。他们这种创造力,可能并不是因为基本需求得到满足而释放出来的自我实现,反而是基本需求得不到满足而出现的自我实现。

3. 对某些人来说,他们可能会一辈子压抑或遏制自己心中的渴望与抱负。这就是说,那些在需求等级中不太重要的目标可能会被干脆抛弃,并可能永远消失,结果,这种长期生活在极低生活水平状态的人(如长期失业的人),可能余生只要能获得足够的食物便会十分满足了。

4. 所谓的变态人格是另一种案例,即永久失去了对爱的需求。从现有的最佳材料看,这些人在生命之始(出生几个月)就渴望得到爱,但后来确实永远失去了给予和接受爱的欲望和能力(就像动物在出生后不久,因为没有得到充分锻炼,而失去了吮吸或啄食的反应能力一样)。

5. 等级颠倒的另一个原因是,当一种需要长期得到满足时,这种需要的价值可能就会被低估。从未经历过长期饥饿的人往往低估饥饿的影响,并将食物视为一件无足轻重的物品。如果他们被更高级的需要所支配,那么这种更高级的需要似乎就是最为重要的。那么很有可能,也确有其事,他们会为了更高的需要,忽视放弃自己更为基本的需求。我们可以预料,在长期放弃更为基本的需要之后,人们会产生重新评估这两种需要的倾向,这样一来,对于那些可能轻言放弃需求的人来说,更重要的需要实际上会在人的意识中占据优势。因此,一个为了自尊而放弃工作的人,如果饿了6个月左右,他可能愿意以失去自尊为代价重新找回工作。

6. 针对明显等级颠倒的另一种不完整解释是,我们讨论至今的优势等级,是从意识感知需求或欲望的角度,而不是行为角度。观察行为本身可能会给我们带来错误的印象。我们想表达的是,当两种需求都被剥夺时,个体会想要其中更基本的一个,此时不必再强调他会按自己的愿望行事。让我们再次强调,除了需求和欲望,还有许多因素可以决定行为。

7. 也许比所有这些例外更重要的是那些涉及理想、高社会标准、高价值观等的例外。有了这样的价值观,人们就会成为殉道者,他们会为了一个特定的理想或价值而放弃一切。至少在一定程度上,我们可以通过参考一个基本概念(或假设)来理解这些人,这一概念可以称为通过获得早期满足而提高的挫折容忍度。那些一生中各种基本需求都得到了满足,特别是童年时期的需求得到了满足的人,似乎会发展出一种非凡的力量来抵御目前或将来遭受的挫败,这完全是因为作为基本需求满足的结果,他们拥有强大的、健康的性格结构。他们是坚强的人,面对分歧或反对意见能够泰然处之,能够在公共舆论的潮流中逆流而上,能够坚定地捍卫真理不惜付出巨大的个人代价。正是那些有爱且被深爱的人，那些有过许多深刻羁绊的人，才能够抵抗住一切仇恨、抛弃和迫害。

上述所有的一切都不包括一个事实，即在任何关于挫折容忍的全面讨论中，还会涉及一定数量的习惯问题。例如，那些习惯长期忍受相对程度上的饥饿的人，在一定程度上很可能可以承受食物匮乏。如今人们产生两种倾向，一种倾向是以习惯化的方式处理问题，另一种倾向是凭借过去的满足滋生现在的挫折容忍性，这两种倾向之间必须取得怎样的平衡，还有待于进一步的研究。同时，我们可以假设两种倾向都有一定的作用，因为它们并不矛盾。关于挫折容忍度增强的这种现象，最重要的满足感似乎很有可能诞生于人生的头几年。也就是说，那些在童年就获得安全感和强大内心的人，当以后面对任何威胁时，依旧会保持安全和强大。

相对满足的程度

到目前为止，我们的理论讨论可能给人的印象是，这五种需求在某种程度上是以这样的方式出现：如果一种需求得到满足，那么另一种需求就会出现。这种说法可能给人一种错误的印象，即我们必须百分之百地满足这一种需要，下一种需求才会出现。事实上，我们社会中大多数正常人的基本需求都只是得到了部分满足，这等同于我们的各种基本需求的一部分未被满足。我们可以对这份优势层次做一个更为现实的描述：当优势层次越高时，满足的百分比比例应当减小。举例来说，为了说明情况，我可以随心所欲地指定一些数字，比如，普通公民的生理需求大概满足了85%，安全需求可能有70%，爱情需求有50%，自尊需求是40%，自我实现需求占10%。

至于在满足主要需要之后新需要的出现，不是一种突然的、跳跃的现象，而是缓慢地从无到有逐渐发生的。例如，如果优先需求A只满足了10%，那么需求B可能根本不会出现。然而，当需求A满足了25%，需求B可能会显露出5%，当需求A满足了75%，需求B可能会显露50%，依此类推。

需求的无意识特征

这些需求既不一定是有意识的，也不一定是无意识的。但是总的来说，在普通人身上，他们往往是无意识的。在这一点上，没有必要查找大量的证据来表明无意识动机的绝对重要性。我们所说的基本需求，通常大部分都是无意识的，尽管对于一些见多识广的人，通过适当的方式，它们可能会变得有意识。

需求的文化特性和普遍性

这种对基本需求的分类还试图考虑到，具体的欲望在不同文化之间展现出的表面差异背后的相对统一性。当然，在任何特定的文化中，一个人的有意识动机内容，通常与另一个社会中个人的有意识动机内容大不相同。然而，人类学家的共同经验是，即使在不同的社会中，人与人也比我们第一次接触他们时所想象的要更为相似，而且随着我们对他们的了解逐步加深，我们似乎会发现越来越多的共性。然后，我们认识到，最惊人的差异不过是表面的，不是根本的，例如，发型、服饰、食物口味等方面的差异。我们对基本需求的分类，在一定程度上，是为了解释不同文化之间明显差异背后的这种统一性。但是，还未有人敢断言，这种统一性对所有文化都是通用的。这一主张只是说，它比表面的、有意识的欲望更加重要、更加普遍、更加基本，且更接近人类的共同特征，基本需求比表面的欲望或行为更为普遍。

行为的多种动机

这些需求绝不能被理解为某种行为的唯一或单一决定因素。我们可以在任何似乎包含生理动机的行为中找到解释这句话的例子，如吃东西、性享受等。临床心理学家们早就发现，任何行为都可能是各种冲动的发泄通道。或者换句话说，大多数行为都是由多种因素决定的。在动机决定因素的范围内，任何行为都是同时由几个或所有基本需求决定的，而不是仅由其中一个需求决定。由一种需求决定的行为情况极为例外。我们想要吃东西，可能一部分原因是为了填饱肚子，另一部分是为了安抚和改善其他需要。一个人进行性行为，不仅是为了纯粹的性欲发泄，也为了确立自己的阳刚之气，或者是为了征服，为了获得强者的感觉，为了赢得更多的基本感情。我在这里说明一下，我想指出分析一个人的单一行为是可能的（如果不是实践上，也至少是在理论上），并从中发现他的生理需求、安全需求、爱的需求、尊重需求和自我实现需求的表现。这与特质心理学中更幼稚的一派形成了鲜明的对比，在这类派系中，他们用一种特质或一种动机解释某种行为，即一种攻击性行为只源于一种攻击性特征。

行为的多种决定因素

首先，并非所有的行为都是由基本需求决定的。我们甚至可以说，并不是所有的行为都是有动机的。除了动机之外，还有许多决定行为的因素。例如，另一类重要的决定因素是所谓的外界。至少从理论上讲，行为可以完全由外界决定，甚至可以由特定的、孤立的、外部的刺激来决定，比如联想，或者某些条件反射。如果要求对刺激词"桌子"做出反应，我会立刻想到记忆中的一张桌子的图像，或者联想到一把椅子，这种反应当然与我的基本需求无关。

其次，我们可以再次提醒注意与基本需求或动机密切程度的概念。有些行为的动机很强，而有些行为的动机很弱，还有些行为甚至根本没有动机（但所有行为都是由决定因素确定的）。

另一个重点是，表现行为和应对行为（功能性努力、目的性追求）之间有着根本的区别。表现行为并不试图做什么，它只是个性的反映。一个愚蠢的人行为愚蠢，不是因为他想要或是试图，或是被激励这么做，而是因为他就是他自己。同样，我用低音说话，而不是男高音或女高音也是如此。一个健康的孩子随意的动作，一个快乐的人即使独自一人时脸上的笑容，健康人走路时的轻快，以及他站立时笔直的身形，这些都是表现性的、非功能性的行为。同样，一个人几乎所有行为的风格，无论是有动机的还是无动机的，都是最具表现力的。

我们可能会问，是否所有的行为都表现了或反映了人性结构？答案是否定的。生搬硬套的、习惯性的、机械性的或传统的行为可能是表达性的，也可能不是。大多数受刺激的行为就是如此。

最后需要强调的是，行为的表现性和行为的目的指向性并不是两种相互排斥的范畴。一般的行为通常是两者兼而有之。更全面的讨论见第10章。

动物中心与人类中心

这个理论是以人类，而不是任何低等的、可能更简单的动物为出发点。在动物身上获得的许多发现被证明只适用于动物，并不适用于人类。我们没有道理在研究人类动机前先去研究动物动机。哲学家、逻辑学家以及各个领域的科学家经常揭露这种普遍的、表面简单的谬论背后的逻辑，或更不合逻辑的东西。就像在学习地质学、心理学或者生理学之前不需要先学习数学一样，研究人之前也没有必要先研究动物。

动机和精神病发病机理

根据我们前面的叙述，日常生活中有意识的动机内容，会因为它们和基本目标间或多或少的关系程度，展示出相对重要或相对不重要的状态。对冰激凌的渴望可能实际上是一种对爱的欲望的间接表达。如果是的话，这种对冰激凌的渴望就成了极其重要的动机。然而，如果仅仅把冰激凌当作爽口之物，或者这种渴望只是一种偶然的食欲反应，那么这种欲望就相对不那么重要了。日常有意识的欲望被视为症状，是更为基本的需求的表面指标。如果只看这些表面欲望的表面价值，我们会发现自己处在一种永远无法解除的完全混乱状态，因为我们认真解决的只是症状，而不是症状背后的原因。

打击不重要的欲望并不会导致精神病态，但若是阻挠了在根本上十分重要的需求，那就一定会导致这样的后果。任何精神病发病机理都必须建立在健全的动机理论基础上。冲突或阻碍不一定会致病，只有当它威胁或阻碍基本需要或与基本需要密切相关的部分需要时，才会致病。

得到满足的需要的作用

我曾在上文多次指出，通常只有在等位优先需求得到满足后，我们的需求才会出现。因此，满足在动机理论中具有重要的作用。然而，除此之外，一旦需要得到了满足，它就不再发挥积极的决定或组织作用。

这意味着什么呢？举例来说，就是当一个人的基本需求得到了满足，他就不再需要尊重、爱、安全等。唯一一种他可能产生此类需求的情况近乎抽象哲学：一个吃饱的人有食欲，或者一个装满的瓶子有空隙。如果我们对真正激励我们的东西感兴趣，而不是对已经、将要或可能激励我们的东西感兴趣，那么得到满足的需求就不是激励因素了。为了所有的实际目的，它必须被认为是不存在的，或是已经消失的。这一点应该被强调，因为在我所了解的每一种动机理论中，它要么被忽视，要么被否定。一个完全健康、正常、幸运的人没有性或饥饿的需求，也没有安全、爱情、名誉或自尊的需要，除非在突然出现威胁的偶然瞬间。如果我们还想说些什么，那就必须确认每个人都有全部的病理反应能力，例如，巴宾斯基的研究等，因为如果一个人的神经系统受到损害，那么这些反应就会出现。

正是这样的考虑提出了一个大胆的假设，即任何一个在基本需求的满足上受挫的人，都可以完全被设想成一个病人，或者至少是一个不完整的人。这相当于我们把缺乏维生素或矿物质的人称为病人。谁会说缺乏爱比缺乏维生素更重要？既然我们知道缺乏爱会致人生病，谁又能说我们提出价值问题的方式比医生诊断和治疗糙皮病或坏血病更不科学，更不符合规定？如果被允许，那么我应该干脆说，一个健康的人的主要动机是他需要开发和实现他的最大潜力和能力。如果一个人有任何其他积极的、长期的基本需求，那么他就是一个不健康的人。他肯定是病了，就好像他突然患上了强烈的盐饥症或钙饥症一样①。

如果这种说法看起来不寻常或似自相矛盾，那么读者可以认为，这只是我们在修正看待人类深层动机的方式时，出现的众多矛盾中的一个。当我们想知道人们究竟想从生活中获得什么时，我们讨论的就是人的本质。

---

① 如果我们在这种情况下使用"生病"这个词，那么我们还必须正视人类与社会的关系。我们定义的一个明确含义是：（1）既然一个基本需求没有得到满足的人被称为"病人"，而且（2）由于这种基本需求的挫败最终只能通过个人之外的力量来实现，那么（3）个人的疾病最终其实来源于社会的疾病。如此一来，我们可以这样定义，一个好的或健康的社会是一个通过满足人的所有基本需求，来实现人的最高目标的社会。

功能自主

戈登·奥尔波特（Gordon Allport）详细阐述并概括了这样一个原则，即达到目的的手段可能最终成为满足本身，此时这些手段与自身的起源也只剩历史联系。它们可能会出于自身的缘故而被需要。回忆起学习和改变动机生活的巨大重要性，给之前经历的每一件事都附上了一层额外的、异常的复杂性。其实这两套心理学原理并不矛盾，它们相辅相成。根据迄今为止使用的标准，如今获得的需求能否被视为真正的基本需要，这是有待进一步研究的问题。

无论如何，我们已经看到，在长期得到满足之后，更高级的基本需求可能会独立于它们更强大的先决条件和它们自己的适当满足，也就是说，一个早年就满足了爱的需求的成年人，在安全、归属和爱的满足方面，现在会比一般人更加独立。我更愿意把性格结构看作心理学中功能自主性最重要的一个例子。那些坚强、健康、自主的人才是最能承受失去爱情和声望的人。但在我们的社会中，这种力量和健康的产生，通常是因为个体早期对安全、爱、归属感和尊重的需要得到了长期的满足。也就是说，这个人在这些方面的功能上达到了完全自主，他们并不依赖创造这些需求的满足感。

第 5 章

心理学理论中基本需求得到满足的作用

在上一章中,我们阐明了人类动机的内涵,而本章会探讨这一内容的理论结果,并以此作为对当前片面强调挫折感和病理学的一个积极或健康的平衡。

我们已经看到,组织人类动机生活的主要原则是将基本需求按照优先性或影响力的强弱等级安排。使这个组织充满活力的主要动力原则,是健康人的优势需求一经满足之后,原本不占优势的需求就会出现。当生理上的需要未被满足时,它会支配着有机体,迫使所有的能力都为自己服务,并将这些能力组织起来,使它们在服务中实现最高效率。相对地满足了这些需要,令等级制度中下一个更高层次的需求出现,继而新的需求支配和组织个体,举例来说,一个人刚刚摆脱饥饿的困扰,现在又被安全需求困扰。这个原则同样适用于等级制度中的其他需求,即爱、尊重和自我实现。

更高级的需求可能偶尔不是在低级需求得到满足之后出现,而是在强迫或自愿被剥夺、放弃或压制较低级的基本需求和满足(例如,禁欲主义、升华、排斥、约束、迫害、孤立等强化效果)之后出现。我们对这些情况的发生频率和性质知之甚少,不过据说这种情况在东方文化中较为常见。无论如何,这种现象与本书的论点并不矛盾,因为本书并没有宣称满足是力量或其他心理需求的唯一来源。

满足论显然是一种特殊的、有限的或不完整的理论,它无法单独存在或生效。至少,只有在与以下理论结合,才能实现有效性:(1)挫折理论;(2)学习理论;(3)神经症理论;(4)心理健康理论;(5)价值理论;(6)纪律、意志、责任理论。行为的心理决定因素、主观生活以及性格结构构成了一张复杂的网,本章试图只追踪贯穿这张网的一条线索。同时,我们并不是在描绘一张更完美的图画,人们可以随意假定除了基本需要满足之外还有其他决定因素,假定满足基本需要或许必要,但肯定无法仅限于此,假定满足和缺乏都有可取和不可取的结果,假定满足基本需求与满足神经质的需要在许多重要方面有所不同。

满足一种需要的一般结果

任何一种需要得到满足的最基本的结果是:下一种新的更高级的需要随之出现。① 其他结果是这一基本事实的附带现象。这些次要结果包括:

1. 对旧的满足物和目标对象的独立和一定程度的蔑视,对迄今为止被忽视、不被需要或只是偶尔需要的满足物和目标对象产生了新的依赖。这种以旧换新的方式带来了许多第三级的后果。因此,兴趣方面就发生了变化。也就是说,某些现象第一次变得有趣,而旧有的现象则变得乏味,甚至令人厌恶。这就好比说人类的价值观发生了变化。一般来说,有以下几种倾向:(1)高估未满足的需求中最强大的满足物;(2)低估未满足的需求中力量较弱的满足物(以及这些需求的强度);(3)低估

---

① 所有这些论述只适用于基本需求。

甚至贬低已经得到满足的需求（以及这些需求的强度）的满足物。作为一种易受各类因素影响的现象，这种价值观的转变在一种粗略可以断定的方向上，涉及多种人生信条的重建，包括对未来、对乌托邦、对天堂和地狱、对美好生活、对个人无意识的愿望满足状态的重建。

一句话，我们倾向于认为自己已经拥有的幸福是理所当然的，特别是那些我们不需要为之工作或奋斗就能获得的幸福。食物、安全感、爱、赞美、自由，这些一直存在的东西，从未缺失，也从未被渴求，这些需求往往不仅被忽视，甚至会被贬低、嘲笑或毁灭。当然，这种不计较幸福的现象并不是明智的，因此我们可以认为这是一种病理现象。在大多数情况下，只要适当地经历一些缺乏之苦，如痛苦、饥饿、贫穷、孤独、抛弃、不公等，就很容易被治愈。

在我看来，这种相对被忽视的后满足遗忘和贬低现象具有非常重要的潜在意义和力量。进一步地阐述可以在《低声抱怨、高声抱怨以及超越性牢骚》（*On Low Grumbles, High Grumbles, and Metagrumbles*）、在我的《优化心理管理：日志》（*Eupychian Management：A Journal*）、在赫茨伯格（F. Herzberg）的各种著作，以及科林·威尔逊（Colin Wilson）的"圣尼奥特差数"概念（St. Neot Margin）中找到。

没有其他的方式能够帮助我们理解，富足（经济富足和心理富足）以一种令人费解的方式要么被拔高至更高层次的人性，要么被升华至近年来报纸头条所暗示和阐述的各种形式的价值病理学。很久以前，阿德勒在他的许多著作中谈到了"娇生惯养的生活方式"，也许我们应该用这个词来区分致病性满足和健康的、必要的满足。

2. 随着价值观的改变，认知能力也发生了改变。由于机体产生了新的兴趣和新的价值观，注意力、知觉、学习、记忆、遗忘、思考，都朝着一个粗略可预测的方向变化了。

3. 这些新的兴趣、新的满足物和新的需求，不仅新，而且在某些意义上也更高级（见第7章）。当安全需求得到满足时，机体得到解放，可以寻求爱、独立、尊重、自尊等。有机体从更低级、更物质的束缚和更自私的需要中解放出来的最简单的方式，就是满足这些需要。（当然，还有其他方式。）

4. 任何需要的满足，只要这是一种真正的满足，即一种基本需求而不是神经质的或伪装的需求的满足，都有助于决定性格的形成（见下文）。此外，任何需要的满足都有助于个人的改善、巩固和健康发展。也就是说，任何基本需要的满足，就我们能够单独谈论的满足，都是背离神经症的方向，朝着健康的方向前进的。从这个意义上说，毫无疑问，库尔特·戈尔茨坦将所有具体的需要满足都看作朝着自我实现迈出的一步。

5. 除了这些一般结果之外，特定需求的满足和过分满足还有一些特殊结果。例如，在其他因素相同的情况下，安全需求的满足会带来一种主观上的安全感——更安稳的睡眠、危险感消失、更大胆、更有勇气等。

满足学习和基本需要

探索影响需求满足的因素的第一个结果，必然是人们越来越不满倡导者过分夸大纯粹的联想学习对满足需求的作用。

一般来说,满足现象,如饱足后食欲减退,安全需要满足后防御能力的数量和类型变化等,表现为:(1)随着练习(或重复、使用或实践)的增加而消失;(2)随着奖励的增加(或满意、赞扬或强化)而消失。

满足需求的任务几乎完全局限于内在的、合适的满足物上。从长远来看,除了非基本的需要外,人们是绝不可能去偶然或随意选择的。对于渴望爱情的人来说,只有一种真正的、长久的满足物,那就是真诚而令人满意的感情。对于性饥渴、食物匮乏或缺水的人来说,只有性、食物或水才是最终的追求对象。这是韦特海默、科勒(Kohler)和其他近期格式塔心理学家如阿希、阿恩海姆(Arnheim)、卡特那(Katona)等强调的内在恰当性,他们认为这是所有心理学领域的中心概念。在这里,没有什么偶然的搭配或意外、任意的并列;也没有什么满足物的出现信号、警示或相关物,只有满足物自己满足需求。我们必须用墨菲的穿通作用(canalization),而不能仅仅用联想来表达这种情况。

这种对联想式的、行为主义学习理论的批判的本质,是完全地将有机体的目的(目标)看作理所当然的事。它完全是为了达到不明确的目的的操纵手段。与之相对,我在这里提出,基本需求理论其实是有机体的基本和最终价值观。这些目的在本质上对生物体是有价值的,且这些价值存在于目的内部。因此,为了实现这些目标,机体会尝试任何必要的事情,甚至学习一些武断的、不相关的、琐碎的或愚蠢的步骤,而实验者可能将这些步骤认作达到目标的唯一途径。当然，这些方法是可以牺牲的，当它们不再获得内在满足（或内在的强化）时，它们就会被抛弃（熄灭）。

很明显，下面列出的行为和主观的变化，不可能仅仅用联想学习的规律来解释。事实上，他们更可能只是扮演着次要角色。如果一个母亲经常亲吻她的孩子，那么这种内驱力就会消失，孩子就不会再去渴望亲吻。当代大多数描述人格、特质、态度和品位的作家，都把这种现象称为习惯聚合，可以根据联想学习的规律习得，但现在看来，我们有必要重新考虑和纠正这种说法。

即使是在更合乎情理的洞察力和理解（格式塔学习）获得的意义上，性格特征也不能被完全当作学习的产物。由于这种更广泛的、格式塔的学习方法在部分程度上对精神分析的结果不屑一顾，导致它太过理性地强调外部世界的内在结构，因此略显狭隘。我们需要一种比联想学习或格式塔学习，更能与人体意识和情感过程紧密相连的联系。［但也可参见库尔特·勒温（Kurt Lewin）的著作，这些著作无疑有助于解决这个问题。］

我在这里不予进行任何详细的讨论，只是尝试性地提出一些可以被称为性格学习或内在学习的观念，它的中心点是改变性格结构而不是改变行为，主要内容包括：（1）独特的（不同的）和深刻的个人经验的教育效果；（2）重复经验产生的情感变化；（3）由满足或挫折经验产生的意动变化；（4）由特定集中早期经验引发的普遍态度、期待，甚至是人生观的变化；（5）有机体选择性同化任何经验的变体构造的决定性作用等。

这样考虑的目的是为了在学习和性格形成的概念之间获得更紧密的关系。正如我（笔者本人）所相信的，心理学家最终将典型的模范式学习定义为个人发展、性格结构的变化，即走向自我实现和超越的运动，是颇有效果的。

需求满足和性格形成

先前的一些考虑将需求的满足与某些（甚至是许多）性格特征的发展紧密地联系在了一起。这种理论只不过是挫折感和精神病理之间早已确立的关系，在逻辑上的对立面。

如果把基本需要受挫视作敌对的决定因素之一，那么它就变得容易接受，那么受挫的对立面，即基本需求获得满足，就很容易被当作敌对的对立面，即友善的优先决定因素。一个接一个的精神分析结果都强有力地暗示了这一点。尽管我们还缺乏明确的理论表述，但心理治疗实践还是接受了我们的假设，强调内在的安慰、支持、宽容、认可、接受，即最终满足患者对安全、爱、保护、尊重、价值的深层需求。对于那些缺乏爱、独立、安全等需求满足的儿童而言，这一现象更为真实，医生常常不用费什么力气，直接使用替代疗法或满足疗法，即给予他们爱、独立或安全（反社会疗法）的满足。

遗憾的是，这类实验的材料太少了。不过现有的资料足以令人印象深刻，例如，利维的实验。这种实验的一般模式是取一组刚出生的动物，例如幼犬，满足它们的某种需要或阻碍它们部分需要的获得，如吃奶的需求。

这种类型的实验是通过小鸡啄食行为、婴儿的吮吸喝奶行为以及各种动物的活动来进行的。在所有的情况下，人们都发现，一种完全满足的需求遵循自己典型的发展过程，然后根据其性质，要么完全消失，如喝奶行为，要么在余下的生命周期（如活动）中保持某种较低的最适度水平，如活动性。那些需求受挫的动物身上，会出现各种各样的半病理现象，其中与我们所讨论的内容最相关的，第一是对于某些正常情况下理应消失的需求的坚持；第二，需求的活动性大大加强。

利维在有关爱的著作中尤其讨论了童年时期获得满足与成人性格形成之间的完整联系，我们可以清楚地看到，健康成年人的许多特征都是童年爱的需求得到满足的积极结果，例如，宽容所爱的人独立的能力、承受缺乏爱的能力、爱但不放弃自主的能力等。

如果我尽我所能地在理论上清楚、直截了当地表达对立观点，我可以这么说，一个深爱着孩子的母亲（通过奖励、强化、重复、锻炼等方式）会令她的孩子产生一种在以后的生活中不那么需要爱的力量，比如，不太想要亲吻，更少地依恋母亲等。教会一个孩子从各方面寻找爱，并且一直渴望爱的最好途径，就是在一定程度上拒绝给予他们爱。这是机能自主原则的另一个例证，它曾使奥尔波特对当代学习理论产生怀疑心理。

任何心理学老师谈到满足孩子们的基本需求，或者自由选择实验时，他们总是会将这种性格特征理论当作学习的产物。"如果你在孩子从梦中醒来后，就把他抱起来，那么当他以后想被抱起来时，是不是就会学着哭闹？（因为他哭闹后你给予了奖励）""假如你的孩子要吃什么你就给他什么，那么难道他不会被宠坏吗？""如果你注意孩子的滑稽动作，他会不会为了吸引你的注意而学着装傻？""假如你放任孩子，他不就会一直随心所欲吗？"这些问题不能单靠学习理论来回答，我们还必须援引满足理论和机能自主理论来完善这一局面。欲了解更多资料，请参阅动力儿童心理学和精神病学的一般文献，尤其是与放任理论有关的文献。

另一种支持需求满足和性格形成之间关系的资料，可以从能够直接观察到的满足的临床效果中获得。每个直接与人打交道的人都可以直接获得这些数据，而且几乎在每一次治疗接触中都可以获得。

要想说服自己，最简单的方法就是从最有力的方面入手，检查满足基本需求直接且瞬间的影响。就生理需要而言，在我们的文化中，我们不会将食物饱足感或水饱足感视为性格特征，尽管在其他文化条件下我们可能会这样做。然而，即使在这种生理层面上，我们的论点也遇到了一些边缘案例。当然，如果我们可以谈谈休息和睡眠的需求，那么我们也就可以谈论这种需求受挫及受挫带来的影响（困倦、疲劳、精力不济、萎靡不振，甚至可能会带来懒惰、嗜睡等），以及这种需求得到满足的情况（机敏、活力、热情等）。这就是满足基础需求的直接结果，如果它们不是公认的性格特征，也至少绝对会吸引人格学习者的兴趣。虽然我们尚不习惯这样思考问题，但对于性需求也可以这么说，例如"性迷恋"和"性满足"这两个相对应的范畴。不过我们至今还没有找出一个妥帖的词语。

无论如何，当我们谈到安全需要时，我们的立场要坚定得多。忧虑、恐惧、害怕、焦虑、紧张、不安和战栗，都是安全需要受挫的后果。同类型的临床观察很明显地显示了满足安全需要的相应效果（一般情况下，我们对此也没有恰当的表述词语），例如，焦虑和紧张的消失、放松、对未来的信心、有把握、获得安全感等。无论我们使用什么词，感到安全的人与终日像在敌国当间谍一样过日子的人之间，都存在着性格差异。

其他基本的情感需求，如归属感、爱、尊重和自尊，也是如此。这些需求得到满足的人就可以表现出亲切、自尊、自信、可靠等特征。

再踏出一步，需求满足带来的直接性格结果，就可以发展为以下的一般特征，如亲切、慷慨、无私、大度（与小气相反）、沉着、宁静、幸福、满足等。这些似乎是一般需要得到满足后的副产品，即心理生活条件得到总体改善，变得丰盈、充裕、富裕的结果。

很明显，无论是以狭义还是广义的形式，学习对于这些和其他性格特征的形成也起到了重要的作用。这究竟是不是一种更有力的决定因素？如今可获得的资料不足以支撑我们断言，这通常被当作一种无果的问题而搁置一边。然而，侧重于强调其中任何一方所带来的结果是相当不同的，我们至少必须意识到这个问题。品格教育是否可以在课堂上进行？书籍、讲座、问答和劝诫教育是不是最好的工具？布道和全日制学校是否能培养出好人，更确切地说，美好的生活是否就能造就好人？是否爱、温暖、友谊、尊重以及善待孩子，对他们以后的性格结构更为重要？这些都是由于坚持两种不同的性格形成理论和教育理论而形成的不同选择。

满足健康的概念

我们可以假设，A已经在一个危险的丛林中生活了几个星期，他在那里靠着偶尔找到食物和水勉强维持生命。在同样的情境下，B不仅能够生存，而且还有一把来复枪，还有一个可关闭入口的隐蔽洞穴。C除了拥有以上所有装备外，还有两个盟友与他一道。D有食物、有枪、有盟友、有洞穴，此外，还有他最亲爱的朋友。最后，在同一个丛林里的E，拥有所有这些，并且他还是自己团队中备受尊敬的领袖。总而言之，我们可以依次把这些人分别称为：勉强满足生存需求的人、满足安全需求的人、满足归属需求的人、满足爱的需求的人和满足尊重需求的人。

然而，这不仅是一系列不断增长的基本需求的满足，也是一系列心理健康程度不断提高的过程①。很明显，在其他条件相同的情况下，一个被满足了安全、归属、爱的需求的人（根据任何合理的定义）将比一个得到安全与归属需求满足，但爱的需求上受挫的人更健康。此外，如果他赢得了尊重和钦佩，并因此发展了自己的自尊，那么他依然十分健康，达成了自我实现，或者说是一个完整的人。

因此，基本需求的满足程度与心理健康的程度是一种正相关

---

① 在此基础上进一步指出，这种需求满足程度的不断提高也可以作为人格分类的基础。作为成熟的或个人的成长步骤或水平，通过个体的生命周期，它提供了一种发展理论模式，大致接近并平行于弗洛伊德和埃里克森的发展系统。

的关系。我们能否进一步确认这种关联的限度,即证明完全满足了基本需求等同于理想的健康?满足理论至少暗示了这种可能性。尽管毫无疑问,这个问题的答案还需等待未来的研究,但即使仅仅陈述这样的一个假设,也会将我们的视线引至那些被忽视的事实,并促使我们再次提出这些古老而未被解决的问题。

例如,我们当然必须承认,还有其他通向健康的途径。然而,当我们为自己的孩子选择人生道路的时候,我们有理由问一声,通过禁欲行为,通过放弃基本需求,通过纪律,通过挫折、悲剧和不幸之火的磨炼,即以满足为基础的健康和以受挫为基础的健康的相对频率是多少?

这一理论也使我们面临自私这个棘手的问题,正如韦特海默和他的学生们提出的一样,他们倾向于把所有的需求都视为事实上的自私和以自我为中心。诚然,戈尔茨坦以及这本书都是以高度个人主义的方式,来定义自我实现这一最终需要,然而,对非常健康的人的实证研究表明,他们既是极端自我的,但也是健康的自私,又充斥极端的同情心和利他主义的。我们将在第11章中讨论这一点。

当我们提出"满足健康"(或"幸福健康")这一概念时,我们便已经毫无疑问地将自己与戈尔茨坦、荣格、阿德勒、安格亚尔(Angyal)、霍妮、弗洛姆、布勒、罗杰斯,以及其他各位作家置于同列,所有作家都假设有机体有某种积极的增长趋势,从内部推动有机体更全面地发展。①

---

① 事实上,这样的作家和研究人员有上百人。要想完整列出将会是一份很长的名录,我在这里也只提到几位前辈。美国人文心理学协会的会员名单更具包容性。

因为，如果我们假设一个典型健康的有机体的基本需要得到了满足，从而获得释放得以实现自我，那么我们也可以因此假设，这个有机体是由内在的发展倾向而发展，是在柏格森（Bergson）的意义上发展，而不是从外部发展而来，不是在行为主义环境决定论的意义上发展。神经症有机体是一种缺乏基本需求满足感的有机体，而这些满足只能来自他人。因此，它更多地依赖于他人，缺少自主性和自决性，也就是说，它更多地受环境的性质影响，而较少受其自身固有性质的影响。当然，在健康人身上所发现的对环境的相对独立性，并不意味着他们缺乏与环境的交流。它只意味着在这些接触中，人的目的和他自己的本性是主要的决定因素，而环境只不过是人类达到自我实现目的的一种手段。这是真正的心理自由。

部分由需求满足决定的其他现象

心理治疗

我们或许可以坚持，在实际治疗或改善的动力中，基本需求的满足是至关重要的。当然，我们必须承认，它至少是这类因素中的一个，而且是特别重要的一个，因为迄今为止它一直被忽视。我们将在第15章更详细地讨论这一点。

态度、兴趣、趣味和价值观

针对需求的满足和受挫会决定兴趣这一说法，上文已经给出了几个例子。另外也可以参考麦尔的文章。我们将有可能更进一步研究这一问题，最终必然涉及对道德、价值观和伦理的讨论，因为这些不仅仅是礼仪、礼貌、风俗习惯和其他当地社会习惯。当前的风尚是将态度、品位、兴趣，甚至任何类型的价值观，看作当地文化的联合学习结果，就好像除此之外再也没有其他的决定因素，也就是说，好像它们完全是由任意外部力量决定的。但我们已经看到，我们还是有必要借助内在的需要，以及满足机体需要带来的效果。

人格的分类

如果我们把满足基本情感需求的层次结构看作一个直线连续体，那么我们就得到了一个有用（虽然不完美）的工具来划分人格类型。如果大多数人都有相似的机体需求，那么每个人都可以在这些需求得到满足的程度上与其他人进行比较。这是整体的或有机体的原则，因为它是根据一个单一的连续体来对完整的人进行分类，而不是根据多个不相关的连续体来将人的各个部分或各方面进行归类。

厌烦与兴趣

那么除了过分满足外，究竟什么是厌烦？在这里，我们又会发现尚未解决且尚未察觉的问题。为什么反复看一幅画、和一个女人见面、听一首歌会产生厌倦感？为什么同样看了那么多次另一幅画、同样和另一个女人见面那么多次、同样听了那么多次另一首歌，却会产生更大的兴趣和更高的愉悦感？

高兴、愉悦、满意、欢欣、狂喜

满足需求在积极情绪的产生中扮演什么角色？长期以来，情绪的研究者们仅将研究局限于挫折的情感效应。

社会效果

下文列出了满足看起来具有良好社会效果的各方面。这也是一个有待进一步研究的论题,满足人的基本需要(所有条件都是相同平等的,抛开某些令人费解的例外,暂时忽视匮乏和纪律的理想效果),不仅可以改善他的性格结构,而且可以改善他作为国家和国际公民与周围的关系。这对政治、经济、教育、历史以及社会学理论的影响可能是巨大且明显的。

受挫水平

尽管这看起来很荒谬,但从某种意义上说,需求满足是需求受挫败的决定因素。这是真的,因为只有较低的、占优势的需求得到满足后,更高的需要才会出现在意识中。从某种意义上说,除非他们有意识地感受到高级需求,否则他们不会产生挫败感。仅仅勉强度日的人不会太过担心生活中的高级事物,几何学的研究、选举权、自己所在城市的好名声、尊敬都不是他关注的重点,他主要关心的是更基本的东西。只有满足一定量的低级需求,使他到达一定的文明程度,他才能够对包括个人、社会和智力等更为广泛的问题感到沮丧。

因此,我们可以承认,大多数人注定会希望得到他们没有的东西,但绝对不会觉得为所有人争取更大的满足感是无用的。如此一来,我们同时可以学习到,不要指望任何单一的社会改革(如妇女选举权、免费教育、无记名投票、工会、良好的住房条件、直接初级选举)会带来奇迹,但也不要低估缓慢发展的现实。

如果一个人必须感受一下沮丧或者焦虑,那么相比于怕冷或怕饿,忧心战争何时结束总会对社会更好些。显然,提高挫折水平(如果我们可以说更高级和更低级的挫折感)不仅具有个人意义,也同时具有社会意义。这也几乎同样适用于内疚感和羞耻感。

有趣的行为、悠闲无目的的行为、随意且偶然的行为的出现

尽管哲学家、艺术家和诗人长期以来一直在讨论这些行为，但奇怪的是，科学心理学家却总是忽视这一行为领域。也可能是因为人们公认的教条作祟，即所有行为都是有动机的。虽然这里不想争论这个错误（在作者看来），但下文的观察是毋庸置疑的：一旦得到满足，机体立刻没有了压力感、紧张感、紧迫感和必要感，允许自己变得游手好闲、懒散、松弛、被动，会去享受阳光、打扮自己、装饰或擦洗锅碗瓢盆，会去玩耍享乐，观察一些无关紧要的东西，变得漫不经心，在无意识中（而非有目的的）学会一些东西、一句话，他们（相对地）变得没有动力了。需求的满足导致了无目的行为的出现（更详细的讨论见第14章）。

满足引起的病态

近年来的生活无疑教会了我们一些由物质（低需求）富裕导致的疾病，诸如无聊、自私、自以为高人一等、"理所应当"的病态优越感、固执坚守低水平的不成熟、手足之情的沦丧等。显然，在任何一段时间内，物质生活或者说是低需求生活都不会令我们感到满足。

但现在，我们正面临一种新的、由心理富裕引发的疾病的可能性，也就是说，患者得病是因为受到了（很显然）无微不至的爱和关心，是因为他被崇拜、被赞赏、被称赞、被倾听、被推至舞台的中心，是因为他拥有忠诚的仆人，此时此地，他的每一个愿望都能得到实现，甚至成为人们自我牺牲和自我放弃的对象。

的确，我们对这些新现象知之甚少，更不用说在任何发达的科学意义上。我们所拥有的只有强烈的怀疑、普遍的临床印象，以及儿童心理学家和教育工作者缓慢僵硬的观点：仅仅满足基本的需要是不够的，孩子还需要经历一些坚强、隐忍、挫折、纪律和限制的经验。或者换一种说法，基本需求的满足最好能被更仔细地定义一下，因为它很容易沦为无节制的溺爱、自我克制、完全放纵、过度保护以及谄媚。对孩子的爱和尊重至少必须与对自己作为父母或成人应得的爱和尊重协调一致。孩子当然是人，但他们不是有经验的人。他们必须被当作在许多事情上不明智的人，或是在一些事情上极其糊涂的人。

由满足引起的病态在一定程度上也可以被称为"超越性病态"，即一种价值观、意义和成就感的缺失。然而，许多人文主义者和存在主义心理学家相信——虽然并没有足够的数据来支撑——满足所有基本需求并不能自动解决身份感、价值体系、生活目的、生命意义等问题。至少对一些人，尤其是年轻人来说，这些是超出满足基本需求之外的额外任务。

最后，我再次提出一个鲜为人知的事实：人类似乎永远不会长久地满足什么，而且与此密切相关的是，我们往往对自身幸福习以为常，或是忘了这种幸福，将它们视为理所当然，甚至不再珍惜它们。对许多人来说——虽然具体的人数不清楚——即便是最强烈的快乐也会变得无趣，失去新鲜感。只有在经历了丧失、挫折、威胁甚至是悲剧事件之后，快乐才能重新变得有价值。对于这样的人，尤其是那些对实践没有兴趣，死气沉沉，自我能力较弱、无法感知高峰经验，且对享受、对愉悦强烈抵制的人来说，为了让他们再次体会快乐，可能有必要经历一下失去幸福的滋味。

高级需求的功能自主

虽然一般来说，我们在满足了较低的需要之后，就会向更高的需要层次迈进，但我们仍可以察觉到这样一个现象，即一旦达到了这些更高的需要水平，并获得了随之而来的价值和品位后，高级需求可能就会变得自主，不再依赖于较低需要的优先满足。这类人甚至会鄙视并抛弃令他们过上"高级生活"的满足低层次需要的行为，这就相当于富人家的第三代为第一代感到羞耻，或受过教育的移民后代为他们粗鄙的父母感到羞耻一样。

一些在很大程度上由满足基本需求决定的现象

A. 意动—情感

1. 身体上的饱足感——食物、性、睡眠等方面，以及一些副产品，包括幸福、健康、精力、快感、身体满足感等。

2. 安全感、和平感、护卫感、保护感、缺乏危险感和威胁感。

3. 归属感，感到自己是某个群体中的一员，认同群体的目标和胜利，感到被群体接受或在群体中拥有一席之地。

4. 爱与被爱的感觉，感觉值得被爱，爱的认同感。

5. 自立、自尊、自信、相信自己的感觉；能力感、成就感、胜任感、成功感、自我力量感、尊重感、威望感、领导感、独立感。

6. 自我实现感、自我发挥感、自我领悟感，感觉越来越充分地开发和实现自身资源和潜力，以及由此产生的成长、成熟、健康和自主的感觉。

7. 好奇心的满足，感觉学到了更多，掌握了更多。

8. 对理解的满足，越来越哲学化；走向越来越广、越来越包容和统一的哲学或宗教；对联系和关系的感知更多；敬畏；价值信奉。

9. 对美的需要的满足、刺激、感官上的震撼、快感、狂喜、对称感、适合感、条理感或完美感。

10. 更高级的需求的出现。

11. 对各种满足物的暂时或长期的依赖和独立性；对较低级需要和较低级满足物的独立性和轻视日益增强。

12. 厌恶和强烈的欲望。

13. 厌烦和兴趣。

14. 价值提升；品位提升；能够更好选择。

15. 令人愉悦的兴奋、快乐、喜悦、满足、平静、宁静、欢欣，可能性更大，强度更高；更丰富和积极的情感生活。

16. 更频繁地出现狂喜、高峰体验、高潮情感、兴奋和神秘体验。

17. 渴望水平的改变。

18. 受挫水平的改变。

19. 趋向后动机和存在价值。

B. 认知

1. 对所有类型的认知更敏锐、更有效、更现实；更好的现实测试。

2. 提升直觉能力；更成功的预感。

3. 伴随启发和顿悟的神秘体验。

4. 更多的以现实—对象—问题为中心；更少地投射和以自我为中心；更多的超个人和跨人类的认知。

5. 世界观和哲学观的提高（指变得更真实、更现实、更少地伤害自己和他人、更综合、更完整、更全面等）。

6. 更具创造性，更多的艺术、诗歌、音乐、智慧和科学。

7. 更少像机器人一般僵化的习俗；更少的刻板印象，更少的强迫性的标签化（见第13章）；通过人为范畴和准则的筛选更好地感知个人的独特性；更少使用一分为二的方法。

8. 许多更基本、更深层次的态度（民主、对所有人的基本尊重、对他人的爱、对儿童的爱和尊重、与女性的伙伴关系等）。

9. 减少对熟悉的事物的偏爱和需要，特别是对重要事物；不再害怕新奇和陌生事物。

10. 更有可能学习无目的和潜移默化的知识。

11. 减少对简单事物的需求；更加享受复杂事物。

C. 性格特质

1. 更加镇定、沉着、宁静、平和（与紧张、不快乐、痛苦相反）。

2. 仁慈、同情、无私（与残忍相对应）。

3. 健康的慷慨。

4. 大度（与小气、吝啬、狭隘相反）。

5. 自立、自尊、自信、相信他人。

6. 安全、平和、无危险感。

7. 友好（与基于性格的敌意相反）。

8. 更大的挫折容忍度。

9. 对个体差异的容忍、兴趣和认可，从而丧失偏见和泛化的敌意（但不是丧失判断力）；更强烈的手足情谊、同志情谊、兄弟般的爱以及对他人的尊重。

10. 多一点勇气，少一点恐惧。

11. 心理健康及其所有衍生品；远离神经症、精神病态人格，或许还有精神病。

12. 更加民主（无畏而现实地尊重值得尊重的人）。

13. 放松；不那么紧张。

14. 多一些诚实、真诚和直率；少一些空话，少一些虚伪。

15. 意志坚强，责任心更强。

D. 人际关系

1. 成为更好的公民、邻居、父母、朋友、爱人。

2. 政治、经济、宗教、教育的发展和开放。

3. 尊重妇女、儿童、雇员和其他权力较小的少数民族或群体。

4. 更民主，更少独裁主义。

5. 少一些无端的敌意，多一些友善，对他人更感兴趣，更容易认同他人。

6. 对朋友、恋人、领导者等有更高的品位，对人有更好的判断力；成为更好的选择者。

7. 更好的人，更有吸引力；更漂亮。

8. 更好的心理医生。

E. 其他

1. 改变了有关天堂、地狱、乌托邦、美好生活、成功与失败等的图景。

2. 迈向更高级的价值观；走向更高级的"精神生活"。

3. 所有表现性行为的变化，例如，微笑、大笑、面部表情、举止、步态、笔迹；朝着更具表现力且更少模仿的行为方向发展。

4. 能量变化、疲劳、睡眠、安静、休息、警觉。

5. 充满希望、关注未来（与丧失士气、冷漠、无精打采相反）。

6. 梦幻生活、幻想生活、早期记忆的变化。

7. 道德（基于性格之上的）、伦理、价值观的变化。

8. 远离充满输赢、对手、零和博弈的生活方式。

第6章

基本需要的类本能性质

再认识本能理论

再认识本能理论的理由

前几章概述的有关基本需求的理论甚至呼吁我们重新考虑本能理论,这不仅因为我们需要区分更基本和不太基本、更健康和不太健康、更自然和不太自然,而且还因为,这一理论以及其他基本需求理论提出了某些无法避免的相关问题,我们不应无限期地推迟对这些问题的思考,例如,隐晦地抛弃文化相对论、本质赋予价值的隐含理论,联合学习适用范围的确定缩小等。

无论如何,有相当多的其他理论、临床和实验研究都指向同一个方向,即我们需要重新评估本能理论的可取性,甚至可能以某种形式恢复它。这些都促使我们对当前心理学家、社会学家和人类学家过分强调人类的可塑性、灵活性和适应能力及其学习能力产生了一种怀疑。人类似乎比当前的心理理论所估计的更具有自主性和自治性。

1. 坎农的体内稳态概念,弗洛伊德的死亡本能等。

2. 胃口或自由选择或自助餐厅实验。

3. 利维的本能满足实验,以及他关于母亲过度保护和缺爱的研究。

4. 各种精神分析指出对孩子的过度如厕要求训练和匆忙断奶会产生有害影响。

5. 大量的观察结果使得许多教育工作者、幼儿园工作者和应用儿童心理学家在与儿童打交道时更加依赖自己的选择。

6. 明确构成罗杰斯疗法的概念体系。

7. 由活力论者、新兴进化论者、现代实验胚胎学专家以及戈尔茨坦这样的整体论者提供的众多神经和生物学数据，都是关于机体在损伤后的自发调整。

这些和其他的研究结合在一起强烈地表明，我们的机体远比通常所认为的更值得信赖、更具有自我保护性、自我导向性和自治性。此外，我们还可以补充说，最近的各种发展已经表明，在理论上有必要假定生物体内存在某种积极的生长或自我实现的倾向，这与生物体的保守性、平衡性或体内稳态倾向不同，与对外界冲动的反应也不同。这种生长或自我实现的倾向，曾经被亚里士多德、柏格森等不同的思想家和许多其他哲学家，以一种又一种的模糊形式假定过。在精神病学家、精神分析师和心理学家中，戈尔茨坦、布勒、荣格、霍妮、弗洛姆、罗杰斯和许多其他的人都认为这是必要的。

然而，也许赞同重新审视本能理论最重要的影响还是心理治疗专家的经验，尤其是精神分析师的经验。在这一领域，无论事实的逻辑如何模糊不清，都是准确无误的；治疗师被迫无情地将更基本的愿望与不太基本的愿望（或需求或冲动）区分开来。问题很简单：有些需求受挫后会产生病态，而另一些需求受挫后则不会。满足这些需求第一能带来健康，而满足其他需求则不能。这些需求难以想象地顽固、桀骜不驯。它们抵制所有的甜言蜜语、替代品、贿赂和削弱；除了给予它们应有的、内在的满足之外，你什么也做不了；人们总是有意或无意地渴望和追求这些需求。它们表现出的行为总是像顽固的、不可简化的、无法分析的最终事实，只能被视为既定的或不可置疑的起点。令人印象深刻的一点是，几乎每一种学派，精神病学、精神分析学、临床心理学、社会工作或儿童治疗等，无论他们在其他方面有多大的分歧，在这一点上都不得不假定一些类本能需求的学说。

不可避免地，这样的经验是在提醒我们物种特征、体质和遗传，而不是肤浅和容易操纵的习惯。无论在何种情况下，如果必须在这种困境中做出选择，治疗者几乎总是选择本能，而不会选择条件反射或习惯作为他的基石。这当然是可惜的，因为正如我们将要看到的，其实还有其他一些更中间的、更有效的选择，我们可以从中做出一个更令人满意的选择，也就是说，这并不是二者必选其一的两难之境。

但是，从一般动力学理论的要求来看，似乎很清楚，本能理论，尤其是麦克杜格尔（McDougall）和弗洛伊德提出的本能理论，具有某些当时并没有得到足够重视的优点，也许是因为它的错误太明显了。本能理论接受这样一个事实：人是一个自我驱动的个体；自己的本性和他所处的环境帮助决定了他自身的行为；他的本性为他提供了先决目标、目的或价值体系；在良好的条件下，为了避免生病，通常他想要的就是他需要的（对他有利的）；全人类形成了一个独一无二的生物物种；如果不了解一个人行为的动机和目标，那么这种行为就是毫无意义的。总体而言，机体常常会为自己留下资源，这展现了一种有待解释的生物功效或智慧。

本能理论的错误

在这里,我们的看法是:本能理论家的许多错误虽然深刻,需要驳斥,但绝不是本质的或不可避免的;而且,这些错误中有相当一部分是由本能主义者和他们的批评者共同犯下的。

1. 语义和逻辑上的错误最为明显。的确,本能主义者理应为了解释一些他们无法理解的行为或无法确定起源的行为而特意创造本能受责。但是,当然,如果事先我们得到适当的警告,就不必进行实体统计、不必混淆标签和事实,或者提出无效的三段论。我们今天对语义学了解得更多了。

2. 我们现在对民族学、社会学和遗传学有了更多的了解,因此可以避免简单的种族中心主义、阶级中心主义,以及简单的社会达尔文主义,这些都是早期本能主义者的伤心事。

我们现在还必须认识到,本能主义者在面对民族学时幼稚地退缩这一现象,太过极端和彻底,以致本身就构成了一个错误,即文化相对性。在过去的二十年里,这一学说影响巨大,得到了广泛的接受,不过现在它正受到广泛的批评。当然,像本能主义者所做的那样,寻求跨文化的物种特征是值得尊敬的。显然,我们必须(并且能够)避免种族中心主义和夸大的文化相对主义。例如,很明显,工具性行为(手段)与当地文化决定因素的关系远大于基本需求(目的)与文化决定因素的关系。

3. 20世纪二三十年代,大多数反本能主义者,如伯纳德(Bernard)、华生(Watson)、郭任远(Kuo)等人,痛批本能理论,因为他们认为本能不能用特定的刺激反应术语来描述。归根结底，他们是指责本能不符合简单的行为主义理论。这是真的，本能确实不符合。然而，今天充满活力且深谙人文主义的心理学家，并没有太过重视这种批评，他们一致认为，仅仅用刺激—反应的术语来定义任何重要的人类整体素质或整体活动是不可能的。

这样的一种小小的尝试会滋生更多的困惑。我们可以把反射与经典的低等动物本能混淆作为一个典型的例子。前者是一种纯粹的神经运动行为，后者除了作为一种神经运动之外，还意味着更多，例如预定冲动、表达行为、应对性行为、对目标对象的追求和情感色彩。

4. 即使单从逻辑上讲，我们也没有理由一定要在完全的、各部分都完整的本能和非本能之间做出选择。为什么不可能存在残存的本能，仅仅是冲动或行为的类本能方面，不能存在程度差异，不能只有部分本能？

太多的作家不分青红皂白地使用"本能"这个词来代表需求、目标、能力、行为、感知、表达、价值和情感伴随物，有时用本能单独表示一项，有时用本能代表一个组合体，结果是出现了一个不准确使用该词的大杂烩现象，正如马尔默（Marmor）和伯纳德所指出的那样，几乎所有已知的人类反应，都被不同的作家描述为本能。

我们的主要假设是，人类的欲望或基本需求，至少在某种可以观察到的程度上，可能是被天生赋予的。相关的行为或能力、认知或情感不一定是天生的，但可能（根据我们的假设）是后天习得的，或是被引导获得的，或是表现性的。（当然，许多人的能力或智能都是由遗传决定的，或是因它们而成为可能，如色觉等，但我们在这里并不讨论这一点。）也就是说，基本需求的遗传成分可以被视为单纯的意识缺失，与固有的、为达成目的的行为无关，就像弗洛伊德的本我冲动一样，是盲目的、无定向的要求。（我们将在下面看到，在一种可定义的方式下，这些基本需求的满足物似乎也是内在的）。我们必须学习的是一种目标导向（应对性）行为。

本能主义者和他们的反对派都犯了一个严重的错误：总是用非黑即白的二分法，而不是按照程度来思考问题。怎么能说一组复杂的反应要么全部由遗传决定，要么完全不由遗传决定呢？任何一种结构，无论多么简单，不可能只有基因一个决定因素，更不用说任何一种完整的反应了。即使是孟德尔的甜豌豆也需要空气、水和食物。因此，即使是基因本身也需要一个环境，即相邻基因。

另一种极端的情形同样很明显，没有任何生物能够完全不受遗传的影响。因为人也是一种生物，这个由遗传决定的事实，是任何人类行为、能力、认知等的先决条件，也就是说，正因为他是人类的一员，他才有可能做人类所能做的一切。而人类成员这一身份是由遗传决定的。

这种无效的二分法往往会带来一个令人困惑的后果，只要有任何学习迹象显露，人们就倾向于将它认作是非本能的；或者相反，只要显现出任何遗传影响，人们就把它认作是本能活动。因为对于人们展现出的大多数冲动、能力或心情（也许是所有），这种非黑即白的认知很容易产生，因此，这样的争论必然永远无法得到解决。

本能主义者和反本能主义者就像全有和全无的关系,我们当然不必如此。这完全是一个可以避免的错误。

5. 本能理论家们运用的范例是动物本能。这导致各种各样的错误,例如,未能寻找人类特有的本能。然而,我们从低等动物身上学到的一个最具误导性的教训是,本能是强大的、牢固的、不可改变、不可控制且不可抑制的。然而,可能对于鲑鱼、青蛙或旅鼠来说是如此,但对人来说这并非真相。

就像我们认为的那样,如果基本需求存在一种可以察觉的遗传基础,那么当我们仅仅用肉眼去寻找本能,而且认为只有当一种本能明显无误地独立于所有的环境,并比所有的环境力更强大时,它才是本能。这时,我们就很可能犯了一个大错。为什么就不会有一些虽然是类本能的,但是很容易受压抑或控制,甚至会被各种习惯、建议、文化压力、内疚等情况遮掩、改变或压迫的需求呢(例如,对于爱的需要似乎就是如此)?也就是说,为什么不存在弱本能呢?

推动文化主义者攻击本能理论背后的动力可能很大程度上源于,他们错误地将本能认作压倒性的力量。每一个人种学家的经验都反对这样的假设,因此攻击是可以理解的。但是,如果我们恰当地尊重文化和生物(如本文作者所说),如果我们进一步认为文化是一种比类本能需求更强大的力量(正如本文作者所做的那样),那么,接下来的主张似乎就不是一个悖论,而是一个显而易见的问题:如果我们希望脆弱、微薄的类本能需求不被更强硬、更强大的文化所吞噬,那么我们就应该保护它们(正如本文作者所主张的那样），而不是相反。它们真的极有可能被吞噬，尽管这些类本能的需求在另一种意义上是强大的，也可能是它们坚持、要求满足，所以一旦受挫就会产生高度病态的后果等。

这种反论或有可能帮助说明这一点。我认为揭露、顿悟、深度治疗——实际上包括几乎所有的治疗方法，但除了催眠和行为疗法——从一种观点来看，是在揭露、恢复、加强我们那些被削弱了的和失去了的人的本能倾向和本能残余，以及体现在我们身体各方面的动物性自我、我们的主观生命学。这个终极目标在所谓的个人成长研讨会上更是赤裸裸地显现。所有这些治疗和研讨都是昂贵的、痛苦的、长期的努力。最终要付出一生的奋斗、耐心和毅力，即使这样，最终也可能还是失败。但是，有多少猫、狗或鸟需要帮助才能懂得如何当一只猫、一条狗或一只鸟？他们冲动的声音是响亮的、清晰的、无误的，而我们的声音是微弱的、混乱的、容易被忽视的，所以我们需要帮助才能听到这些声音。

这就解释了为什么动物的自然性在自我实现者的身上表现得最为明显，而在神经质患者或"普通病人"中表现得最不明显。我甚至可以说，疾病往往意味着一个人丧失了动物性本能。因此，在那些最具灵性、最圣洁、最睿智、最理性（组织上）的人身上，我们可以发现最清晰的物种性和动物性，这便是最为矛盾的一种现象。

6. 人们犯的更严重的一种错误源于对动物本能的关注。出于种种难以理解的原因——难道只有博学的史学家才能好好地阐明，西方文明普遍认为，我们体内的动物性本能是一种糟糕的本能，我们最原始的冲动都是邪恶的、贪婪的、自私的且具有敌意①。

神学家称之为原罪，或恶魔；弗洛伊德学派称之为"本我"；哲学家、经济学家和教育家都以不同的名字来称呼它。达尔文也十分认同这一观点，不过他只看到了动物世界中的竞争，完全忽略了也同样常见的合作，而克罗波特金（Kropotkin）很容易就注意到了这一点。

这种世界观的一种表达方式是将我们体内的这种动物性，与狼、老虎、猪、秃鹫或蛇区分开来，而不是与像鹿、大象、狗或黑猩猩这些更友善，或至少可以说是更温和的动物区分开来。我们可以将这种表达理解为对我们内在本性的一种恶属性的动物性解释，要知道，如果我们必须以动物为基础，类推至人类，那

---

① 人类本性中原始的且不受意识控制的一面无法被更有效地驯服，甚至彻底地改造吗？如果真的不能，那么文明就注定要灭亡。正直的意识构建出了一种有纪律、有道德的秩序且意图良好，它的背后潜藏着生命的原始本能力量，它就像深渊中的怪物——无休止地吞噬、孕育、减弱这些意识。在大部分情况下，人们无法看出这些欲望和能量，然而生命本身却依赖着它们：没有它们，生命就会像石头一样迟钝。但是如果任由它们不受约束地运转，生命就会失去意义，再次沦为单纯的活着和死亡，就像在原始沼泽的繁盛世界一样。这种本能的力量导致欧洲剧烈动荡，并在十年内抹杀了几个世纪的文明成果……只要宗教和社会形式，能够容纳并在某种程度上满足组成社区的个人的内在和外在的生活需要，本能的力量就会默默潜伏，在大部分情况下，我们甚至会忘记它们的存在。然而，有时它们也会苏醒，本能的斗争带来的喧闹声会闯入我们有序的生活，粗暴地打破我们原有的和平与满足。然而，我们也会试图遮蔽双目，相信人的理性思维不仅征服了他周围的自然世界，而且征服了他内在的自然本能的世界。（Harding, M. E., *Psychic Energy*, Pantheon, 1947）

么我们最好选择那些与我们最接近的动物，如类人猿。因为总的来说，这些动物都是讨人喜欢的动物，与我们有许多可以称之为善良的共同特点，因此比较心理学也并没有支持恶属性的动物性这一说法。

7. 关于遗传性状不可改变也不可修饰的假设，我们还必须牢记另一种可能性：即使一种性状最初就被基因遗传决定，它也仍可能改变——如果我们在发现的过程中足够幸运，甚至可能很容易改变或控制它。如果我们假设癌症有很强的遗传成分，这不需要阻止任何人去寻找控制癌症的方法。如果只是基于推理基础，我们也可以承认智商既具有可以量值的遗传性，同时也可以通过教育和心理治疗加以提高。

8. 相比于本能理论家，我们必须给予本能更多的变异空间。对知识和理解的需求似乎只对聪明的人有效。对低能者来说，这种需求几乎不存在，或者至少非常微弱。利维已经证明，母性冲动在女性身上的变化差异非常大，某些女性身上甚至无法发现这种冲动。例如，音乐、数学、艺术等这种特殊的才能，很可能受基因的决定因素影响，而大多数人身上都没有这种基因。

类本能的冲动可以完全消失，而动物性的本能显然不能。例如，在精神病态的人格中，对爱和被爱的需求已经消失了，而据我们今天所知，这通常是一种永久性的丧失，也就是说，通常情况下，这种变态人格是任何已知的心理治疗技术都无法治愈的。我们还有来自奥地利村庄失业问题研究的更早的例子，这些例子表明，长期失业会严重打击士气，甚至破坏某些需求。对某些人来说，即使以后的环境条件改善，这种被破坏的需求也可能再也无法恢复。我们在纳粹集中营里也发现了类似的材料。贝特森（Bateson）和米德（Mead）对巴厘居民的观察或许还算中肯。成年的巴厘人不是我们西方意义上有爱心的人，他们也不必如此。从巴厘岛的电影可以看出，婴孩们在哭泣，他们痛恨缺乏爱，我们只能得出这样一种结论：失去爱的冲动是一种后天丧失。

9. 我们已经看到，本能与对新颖事物的灵活适应和认知适应，在种类上是相互排斥的。我们对其中一个发现得越多，对另一个的期待就越少。正因为如此，一个重大的，甚至是悲剧性的错误（从历史的后果来看）自古以来就酿成了，这种错误把人类的本能冲动和理性分开。很少有人会想到，对于人类来说，它们可能都是类本能的；更重要的是，它们的结果或隐含的目标可能是相同的、合作的，而不是对立的。

我们的论点是：对认识和理解的冲动可能与归属和爱的需要一样，都是意动的。

在一般的本能—理性二分法或对比中，正是由于对本能和理性进行了错误的定义，所以二者成为对立关系。如果按照现代知识正确地定义它们，它们就不会被视为相互对立或对抗的了，人们甚至会发现它们并没有什么明显的不同。作为今天可以定义的健康的理性和健康的类本能冲动，它们在健康的人身上并不相互矛盾（尽管在不健康的人身上它们可能是对立的），而是指向同一个方向。举一个例子来说，所有现有的科学数据都表明，儿童在精神上需要得到保护、接受、爱和尊重。这也正是孩子们（本能地）想要的。正是在这种非常明确具体的、在科学可检验的意义上,我们断言类本能的需要和理性或许可以合作,而不用彼此对抗。它们显而易见的敌对状态只是一种人为的产物,完全是由于仅仅对两名病人观察而产生的。如果这是真的,我们就可以由此解决一个古老的问题:本能和理性,究竟谁是主人?这和当下的一个问题一样陈腐:在一种美好的婚姻关系中,丈夫和妻子,谁才是主人?

10. 在发展全盛期被理解的本能理论,产生了许多在社会、经济和政治上最保守甚至是反民主的后果,帕斯托雷(Pastore),特别是他对麦克杜格尔和桑代克的分析(作者愿意加上荣格,也许还有弗洛伊德)最终证明了这一点。这些都源于(错误地)将遗传与命运联系在一起,将它们看作是不可抗拒的、不可改变的。

我们将看到,这个结论是错误的。弱小的类本能需要一种仁慈的文化环境,这环境能够孕育它们出现、让它们得到表现和满足。它们很容易受到不良文化环境的冲击。例如,我们的社会必须得到极大的改善,才能使弱小的遗传需求得到满足。

在任何情况下,根据最近揭示出的必须使用两种连续统一体而不是仅根据一种,帕斯托雷的遗传和命运的相关性理论表明它们并不是内在固有的。

无论如何,接受本能与社会、个人利益和社会利益之间存在着内在对立,是一种可怕的对问题的忽视。可能它的主要借口是,对于病态的社会和病态的个人来说,它实际上就是趋向于这样。但是,正如本尼迪克特(Benedict)所证明的,事情并不一定如此。在良好的社会里,或者至少在她描述的那种社会里,这是不可能的。健康社会条件下的个人利益和社会利益是合作的,而不是对立的。而错误的二分法之所以会持续存在,是因为对个人和社会利益的错误观念,是在恶劣的个人和社会条件下自然产生的。

11. 就像其他大多数动机理论一样,本能理论中的一个缺陷在于没有意识到冲动在不同的强度层次中是能动联系的。如果孤立地对待每一种冲动,各种各样的问题就一定无法解决,并且会产生许多似是而非的问题。例如,动机生命本质上的整体性或一元性被模糊,随即产生了无法解决的罗列动机清单的问题。此外,价值或选择原则也被抹杀了,而它恰恰是令我们表明一种需求比另一种更高级,或更重要,甚至更基本的依据。到目前为止,这种动机生命原子化带来的一个最重要的、独一无二的结果,就是为本能敞开了通向涅槃、死亡、寂静、体内稳态、自满、平衡的大门。这是因为孤立地看待一种需要所能做的事情,就是迫切要求满足,也就是说,要求消灭自身。

这忽略了一个显而易见的事实,即任何需要得到满足的同时,曾被他推挤到一旁的其他较弱的需求就会登上突出位置,急迫提出自己的要求。需求是永远不会停歇的,一种需要刚得到满足,另一种需要又会破土而出。

12. 在将本能解释为恶性的动物本能的同时,人们认为在精神错乱的人、神经症患者、罪犯、低能者或绝望的人身上,这种恶性的动物本能会表现得更为清楚。这种观点自然地源于一种学说,即良知、理性和道德只不过是后天获得的虚饰,在性质上完全不同于掩藏在其下的内涵,表面与深层之间的关系就如同镣铐与囚犯。若是从这一误解出发,那么文明,以及它包含的所有机构——学校、教会、法院、法律法规，都会被视为抑制恶性的动物性的力量。

这种错误非常严重，会造成各种悲剧，从历史的重要性角度来看，它或许可以被比作如下的错误，比如，相信天赋王权，相信某一种宗教的唯一正统性，否认进化论，或者相信地球是平的。任何多余的令人们不信任自己和彼此，任何不切实际地对人类的可能性抱悲观态度的想法，都必须对曾经发动的每一场战争、每一次种族对抗和每一次宗教屠杀承担部分责任。

奇怪的是，这种关于人性的错误理论至今仍被本能主义者和反本能主义者坚持。那些希望人类获得更好未来的人、乐观主义者、人道主义者、一元论者、自由主义者、激进分子和环保主义者，大体上都往往带着恐惧的心理拒绝本能理论，因为本能理论被曲解得十分透彻，似乎在谴责所有人在这个尔虞我诈的世界中展现出的非理性、发动的战争、分裂和对抗。

本能论者也有类似的误解，但他们拒绝与不可避免的命运作斗争，他们通常只是耸耸肩就放弃了乐观想法。当然，有些人是迫不及待地放弃了。

这让我们不禁想起那些酒精中毒的人，有部分人是迫不及待渴望一醉方休，有些人则是不情不愿饮下酒精，但最终的效果往往是相似的。这就解释了为什么弗洛伊德在许多问题上都同希特勒属于一个阵营，为什么像桑代克和麦克杜格尔这样的杰出学者，也会因为恶性动物本能论中包含的纯粹逻辑，而转向哈密尔顿主义（Hamiltonian）和反民主主义的结论。

认识到类本能需求并不是恶性的，而是中性的或良性的，许多似是而非的问题便会自动解决,淡出视野。

举一个简单的例子,训练孩子这种行为将会发生彻底的改革,甚至在训练时根本不需要使用含有任何恶意的表达。当我们转向接受合理的动物需求时,我们便会变得乐于满足这些需求,而不是想方设法令其受挫。

在我们的文化中,普通的穷苦孩子,尚未被完全同化,也就是指那些健康的动物性需求还没有被完全剥夺的孩子,他们不断地以自己发明的各种孩子气的方式,要求夸赞、安全、自主、爱等。可成熟的成年人通常的反应是说一句"哦!他只不过是在炫耀",或者说,"他就是想引起别人的注意",于是就把孩子从成人面前赶走。这就是说,这个诊断习惯上被解释为一种禁令,不给予孩子他所寻求的东西,不去注意,不去欣赏,不去喝彩。

然而,如果我们将这种对承认、爱或赞美的请求视为正当的要求或权利,其就像孩子抱怨饥饿、干渴、寒冷或疼痛一样,我们就会自然而然地成为满足者而不是打击者。这种方式的唯一结果就是,孩子和父母都会有更多的乐趣,会更享受彼此,因此肯定会更爱对方。

这不应被误解为完全的、不加区别的放任。某些最低限度的文化融合,即通过培训、纪律、养成文化上需要的习惯、为未来做准备、意识到他人的需要,仍然是必要的,尽管在满足基本需要的氛围中,这种必要的培训不应造成什么特别的麻烦。此外,对于神经性的需求、成瘾性的需求、习惯性的需求以及熟悉的需求、对固定事物的异常依恋、发泄或任何其他并非类本能的需求,我们绝不能随意应允。最后,我们必须提醒自己,挫折、悲剧和不幸有时会产生令人满意的效果。

类本能的基本需求

上述的所有考虑都促使我们提出一种假设：在某种意义上，基本需求在一定程度上，是由体制或遗传自己决定的。这种假设在今天无法直接得到证实，因为目前还不存在所需的直接遗传或神经技术。其他形式的分析，如行为分析、家庭分析、社会分析、人种分析等，通常更有助于反驳，而不是证明遗传假说，除非是在明确的情况下，但我们的假说绝不是那么明确的。

在接下来的几页中，本书将介绍支持这种类本能假说的可用数据和理论研究。

1. 支持提出新假设的主要理由是因为旧解释的失败。本能论被环境主义和行为主义的综合理论抨击，而这两种理论几乎完全依赖于联合学习作为一种基本的、几乎是完全的解释工具。

总的来说，可以很公平地说，这种心理学方法并不能解决动力学问题，例如，价值观、结局、基本需求、需求的满足及受挫，以及由此带来的后果，包括健康状况、心理病态和心理治疗等。

因此，我们没有必要进行详细的论证来证实这个结论。值得注意的是，临床心理学家、精神病学家、心理分析学家、社会工作者和所有其他临床工作者，几乎从不采用行为主义理论。他们在不充分的理论基础上，顽固地以一种特别的方式建立了一个庞大的实践结构。他们往往注重实际而不是理论。我们必须留意到，就临床医生所使用的理论而言，它是一种粗糙而无组织的动力理论，其中本能起着基础性的作用，例如，修正后的弗洛伊德的理论。

一般来说,非临床心理学家一致承认饥饿、口渴等心理冲动是类本能的。在此基础上,借助条件作用过程,就可以假定所有更高级的需求都是后天获得或习得的。

这就是说,我们学会爱父母是因为他们养育了我们,并在其他方面奖励我们。根据这一理论,爱是令人满意的交易或易货安排的副产品,或者,正如广告人所说的,爱就是顾客满意的同义词。

作者所知的任何一个实验,都无法证明这种理论对于爱、安全、归属感、尊重、理解等需要的解释是正确的。它总是被简单地假设为没有发展的麻烦。事实上,这种假设从来没有经过细致的检验,这或许是它依旧尚存的唯一原因。

当然,条件作用的数据并不支持这种假设;相反,这种需要的表现更像是条件作用最初所依赖的无条件的反应,而不是次级条件反应。在完全建立在"内在强化物"基础上的操作性条件作用中,这些类本能的给予物被简单地当作是后天习得的,它的名字就叫学习理论。

事实上,即使在一般人的观察里,这一理论同样漏洞百出。为什么这位母亲这么热衷于回报?她的回报是什么?怀孕的烦恼和分娩的痛苦有多大的回报?如果这段关系实际上是一种交易,那么她为什么要进行这场赔本的买卖呢?此外,为什么临床医生一致认为,婴儿不仅需要食物、温暖、良好的护理和其他类似的奖励,而且还需要爱,就好像爱是超越奖励的东西一样?难道爱只是多余的吗?相比于不满足孩子(或因贫穷受限)但充满爱意的母亲,只一味满足孩子却毫不关爱孩子的母亲会更受孩子爱戴吗?

许多其他令人担忧的问题也同样有待解决。究竟什么是奖励,甚至包括生理上的奖励?我们必须假设这是一种生理上的快感,因为这个理论的目的就是证明所有其他的快感都源于生理上的快感。但是,如被温柔地拥抱、不被粗暴对待,不被突然摔在地上,不害怕等这些安全满足感,难道也是生理上的吗?为什么对婴儿轻柔低语、呵护微笑,或是把他抱在怀里,或是注视他、亲吻他、拥抱他时,似乎都能让他高兴呢?在何种意义上,给予、奖励、喂养孩子和为孩子牺牲是对给予者有益的呢?

越来越多的证据表明,奖励的方式与奖励本身同样有效。这对奖励的概念意味着什么?喂食的规律性和可靠性能满足饥饿的需要吗?或者是别的什么?放任满足了哪种需要?尊重孩子的需要又满足了什么?在孩子配合时,给他进行断奶或上厕所训练又满足了什么?为什么收容所里的孩子,无论得到了多好的照顾,即获得各种生理上的满足与奖励,依然频繁地出现各种心理疾病?如果爱的饥渴最终是对食物的要求,为什么在获取食物后,它依然不能平息呢?

墨菲的穿通作用的概念在这一点上非常有用。他指出,任意的联系都可能在无条件刺激和任何其他刺激之间出现,因为后者只是一种信号,而不是满足物。当一个人需要满足生理需求如消除饥饿时,信号无法满足——只有满足物本身才能满足,只有食物才能减轻饥饿。在一个相当稳定的世界里,这样的信号学习将会像晚餐铃一样发挥作用。但一种更为重要的学习,不仅是本质上的联想,而且具有贯通作用,即学习哪些物品是适当的满足物,哪些物品不是,以及这些满足物中哪个是最令人满意的或是出于其他原因最受欢迎的。

作者观察到的与我们的论点相关的是:对爱的需求、尊重的需求、理解的需求等其他此类健康的需求的满足,是通过穿通作用,即通过某种内在的适当满足,而不是通过任意的联系实现的。在任何联系确实发生的地方,我们就称之为神经症或是神经质的需求,例如物恋。

这里需要提一点,哈洛和他的同事们在威斯康星州灵长类动物实验室进行的各种实验是非常重要的。在一个著名的实验中,猴子宝宝被从母亲身边抱走,放到一个可以喂奶的金属假猴和另一个无法喂奶但包裹了一圈毛圈织物的假母猴身边。猴宝宝们宁愿选择后一个身体柔软令人想拥抱、自己可以依附的假猴作为自己的代替妈妈,而不是前一个"金属妈妈",尽管他们可以在"金属妈妈"那里喝到奶。这些没有母亲的猴子虽然被喂养得很好,但长大后在各方面都极不正常,包括完全丧失了自己的母性"本能"。显然,甚至对猴子来说,仅拥有食物和庇护所都是远远不够的。

2. 本能的普通生物学标准对我们帮助不大,部分原因是我们缺乏数据,但也是我们现在必须允许自己怀疑这些标准本身。〔不过,可以参见一下豪威尔斯(Howells)富有挑战性的论文,其中指出了一种新的回避困难的可能性。〕

如上所述,早期本能理论家的一个严重错误是过分强调人与动物世界的连续性,而没有同时强调人类与所有其他物种之间的深刻差异。如今我们可以在他们的著作中清楚地看到一种毋庸置疑的倾向：以一种普遍的动物意义来定义和罗列本能，也就是说，令每一种本能都可以涵盖任何动物。正因为如此，任何在人类身上出现而其他动物身上没有的冲动，通常都被认为是非本能的。当然，出现在人类和其他所有动物身上的冲动或需要，都被证明是本能的，不需要任何进一步的证据，例如，进食、呼吸。然而，这并不能否定这样一种可能性：某些类本能的冲动可能只存在于人类物种，或对爱的冲动，动物界中只有黑猩猩同人一样拥有。信鸽、鲑鱼、猫等，每一种都有该物种特有的本能。为什么人类就不能有自己特有的特征呢？

人们普遍接受的理论是，当我们在需求种类等级制度中进入更高级的需求时，本能会逐渐消失，取而代之的是一种基于大幅提高学习、思考和交流能力的适应性。如果我们用低等动物的方式来解释一种本能，将其定义为一种先天决定的冲动、感知的准备、工具行为和技能，以及目标对象（如果我们能找到观察它的方法，甚至可能还有表达情感的伴随物）构成的复合体，那么这个理论似乎是正确的。根据这种说法，我们在白鼠中发现了性本能、母性本能、哺育本能等。在猴子那里，母性的本能仍然存在，但哺育的本能已经改变并且可以继续改变，性本能已经完全消失，只留下类本能的强烈欲望。猴子必须学会选择自己的性伴侣，必须学会有效地进行性行为。人类没有这些（或任何其他）本能。性冲动和进食冲动仍然存在，甚至可能还有母性冲动，虽然非常微弱。但工具性行为、技能、选择性知觉和目标对象（主要是在管道化的意义上）等，必须通过学习才能获得。人类没有本能，只有本能残余。

3. 本能的文化标准（"我们讨论的反应是否独立于文化？"）是一项关键的标准，但不幸的是，目前的数据仍然不明确。笔者认为，就他们所走的路而言，他们要么支持我们考虑的理论，要么与我们考虑的理论一致。然而，必须承认，若是其他人研究同样的数据，可能会得出相反的结论。

由于作者的实地经验仅限于与一群印第安人有过短暂接触，而且由于问题取决于人种学家而不是心理学家的未来发现，因此我们在此不再进一步审议这一问题。

4. 我们在前面已经提到过一种认为基本需求在本质上是类本能的原因。所有的临床医生都同意，这些需求受挫会导致精神疾病。不过，对于神经质的需要，对于习惯、对于上瘾、对熟悉事物的偏爱，以及对于工具或手段的需要，却并非如此，只有在某种特殊的意义上，对于行为完成的需要、对感官刺激的需要，以及对才能表达的需要，才是名副其实的类本能。（至少，可以根据操作或实际的基础，区分这些不同的需求，并且应该基于各种理论和实际原因加以区分。）

倘若社会创造出了所有的价值观，并将它们灌输给了全体成员，那为什么只有某些价值观受挫时才导致精神疾病？其他的为什么不会？我们学会一日三餐，学会道谢，学会用叉子和勺子、桌子和椅子。我们被要求穿衣穿鞋，晚上睡在床上，说英语。我们吃牛肉和羊肉，但不吃狗肉和猫肉。我们保持清洁，竞争成绩，渴望金钱。然而，在所有这些强大的习惯里，任何一种受挫都不会让我们受到伤害，有时甚至还有积极的好处。在某些情况下，如在泛舟或野营时，我们如释重负地松了口气，抛弃一切烦恼，承认它们的非本质性质。但对于爱、安全，或是尊重，则绝不可能如此。

因此，显然，基本需求处在一种特殊的心理和生物地位。它们有些不同。因为基本需求必须得到满足，否则我们就会生病。

5.满足基本需求会有各种可能的结果，令人满意的、良好的、健康的、自我实现的。这里提到的"令人满意的"和"良好的"这两个词，是生物学意义上的，而不是先验意义上的，容易受到操作定义的影响。在条件允许的情况下，这些结果是健康的有机体自身倾向于去选择的，并为之努力实现。

这些心理和身体上的结果，已经在关于满足基本需求的章节中概述过一遍，因此这里不需要再进一步研究，只是仍需要指出，这种标准并没有什么深奥难懂或不科学的地方。它可以很容易地以实验为基准，甚至是以工程为依据来验证，我们只需要记住一个问题，这和替汽车选择合适的机油没有什么太大区别。如果一种汽油比另一种更好，那么汽车加上了这种汽油，就会运转得更好。普遍的临床发现是，当食物安全、爱和尊重得到满足时，机体能够更好地发挥潜能，即感知更敏锐，智力发挥更充分，更容易想出正确的结论，更有效地消化食物，更不易患各种疾病等。

6. 基本需求满足物的必须性，使它与所有其他的需求满足物区别开来。出于有机体的本性，他们自身指明了满足物的内在范围，而这些满足物是无法被替代的，如习惯性的需求，甚至许多神经质的需要。这种必须性也导致这样一个事实，即需求最终是通过穿通作用而不是通过任意方式，才与满足物联系在一起。

7. 对于我们的目的来说，心理治疗的效果是相当有利的。在作者看来，似乎所有主要的心理治疗都是在他们自认为有效的程度上，培养、鼓励和加强我们所说的基本的、类本能的需求，同时削弱或完全消除所谓的神经质需求。

特别是对于那些明确宣称只会给患者留下自己本质和内心深处想法的疗法，例如罗杰斯、荣格、霍妮等人的疗法，这是一个重要的事实，因为它意味着人格本身有某种内在固有的性质，不是由治疗师从头创造的，而是被他释放出来，按照自己的方式成长、发展。如果领悟和抑制的解除会使得一种反应消失，那么我们就可以合理地认为，这种反应是外来的，而不是内在固有的。反之，如果领悟使得反应更为强烈，那么我们可能会认为它是内在固有的。此外，正如霍妮所说，如果释放焦虑会令患者变得更富有感情，不再表现得那么敌对，这难道不表明情感是人性的基础，而敌对则不是吗？

从原则上来说，动机理论、自我实现理论、价值观理论、学习理论、一般认知理论、人际关系理论、文化适应和去文化适应等理论拥有一大批珍贵的数据资料。可是不幸的是，关于这些治疗变化含义的数据还没有积累起来。

8. 迄今为止，对自我实现者进行的临床和理论研究，清楚地表明了我们的基本需要的特殊地位。只有满足了这些需求，而不是任何其他需求，健康的生活才能得以实现（见第11章）。此外，我们可以很容易看出，对于类本能假设要求的满足，个体是在冲动接受，而不是冲动拒绝或抑制冲动。总的来说，我们必须表明，这种研究与治疗效果的研究一样，还有待完成。

9. 在人类学中，最初对文化相对论不满的声音来自现场工作者，他们认为，文化相对论夸大了人与人之间的差异，使得这种差异比实际存在的更加深刻和不可调和。作者从一次实地考察中学到的第一课也是最重要的一课是，印第安人首先是人、个人、人类，其次才是黑脚族印第安人。毫无疑问，虽然差异是存在的，但与相似之处相比，差异只是表面的。不仅是印第安人，所有历史文献中记录的民族似乎都有自己的骄傲，喜欢被人喜爱，追求尊重和地位，避免焦虑。此外，在我们自己的文化中可以观察到的体质差异，在全世界都是可以观察到的，例如，智力高低、力量大小、活跃或嗜睡、冷静或情绪化等方面的差异。

即使在已经看到差异的地方，我们也可以证实这种人类共性，因为它们通常是可以立即被人理解的，它们是任何人在类似情况下都会倾向于做出的一种反应，例如，对挫折、焦虑、丧亲之痛、胜利、濒死的反应。

当然，这种感觉是模糊的、不可量化的，很难说是科学的。然而，结合上文已经提出的假设，以及接下来我们要进一步提出的假设，例如，类本能的基本需求的微弱声音；自我实现的人出乎意料的超然与自主，以及他们对文化适应的抵制；健康概念和适应概念的区别等，那么，重新考虑文化与人格的关系，进而更加重视机体内部力量的决定性作用，似乎是卓有成效的，至少对于较健康的人是这样。

如果一个人在成长塑形过程中并没有考虑到这个结构，他的确不会因此骨折，也没有明显或直接的病理结果。不过大家都相信，病态一定会显现出来，或早或晚，或隐或显。借普通的成年人神经症的现象,作为对生物体内在(尽管脆弱)需求的早期破坏事例,其实也不是那么不准确。

一个人为了自身的完整性和内在本性而抵制文化融合,这在当时是,或者说应该是心理学和社会学中一个值得尊重的研究领域。一个急切屈服于文化中的扭曲力量的人,也就是一个适应性强的人,有时可能还没有违法者、罪犯、神经症患者健康;这些人可能正是通过自身的反应表明,他已经有足够的勇气来反抗心理挫折。

此外,在同样的考虑中,出现了一个乍见之下似乎是颠倒矛盾的反论。教育、文明、理性、宗教、法律、政府,在大多数人眼里都是根本上的本能制约力量和压制力量。但是,如果我们的论点是正确的,即本能对文明的恐惧要多于文明对本能的恐惧,那么我们也许应该换另一种方式看待这个问题(如果我们仍然希望培养出更好的人和更好的社会):教育、法律、宗教等制度至少应该保护、培养、鼓励人们表达和满足自己对于安全、爱、自尊和自我实现的类本能需求。

10. 这一观点有助于解决和超越许多古老的哲学矛盾,如生物与文化、先天和后天、主观同客观、同一性与普遍性等,这是因为揭示自我探索的精神特质和个人成长、"灵魂探索"技术,是一条发现自己客观的生物性、动物性和物种性的道路,即自己存在的道路。

无论哪个学派,大多数心理治疗师都认为,当他们通过神经病症,削弱它的影响,继而进入不知为何永远在那里,但被各种病理表象层覆盖、掩埋和抑制的核心时,自己实际是在揭示或解救一种更基本、更实质、更确切的人格。当霍妮谈到通过伪装的自我到达真实的自我这一问题时，她非常清楚地表明了这一点。自我实现的论述也强调让一个人已经拥有的模样更加真实或实际，尽管是以一种潜在的形式。对本性的追求和"成为真正的自己"的意义是一样的，同时意味着成为"充分发挥作用"或"充分体现人性"，或个体化的、真正的自己。

显然，这里所谓的中心任务就是意识到，作为某个特定物种的一员，你在生物学上、气质上、本质上是什么。这正是所有的精神分析都需要做的事，帮助一个人意识到自己的需要、冲动、情绪、快乐和痛苦。但这是一种个人内在生物学、动物性和物种性的现象学，通过体验发现生物学，也就是人们所称的主观生物学、内省生物学、体验生物学或诸如此类的东西。

但这相当于对客观事物的主观发现，即发现人类特有的物种特征。它还相当于对一般和普遍的个人发现，对非个人或超个人（甚至超人类）的个人发现。总而言之，我们既可以通过"灵魂探索"，也可以通过科学家更常进行的外部观察，或主观或客观地研究类本能。生物学不仅是一门客观科学，也可以是一门主观科学。

如果我能把阿奇博尔德·麦克利什（Archibald Macleish）的诗稍加释义，我可以说：

一个人并不意味着什么：

一个人就是一个人。

第 7 章

高级需求与低级需求

高级需求与低级需求之间的差异

本章将证明,在那些被称为"高级"和"低级"的需求之间,存在着真正的心理和作用上的差异。这样做是为了确定有机体本身规定了价值的等级,这是科学观察家们公布的事实,而不是创造的言论。因为许多人仍然认为,价值只不过是作者根据自己的品位、偏见、直觉或其他未经证实或无法证实的假设,而武断强加的意义,因此,即便这点显而易见,也很有必要论证。在本章的后半部分,我们将得出这一论证的部分结果。

从心理学中摒弃价值,不仅削弱了价值的作用,阻碍了价值观的全面发展,而且使人类走向超自然主义、伦理相对主义或是虚无主义的无价值论。但是,如果能够证明有机体本身在强与弱、高级与低级之间进行了选择,那么肯定就不可能保持一种善与任何其他善都具有相同的价值,也不可能在它们之间做出选择,也不可能有区分善与恶的自然标准。第4章已经提出了这样一个选择原则。基本需求以相对潜力原则为基础,按相当明确的层次等级排列。因此,对安全的需求比爱的需求更强烈,因为当两种需求都受挫时,安全需求以各种明显的方式支配着有机体。从这个意义上说,生理需求(这些生理需要本身就处于更低级的等级中)比安全需求更强烈,安全需求比对爱的需求更强烈,而对爱的需求又比对尊重的需求更强烈,最后,对尊重的需求又比那些我们称之为"自我实现"的特殊需求更强烈。

这是一种选择或偏好的顺序。但这同时也是这一章所列出的，在各种其他意义上，从低级到高级的顺序。

1. 更高级的需要是一个在种类上或进化发展中都更晚出现的产物。我们与所有生物共有对食物的需求，（也许）与高等类人猿共有对爱的需求，却没有其他生物与我们一样拥有自我实现的需求。越高级的需求，就越为人特有。

2. 更高级的需求是更晚出现的个体发育的产物。任何一个人在出生时都会表现出生理上的需要，而且很可能，以一种非常早期的形式，展现出自己需要安全，例如，他可能会受到惊吓或恐吓，当他所处的世界显示出足够的规律性和秩序性，以便他可以依靠时，他可能会更好地成长。只有在几个月之后，婴儿才会表现出与人亲近和有选择性的喜欢的最初迹象。再后来，我们可能会清楚地看到，除了对安全和对父母的爱的需求之外，孩子还渴望自主、独立、成就、尊重和赞扬。至于自我实现的需求，即使是莫扎特这样的人，也是等到三四岁时才展露出来。

3. 需求越高级，就越无关纯粹的生存，满足感就可以越长久地推迟，需求也就越容易永久消失。高级的需求在支配、组织和服务有机体的自主反应和其他能力方面的能力较低，例如，人们对安全的需求比对尊重的需求更为坚定、偏执和渴望。被剥夺高级的需求不会像被剥夺较低级的需求那样，产生绝望的防御和紧急反应。与食物或安全需求相比，尊重需求是可有可无的奢侈品。

4. 生活在高级需求的水平上，意味着更高的生物效率、更长的寿命、更少的疾病、更好的睡眠和食欲等。心身研究者一再证明，焦虑、恐惧、缺乏爱和控制等，往往会助长不良的生理和心理后果。让高级需求得到满足，还具有生存价值和成长价值。

5. 从主观上来讲，高级的需求没有那么迫切。它们不易被察觉，不易被弄错，更容易由于暗示、模仿、错误的信仰或习惯而和其他需求混淆。人们能够认识到自己的需要，即知道自己真正想要什么，这是一种相当大的心理成就。对于高级需求来说更是如此。

6. 满足高级需求会产生更理想的主观效果，即更深刻的幸福感、宁静感和内心生活的丰富感。满足安全需求充其量只能产生一种解脱和放松的感觉。无论如何，它们都不能产生像爱的需求满足时的那种陶醉、高峰体验和狂喜，或产生宁静、理解、高贵等效果。

7. 追求和满足高级需求代表了一种普遍的健康趋势，一种脱离精神病态的趋势。第5章中提到过这种论述证据。

8. 满足高级需求需要更多的前提条件。因为优势需求必须在高级需要之前得到满足，这一点就足以证明这一问题。因此，相比于对安全的需求，对爱的需求要想在意识中显现出来，需要更多的满足。在更一般的意义上，我们可以说，在高级需求的层次上，生活变得更复杂了。对尊重和地位的追求比对爱的追求涉及更多的人、更广的范围、更长的时间、更多的手段和阶段目标，还需要更多的从属步骤和初步步骤。若是将对爱的需求与对安全的需求相比，也同样如此。

9. 满足高级需求需要更好的外部条件。更好的环境条件

（家庭、经济、政治、教育等）可以让人们彼此更为相爱，而不仅仅是维持互不伤害。要使自我实现成为可能，需要非常好的条件。

10. 在这两方面都得到满足的人，通常认为高级需求比低级需求的价值更高。这样的人愿意为了满足高级需求而牺牲更多，而且更容易承受缺少低级需求的满足。例如，他们会发现自己将更容易适应清苦生活，容易为了原则而抵御危险，为了自我实现而放弃金钱和名声。那些了解这两种需求的人普遍认为，自尊是一种比饱腹具有更高价值的主观体验。

11. 需求水平越高，爱的认同范围就越广，即受爱的认同作用影响的人数越多，爱的平均认同度也就越高。原则上，我们可以将"对爱的认同"定义为：两个或两个以上的人的需要融合为一个单一需要的优势层次。两个相爱的人不会区别对待对方的需要和自己的需要。事实上，对方的需要也确实就是他自己的需要。

12. 追求和满足高级需要会产生令人满意的公民和社会后果。在某种程度上，需求等级越高，就越不自私。饥饿是高度以自我为中心，消除饥饿的唯一方法就是满足自己。但是对爱和尊重的追求必然涉及其他人，而且还涉及满足其他人。已经获得足够的基本满足，然后再来寻求爱和尊重（而不仅仅是食物和安全）的人，往往会发展出忠诚、友好以及公民意识等品质，并成为更好的父母、丈夫、教师、公务员等。

13. 满足高级需求比满足低级需求更接近自我实现。如果我们认同自我实现的理论，这就是一个重要的区别。除此以外，这还意味着，在生活于更高需求水平的人身上，我们可能期望发现更多、更好的自我实现者身上的品质。

14. 追求和满足高级需要会形成更大、更强、更真实的个人主义。这似乎与之前的说法相矛盾，我们之前说，生活在更高的需要水平意味着更多的爱的认同，也就是更多的社会化。不管它听起来有多么合乎逻辑，它仍然是一个经验主义的现实。事实上，生活在自我实现水平上的人，既热爱全人类，也在个人特质上发展最充分。这完全支持了弗洛姆的论点，即自爱（或者更确切地说，自尊）与爱他人是协同的，而不是对立的。他对个性、自发性和自动化的见解也是中肯的。

15. 需求水平越高，心理治疗就越容易，且越有效。在最低的需求水平上，心理治疗几乎没有任何效果。例如，心理治疗不能消除饥饿感。

16. 低级需求比高级需求更局部、更具体、更有限。与爱相比，饥饿和干渴的躯体感受更明显，而爱的躯体感受又比尊重更明显。此外，低级的需求满足物比高级需求的满足物更加有形，且可观察。此外，低级需求的局限性之所以更大，是因为他们需要较少数量的满足物就可以满足。我们只有这么多的食物可以吃，但爱、尊重和认知的满足几乎是无限的。

这种差异的部分结果

上述观点可分别概括为：（1）高级需求和低级需求具有不同的性质；（2）这些高级需求和低级需求一样，必须被归入基本的、给定的人性储备中（而不是两者不同和对立）；这必然对心理学和哲学理论产生许多革命性的影响。大多数文明,连同它们的政治、教育和宗教等理论,都是建立在与这种信仰完全矛盾的基础上。总的来说,他们假定人性中动物性的、类本能的方面严苛局限于对食物、性等的生理需求。对真理、爱、美的高级冲动被认为在本质上不同于这些动物性的需求。此外,人们认为这些兴趣是对立的,相互排斥的,并且为了掌握权力而不断发生冲突。人们都是从站在高级需求的一边,反对低级需求的一个角度来看待所有的文化,连同文化包含的所有工具。因此,文化必然是一种抑制和阻碍因素,充其量是一种不幸的必需品。

认识到高级需求和对食物的需要一样,是一种类本能的、具有生物性的需求,会带来许多影响,我们只能列举其中的几种:

1. 最重要的一点可能是认识到,将认知和意动一分为二是错误的,必须加以澄清。对知识的需要、对理解的需要、对人生哲学的需要、对理论参照系的需要、对价值体系的需要,这些本身都是意动的,是我们原始的、动物本性中的一部分(我们是非常特殊的动物)。

既然我们也知道我们的需要不是完全盲目的,知道它们是可被文化、现实和可能性改变的,那么就可以推出,认知在它们的发展中起着相当大的作用。约翰·杜威认为需要的存在和定义取决于对现实的认识,对满足的可能或不可能的认识。

如果意动在本质上也是认知的,如果认知在本质上也是意动的,那么将它们一分为二就是无用的,且必须被抛弃,除非将它们作为病理学的标志。

2. 许多古老的哲学问题必须从新的角度看待了。其中一些问题甚至可能被视为基于对人类动机生活的误解而产生的伪问题。例如，这可能包括自私和无私之间的鲜明区别。如果我们类本能的冲动，如对爱的冲动，得到妥善安排，令我们从看孩子吃东西中获得比自己吃东西更多的个人"自私的"愉悦，那么我们应该如何定义"自私"，又如何区分它与"无私"呢？如果对真理的需要和对食物的需要一样具有动物性，那么为真理而冒生命危险的人是否比为食物而冒生命危险的人更少些"自私"呢？

显然，如果动物性的快乐、自私的快乐和个人的快乐，三者共同来自对食物、性、真理、美、爱或尊重的需求的满足，那么享乐主义的理论就必须重新修正。这意味着，低级需求带来的快感减弱的地方，高级需求带来的快感很可能傲然出头。

古典主义与浪漫主义的对立，酒神和太阳神的对立，必须得到修订。至少在某些形式上，它同样是建立在动物的低级需要和非动物或反动物的高级需要之间不合理的二分法基础上的。与此同时，我们也必须对理性与非理性的概念、理性与冲动之间的对比，以及与类本能生活相对立的理性生活的一般概念，进行相当大的修改。

3. 伦理学哲学家在仔细审视人们的励志生活时可以发现许多值得学习的东西。如果我们最高尚的冲动不被看作是勒马的缰绳，而被当作马本身，如果我们的动物性需求被看作与我们的最高需求是同一性质的，那么它们之间尖锐的分歧又如何能够维持下去呢？我们怎么能继续相信它们可能有不同的来源？

此外，如果我们清楚而充分地认识到，这些高尚而美好的冲动之所以存在并变得强大,主要是因为我们事先满足了更为苛刻的动物性需求,那么我们当然不应该只谈论自我控制、抑制、纪律等,而应该更多地谈论自发性、满足、自我选择等。在严厉的责任之声和享乐的欢快呼唤之间,似乎没有我们想象的那种对立。在"生活"的最高层次,即存在的最高层次,责任就是快乐,人们喜爱"工作",工作和度假没有区别。

4. 我们对文化以及人与文化间关系的观念,必须朝着如同鲁思·本尼迪克特(Ruth Benedict)所说的那种"协同"方向转变。文化应该可以满足基本需求,而不是抑制需求。此外,它不仅是为人类的需要而创造的,而且是由人类的需要创造的。文化与个体的分割需要被重新审视。我们应该少强调它们的对抗,多强调它们可能的合作和协同作用。

5. 人性中最有效的驱动力明显是内在固有的,而不是偶然的和相对的,这对价值理论一定具有巨大的意义。一方面,这意味着,用逻辑推断价值,或试图从经典或启示中读出价值,已不再是必要或可取的。显然,我们需要做的就是观察和研究。人性本身就包含着这些问题的答案:我怎样才能成为好人?我怎样才能幸福?我怎样才能富有成就?当机体被剥夺了这些价值观的时候,它会生病,这也就告诉我们它需要什么(也就是它的价值观);当没有被剥夺的时候,它便会成长。

6. 对这些基本需求的一项研究表明,尽管它们的本性在相当程度上是类本能的,但在许多方面,它们与我们熟知的低等动物的本能不同。所有这些差异中最重要的是一个意外的发现,即与本能是强大的、不受欢迎的且不可改变的古老假设相反,我们的基本需求虽然是类本能的,却是脆弱的。能够意识到冲动,直到我们真的想要和需要的是爱、尊重、知识、哲学、自我实现等,这是一项难得的心理成就。不仅如此,基本需求的层次越高,基本需求就越弱,越容易被改变和压制。最后,它们不是坏的,而是中性的或可以说是好的。我们最终陷入了这样一个悖论:我们人类的本能,那些剩下的本能,脆弱至极,它们需要保护,需要提防文化、教育、学习,一句话,它们需要抵御被环境淹没。

7. 我们对心理治疗(以及教育、养育子女、一般意义上良好性格的培养)的理解必须进行一次大转变。对许多人来说,这仍然意味着获得一套对内在冲动的抑制和控制。纪律、控制、镇压,是这种管理方式的口号。

但是,如果治疗意味着一种打破控制和抑制的力量,那么我们的新关键词必将是自发性、释放、自然性、自我接受、对冲动的意识、满足、自我选择。如果我们认为自己的内在冲动是值得赞扬的而不是可憎的,那么,我们当然希望把它们释放出来,让它们得到最充分的表达,而不是把它们束缚在桎梏之中。

8. 如果本能是软弱的,如果高级需求被认为在性质上是类本能的,如果文化被认为比本能的冲动更强大,而不是更弱,如果人的基本需要最终被证明是好的而不是坏的,那么,改善人性既可以通过培养类本能倾向来实现,也可以通过促进社会进步来实现。事实上,改善文化的意义就在于给予人类内在的生物倾向一个更好的、实现自己的机会。

9. 在发现高级需求水平上的生活有时会相对独立于低级需

求的满足（甚至在紧要关头独立于高级需求的满足）后，我们便可能有办法解决神学家们的古老难题。他们总是觉得有必要尝试调和肉体和灵魂、天使和魔鬼——在人类有机体中高级和低级的东西，但从来没有人找到令人满意的解决办法。功能自主的更高级的生活需求似乎就是部分答案。高级需求只是在低级需求的基础上发展起来的，但一旦最终被建立，便可能会相对独立于低级需求。

10. 除了达尔文的生存价值，我们现在还可以提出"成长价值"。对于个人来说，不仅生存十分重要，努力充分展现人性，发挥自身潜能，朝着更大的幸福、更深的宁静和高峰体验，走向超越，获得对现实更丰富、更准确的认知等也是很重要的（是受我们偏爱、会被选择且对有机体有益的）。我们不再需要以纯粹的发育能力和生存能力，作为证明贫穷、战争、独裁、残忍是丑陋的唯一证据。我们可以认为它们不好，因为它们也降低了人类的生活、人格、意识，以及智慧的质量。

第8章

精神病病因及威胁论

前文已经对动机概念的要点进行了阐述,这一概念中包含着某些重要的启示,有助于我们理解精神病病因以及挫折、冲突、威胁的性质。

几乎所有旨在解释精神病引发和持续过程的理论,最大的依托均为我们正要讨论的挫折和冲突这两个概念。挫折确有可能诱发病态,但并非尽然。同样地,冲突也可能导致病态,但情况并非全然如此。在后文中,我们将会发现,要想揭开其中的谜团,必须求援于基本需求理论。

剥夺,挫折与威胁

每当涉及对挫折的讨论,人们就容易落入割裂人本的泥沼。换言之,谈论一张受挫的嘴,一个受挫的胃,或是一种受挫的需要等倾向仍然存在。我们始终要牢记这一点:受挫对象只能是一个完整的人,决不能是一个人的某一部分。

有鉴于此,一种重要的区别浮出水面,即剥夺与人格威胁之间的区别。在一般定义中,挫折不过是指无法得到渴望的东西,愿望或满足受到妨碍等。此等定义未能成功区分两种不同的剥夺:一种对有机体并不重要(易于取代,极少产生严重的后果),另一种则同时危及人格,具体来讲便是威胁到这个个体的生活目标、防御系统、人格尊严、自我实现,即基本需要。但我们认为,只有威胁性剥夺才具有通常归咎于一般挫折的多重后果

（通常是令人不快的后果）。

对个体来说，目标物有两种意义。首先，它有其内在的意义，其次，它还可能具有附带的象征性价值。这样一来，某个孩子没能吃上心心念念的冰激凌卷，他可能只是失去了一个冰激凌卷。但另一个孩子没吃上冰激凌卷，他就可能不仅丧失了一次感官上的满足，而且还会觉得丧失了母爱，因为母亲不愿意给他买冰激凌卷。对第二个孩子来说，冰激凌卷不仅具有内在价值，还承载着心理价值。对于健康的个体来说，仅仅少吃一次冰激凌无关痛痒，甚至连能否称得上挫折都令人怀疑，毕竟挫折中特有的剥夺行为更具威胁性。只有当目标物代表着爱、声望、尊重等基本需求时，将它剥夺才会产生通常归于一般挫折的种种恶果。

在某些情况下，目标物的双重意义也能在某些动物群体身上清晰地展现出来。例如，根据已有证明，当两只猴子处于支配—从属关系时，一块食物不仅是充饥物，而且是支配地位的象征。因此，如果处于从属地位的动物试图捡起食物，它将立刻受到处于支配地位动物的攻击。但是，如果它能够移除食物的象征性支配价值，那么它的支配者就会允许它食用。它很容易办到这一点，仅需在接近食物时摆出一副顺从的姿态，即进行性表演。这就仿佛挑明了："我只是想用这块食物来充饥，无意挑战你的支配地位，我乐意服从你的支配。"同样地，我们可能会以两种不同的方式来对待朋友的批评。通常，一般人的反应都是觉得受到了攻击和威胁（这不无道理，因为批评通常都是一种攻击）。因此，他的反应便是眉头紧锁、愤怒不已。但是，如果他确信该批评不是一种攻击或对自己的排斥,那么他不仅会洗耳恭听,而且甚至可能对此番批评心存感激。因此,如果他已经有成千上万的证据证明他的朋友爱他、尊重他,那么批评便只代表批评,它并不同时代表攻击或威胁。

忽视这一区别,在精神病学界制造了很多不必要的混乱。一个反复出现的问题是:挫折的许多后果,如寻衅和升华等,全都是或者有些是由性剥夺所必然引起的吗?现在众所周知,在许多情况下,独身生活并没有精神病理上的后果。然而,在其他一些情况下,它却有不少恶果。究竟是什么因素决定了后来的结果呢?对非神经症患者的临床检验提供了一个明确的答案,即只有当个体认为性剥夺代表着异性的拒绝、卑微、缺乏价值、缺乏尊重、孤立等对基本需求的阻碍时,性剥夺才会成为严格意义上的病因。而那些认为其中并无此等含义的个体则可以相对轻松地承受性剥夺〔当然,可能会有罗森茨威格(Rosenzweig)所说的需求持续反应,但这些反应虽然令人烦恼,但未必是病理性的〕。

孩提时期不可避免的剥夺通常也被认为是具有挫折性的。断奶、限制排泄、学走路,其实每一个新的调整层次,都被认为是通过强制孩子才得以实现的。在这里,再一次要求我们严肃对待单纯的剥夺和人格威胁这两者间的区别。对那些完全相信父母的爱和关注的孩子进行观察后发现,他们有时能够异常轻松地承受各种剥夺、管教和惩罚。如果一个孩子认为这些剥夺没有威胁到他的基本人格、主要生活目标或需要,就不会有什么挫折感。

由此可见,威胁性挫折现象与其他威胁性情况的联系,要比单纯的剥夺更为密切。此外，不难发现，挫折的典型后果经常是由其他类型的威胁所引起的——创伤、冲突、皮质损伤、严重疾病、实际的人身威胁、死亡的迫近、羞辱或巨大的痛苦。

这将我们引向了最终假设，即也许挫折作为一个单独的概念，不如在它身上交错的那两个概念有用：（1）对于非基本需要的剥夺和（2）对人格的威胁，即对于基本需要或与之相关的各种应付系统的威胁。剥夺的含义之深刻程度不及挫折这一概念的通常含义。剥夺并不是精神病病因，威胁则是。

冲突和威胁

冲突这一单独的概念可以像挫折那样，与威胁的概念相互交错。冲突的类型可以划分如下：

单纯的选择

这是冲突最简单的形式，每个人的日常生活都充满了无数这样的选择。我认为这种选择与下一种要讨论的选择之间的区别如下：前一种类型是在通往同一目标的两条道路之间进行选择，而这个目标对有机体来说意义微小。对于此等选择情况的心理反应几乎都不是病理性的。事实上，在绝大多数情况下，有机体主观上根本就没有冲突的感觉。

在通往同一（极其重要且基本的）目标的两条道路之间进行选择

在这种情况下，目标本身对有机体来说是重要的，但有两种达成这一目标的途径供其选择。目标本身并没有受到威胁。当然，目标重要与否，要视不同有机体的具体情况而定。同一样东西，对一个人来说十分重要，对另一个人来说却可能并不重要。

举例来说，一位女士试图决定穿这双鞋还是那双鞋，穿这件衣服还是那件衣服到一个社交场合去，而这一社交场合对她来说是很重要的，所以她希望给人留下一个好印象。在这里，通常情况下，决定一旦做出，明显的冲突感就会消失。然而，当一位女士不是在两件衣服间纠结，而是在两个可能的结婚对象之间进行选择时，这种冲突便有可能变得非常激烈，这使我们再次想起罗森茨威格在需要持续效应和自我防御效应之间做过的区分。

威胁性冲突

这种类型的冲突与前两种类型的冲突在性质上有着根本的不同。它仍然是一种选择的情况，但现在是在两个不同的目标之间进行选择，而这两个目标都是至关重要的。在这里，一个选择的反应通常并不能解决冲突，因为这个决定意味着放弃某些几乎和被选择物同样必要的东西。放弃一个必要的目标或对某种需求的满足使人面临一种威胁，即使是在做出选择之后，威胁性后果也依然存在。总而言之，这种选择最终会导致对某种基本需要的长期妨碍。这是致病的。

灾难性冲突

这种类型的冲突最好被称为没有抉择或选择可能性的纯威胁。所有选择的后果都同样是灾难性或威胁性的，否则只有一种可能性，即灾难性的威胁。在这样的情况下，只有延伸那个词的含义，才能称之为冲突的情况。为了使这一点更加清晰可见，不妨举个例子：比如，一个人在几分钟内就要被处决，又比如，一只动物被迫做出决定，而且它很清楚该决定带有惩罚性，在做决定时，所有逃避、进攻或替换行为的可能性都被阻绝。在许多动物神经病实验中都是这样的情况。

冲突和威胁

从精神病理学的观点出发,我们得到的结论必然等同于分析挫折后得出的结论。一般说来,类型的冲突情况或冲突反应,即非威胁性和威胁性。非威胁性的冲突并不重要,因为它们通常是不致病的;威胁性的冲突类型则十分重要,因为它们往往是致病的。[①]同样地,如果我们将一种冲突的感觉当作病症的缘由来谈论,我们最好还是来谈一下威胁或威胁性冲突,因为有些类型的冲突不会产生症状。不仅如此,有些冲突甚至能够强化有机体。

然后,我们可以着手对精神病病因这一综合领域的各种概念重新分类。我们可以首先讨论剥夺,再谈选择,并认为这两者都是不致病的,因而对精神病理学的研究者来说是不重要的概念。重要的那个概念既不是冲突,也不是挫折,而是两者的基本致病特征,即对有机体的基本需要或自我实现进行阻挠的威胁或已经造成了实际上的阻挠。

威胁的性质

在这里,有必要再次指出,威胁这一概念包括一些现象,这些现象既不属于通常意义上冲突的范畴,又不属于通常意义上

---

① 威胁并不总是致病的;有处理威胁的健康方法,也有神经病或精神病的解决办法。此外,一个明显的威胁性情况既可能会又可能不会在任何特定的人身上产生心理威胁的感觉。对生命本身的打击或威胁,其威胁性可能不及冷嘲热讽、朋友背叛、孩子罹患重病,或不公正地对待远隔万里的陌生人。此外,威胁还可能具有强化作用。

挫折的现象。某种类型的严重疾病能够引发精神病。经历了一次严重的心脏病发作后,人们往往在行动时感到威胁的存在。儿童患病或住院的经历常常起着直接的威胁作用,且不说随之而来的各种剥夺。

一般性的威胁在另一种病人身上也得到了证明,这就是盖尔卜(Gelb)、戈尔茨坦、史勒(Scheerer)等人研究过的脑损伤病人。最终理解这些病人的唯一方法就是假设他们感受到了威胁。也许可以认为,不管什么类型的所有有机性精神病患者觉得基本上是受威胁的。在这些病人身上,只有用两种观点来研究症状才可能将它们搞明白:首先,功能的损伤或任何种类的功能丧失(丧失效用)对有机体的直接影响;其次,人格对这些威胁性丧失(威胁效用)的动力反应。

从卡顿诺(Kardiner)研究创伤性神经病的专著中,我们发现可以将最基本和最严重创伤的后果加进我们所列出的既不是冲突也不是挫折的各种威胁性后果的行列。① 据卡顿诺说,这些创伤性神经病是对于生活本身最基本的行为功能——行走、言谈、进食等,所发生的一种基本威胁的后果。我们可以将他的论点解读如下:

经历过严重事故的人可能会得出结论:他不是自己命运的主宰者,死亡永远在门前等他。面对这样一个无比强大、极富威胁性的世界,一些人似乎对自己的能力,甚至是最微不足道的能

---

① 必须再次指出的是,创伤性情境不等于创伤感,也就是说,创伤性情境可能具有但不一定非要有心理威胁。如果应对得好,它确实可以起到教育和强化作用。

力,失去了信心。当然,其他较轻的创伤具有的威胁性也较小。我想补充一句:某种性格结构使一些人易于受威胁左右,在有这种性格结构的人身上,这种反应则更经常地发生。

无论出于何种原因,死亡的临近也可能(但不是必定)会使我们处于威胁状态,原因是我们在这时可能会失去基本的信心。当我们再也不能应付这一情况时,当我们再也无法忍受周遭的世界时,当我们主宰不了自己的命运时,当我们再也控制不了这个世界或我们自己时,我们当然可以说是充满威胁的感觉。其他"我们无能为力"的情况有时也会被认为是一种威胁。也许应该把严重的痛苦放在这种类型里。这自然是让我们无能为力的事情。

也许可以将这一概念扩展一下,使它包括通常被列入另一个种类的现象。例如,我们可以把突如其来的强烈刺激、毫无心理准备的摔跤、失足、任何无法解释或尚未熟悉的事情、打乱孩子的常规或节奏等现象说成是对孩子的威胁,而不仅仅是产生情绪的现象。

当然,我们还必须提到威胁的最核心方面,即直接的剥夺,或对基本需要的妨碍或威胁屈辱,遗弃,孤立,丧失威信,丧失力量——这些都有直接的威胁性。此外,滥用或不用各种才能直接地威胁着自我实现。最后,对于高级需要或存在价值的威胁会对高度成熟的人造成威胁。

我们可以总结一下。一般来说,根据我们的观点,以下所有事情都具有威胁性:对基本需要和高级需要(包括自我实现)以及它们赖以存在的条件之挫折或实际挫折的威胁,对生命本身的威胁，对有机体总的完整人格的威胁，对有机体整合状态的威胁，对有机体、世界的基本掌握的威胁，以及对终极价值的威胁。

不管我们如何定义威胁，有一方面是我们绝对不能忽视的。一个最终的定义，不管它包括其他什么内容，都必须涉及有机体的基本目标、价值或需要。这意味着任何关于精神病病因的理论也必然要直接依赖动机理论。

一般动力学理论以及各种具体的实验结果都表明，有必要个别地界定威胁。也就是说，我们最终界定一种情况或威胁时，不光要着眼于整个种类都有的基本需要，还要着眼于面临着特殊问题的个别有机体。因此，人们经常仅从外部情境的角度来定义挫折和冲突，而不是从有机体对这些外部情境的内部反应或认知来定义。在这方面，最顽固的是一些所谓动物神经病的研究者。

我们怎样才能知道，某一特定情况在什么时候才会被有机体理解为一种威胁呢？对于人类来说，这可以很容易地通过描述整体人格的方法做出判断，如精神分析法。这些方法可以使我们知道一个人需要什么，缺乏什么，面临的威胁又是什么。但对于动物来说，事情就更难办了。在这里我们陷入了循环定义。当动物以受到威胁的症状做出反应时，我们就知道那是一种有威胁的情况。这就是说，情况是根据反应来界定的，反应又是根据情况来界定的。循环定义的名声通常不太好，但我们应该知道，随着一般动力心理学的出现，所谓循环定义的名声也必定好转。无论如何，对于实验室的实际工作来说，这当然并非一个无法逾越的障碍。

根据动力理论，必然能得出的最后一点是：我们必须始终认为威胁感本身就是一种对其他反应的动力性刺激。如果我们不同时知道这种威胁会导致什么，会使个体做什么，有机体会如何对它做出反应，那么对于任何有机体内的威胁，也不可能进行完整的描述。当然，在神经病理论中，绝对是既有必要了解威胁感的性质，又有必要了解有机体对这种感觉的反应。

动物研究中的威胁概念

分析一下动物行为紊乱方面的研究[①]就不难看出，这种研究通常都是针对外界或情境的，而不是针对动力方面的。一旦使外界的实验安排或情况稳定下来，就以为完成了对心理情况的控制，这已经不是什么新鲜错误了。（例如，参见二十五年前的情绪实验。）当然，最终具有心理上的重要性的，只有有机体觉察到或因之做出反应的，或以某种方式受其影响的事物。这一事实，以及每一个有机体都与其他有机体不同这一事实，不光应该口头上承认它，还应该承认它影响着我们的实验安排以及由此而得出的结论。例如，巴甫洛夫已经证明，动物必须有某种类型的生理气质，否则，外部冲突情况就不会导致任何内部冲突。而且我们所感兴趣的，当然也并不是各种冲突情况，而是有机体内部的冲突感。我们还必须承认，个别动物的独特历史使动物们对于一个特定外部情况的个别反应各不相同，如在戈恩特（Gantt）

[①] 显然，本章提出的概念是如此普遍，以至于它们适用于许多类型的实验工作。例如，可以通过目前关于压抑、遗忘、坚持完成未完成任务的研究，以及关于冲突和挫折的更直接的研究来扩大所选的样本。

和李得尔（Liddell）等人的研究中正是如此。我们通过对白鼠的研究已经证明，在某些例子中，有机体的特性对于决定是否会因为相同的外部情况而衰竭是至关重要的。不同的物种会用不同的方式来对一个外部情况进行观察，做出反应，感到受威胁或是不受威胁。当然，在许多这样的实验中，冲突和挫折的概念用得并不严格。此外，由于忽略了对有机体所受威胁的性质应该个别界定，便似乎无法解释各种动物对于同一情况所做出的反应有某些不同。

有一个说法比通常用在这类文献中的说法更合适一些，这就是史勒所说的"要求动物做它不能做的事"。这是一个很好的概念，因为它涉及了已知的所有动物研究，但我们还应该更清楚地说明当中的某些含义。例如，从动物那里夺走对它重要的东西，可以导致同要求有机体做它不能做的事情所引起的一样的病理，反映在人的身上，除了已经提到的因素之外，这一概念还应该包括某些疾病和某些对有机体整体人格造成损害的威胁性因素，它使一个动物能够面对被要求做一些自己无法完成的事情这种情况，仅仅通过对这一情况毫不在乎，平心静气，甚或可能拒绝察觉这一情况，动物便可以以一种非病态的方式对它做出反应。也许通过在史勒的说法上加一个强烈动机的说法，可以获得一部分比较鲜明的特点："当有机体面临着一个它非常想解决或者必须解决但无法解决或对付的任务或情况时，便会出现病态反应。"当然，甚至连这也是仍然不够的，因为它没有包括已经提到的一些现象。然而，它是为实验目的而对威胁理论所做的一种颇为实用的叙述，这是它的优点。

另一点是，由于忽略了区分动物面临的非威胁性选择情境与威胁性情境，以及非威胁性挫折与威胁性挫折，动物的行为显得前后不一。如果设想动物在迷宫中的选择点上正处于冲突情境，它究竟为什么不更加频繁地崩溃呢？如果设想剥夺食物24小时对老鼠来说是一种挫折，那这种动物为什么不崩溃呢？显然，这里需要在措辞或设想上做出一些改变。一个忽略区别的例子是不能区分这两种选择的：动物在一种选择中放弃了某些事物，在另一种选择中则什么也没放弃，在这种选择中目标保持不变并不受威胁，但动物有两条及以上的途径来实现同一个有把握的目标。如果一个动物又渴又饿，但必须在食物和水之间做出选择，鱼和熊掌不可兼得时，它就更容易感到威胁的存在。

总而言之，我们决不能就其本身来界定某种情况或某一刺激物。相反，我们必须将其看作动物或人类等主体结合的对象，动态地考虑其对于特定实验参与主体的心理含义。

人生经历中的威胁

健康成年人所受一般外界情况的威胁比普通的或有神经病的成年人要小。我们应该再一次想起，尽管这种成年人的健康是由于童年时期没有受到威胁，或者成功克服了威胁，但是随着岁月的流逝，这种健康会变得越来越不受威胁的影响。换言之，对于一个极具自信的人来说，他的阳刚之气几乎不可能受到威胁。再或者，对于一个被他人终生深爱并感到自己值得被爱的人来说，你不再爱他了，对他并不会构成多大的威胁。必须再次引用功能性自立原则。

威胁作为对自我实现的妨碍

正如戈尔茨坦(Goldstein)所做的那样,将大多数个别的威胁事例归入"对最终自我实现的发展有着实际的妨碍或妨碍的威胁"这一范畴内,不是不可能的。如此强调将来以及当时的损害有许多严重的后果。在此,我们可以引用弗洛姆的革命性概念,即把"人本主义"的良知视作对偏离成长或自我实现道路的察觉。这一概念与弗洛伊德超我概念的相对性以及随之而来的缺陷形成了鲜明的对比。

我们还应该注意到,将"威胁"与"对成长的妨碍"同义化,造成了这样一种可能性,即一种情况在当时从主观上来讲不具威胁性,但在将来却具有威胁性或有碍成长。孩子现在可能希望得到能让他高兴、让他安静或让他感激的满足,但这种满足却有碍其成长。在这方面有一个例子:父母对孩子的顺从会产生溺爱引起的精神变态。

疾病的单元性

将精神病因与最终有缺陷的发展等同起来,造成了另一个由它的单元性引起的难题。我们的意思是,全部或大部分疾病都来自同一个根源;也就是说,精神病病因似乎是单一的,而不是复合的。那么,疾病各种单独的症候群又从何而来呢?也许不光是病因,就连精神病理学也可能是单元的。正如霍妮所言,也许我们现在所说的医学模式上的各种单独疾病实体,实际上是对深层的一般性疾病的表面和特殊反应。我的安全感—缺乏安全感实验正是建立在这样一个基本假设之上,而且到目前为止,已经卓有成效地辨别出了哪些有一般心理疾病的患者,而不是有癔症、臆想病或忧虑症等特殊神经病的患者。

既然我在这里的唯一目的是证明这种关于精神病理病因的理论带来了重要的问题和假说,所以暂时不再进一步探讨这些假说,只需强调其统一的、简化的可能性。

第 9 章

破坏能力属于类本能?

从表面上看,基本需求(动机、冲动、动力)并不是邪恶或罪恶的。想要和需要食物、安全、归属感和爱、社会认可和自我认可、自我实现,这些并不一定是坏事。恰恰相反,在大多数文化中,大部分人都会认为这些愿望在当地是可取的、值得称赞的。在我们最科学谨慎的情况下,我们仍然不得不说,它们是中性的而不是邪恶的。对于我们所知道的大多数或所有人类物种特有的能力(抽象能力、说语法语言的能力、建立哲理的能力等),以及构成上的差异(活动或被动、中体或外体、高或低能量水平等),都是如此。至于卓越、真、美、合法、朴素等元气,在我们的文化中,以及在我们所知道的大多数文化中,实际上是不可能认为它们本质上是坏的或邪恶的或罪恶的。

因此,人类和人类物种性的原材料本身并不能解释我们的世界、人类历史和我们个人性格中明显存在的大量邪恶。诚然,我们已经有足够的了解,把许多所谓的恶归结为身体和人格的疾病,归结为无知和愚蠢,归结为不成熟,归结为不良的社会和制度安排,但不能说我们知道得足够多,不能说有多少。我们知道,通过健康和治疗,通过知识和智慧,通过时间和心理的成熟,通过良好的政治、经济和其他社会制度和体系,可以减少邪恶。但减少多少呢?这些措施能不能把恶减少到零?现在当然可以肯定,我们的知识足以拒绝任何关于人性在本质上主要是生物的,根本上是邪恶的、罪恶的、恶毒的、凶残的、残忍的或杀人的说法。但我们不敢说,坏行为根本没有本能的倾向。很明显,我们只是不足以这样肯定,但至少有一些证据来反驳它。在任何情况下,它已经变得同样清楚,这种知识是可以实现的,而且这些问题可以被纳入一个适当扩展的人文科学的管辖范围。

本章是关于这一领域的一个关键问题,即所谓善与恶的经验方法的一个样本。尽管本章并没有努力去确定,但它提醒人们,关于破坏性的知识已经取得了进展,尽管还没有达到最终的结论性答案的程度。

来自动物的材料

首先,我们确实可以在某些动物中观察到看似原发的攻击性。但是并非所有动物都能体现,甚至很少有动物能够体现,不过我们确实能够在某些动物身上发现这种攻击性。有些动物显然是为了杀戮而杀戮,并不是什么可见的外部原因而具有攻击性。一只进入鸡舍的狐狸可能会杀死比它能吃的更多的母鸡,而猫追老鼠更是人尽皆知。发情时的雄鹿和其他非哺乳动物会打架,有时甚至会为了打架而抛弃同伴。在许多动物中,即使是高等动物,由于明显的构成原因,老年期的到来似乎使它们变得更加凶残,以前温和的动物会在没有挑衅的情况下进行攻击。在各种物种中,杀戮并不仅仅是为了食物。

一项众所周知的关于实验室老鼠的研究表明,老鼠身上的野性、攻击性或凶猛性是可以培育的,就像解剖学特征也可以培养一样。凶猛的倾向,至少在这一物种中,也可能在其他物种中,可能是行为的主要遗传决定因素。一般发现,野生凶猛的老鼠的肾上腺比温和驯服的老鼠的肾上腺大得多，这就更有道理了。当然，其他物种的遗传学家也可以用刚好相反的方式进行培育，向着温和、驯服的方向发展，使之缺乏凶猛性。正是这样的例子和观察，使我们能够推进并接受所有可能的解释中最简单的一种，即我们所讨论的行为都来自一种特殊的动机，是一种具有种这遗传性的驱动力，激发了这种特殊的行为。

许多其他的动物表面上十分凶猛，然而，当我们更仔细地分析时，会发现情况并不完全是它们看起来的那样。攻击性可以通过许多方式和许多情况在动物身上被唤起，就像在人类身上一样。例如，有一种决定性因素叫作领地性，在地面上筑巢的鸟类可以为此说明。我们可以发现，当它们选择好自己的繁殖地时，一旦有其他鸟类进入它们划定的领地范围，它们就会采取攻击行为，但只会攻击这些入侵者，而不会攻击其他动物。某些动物会攻击任何其他动物，甚至是自己的同类，只要这个动物不具有它们特定族群的气味或外观。例如，吼猴这种动物的群居集团便相对封闭。任何其他的吼猴如果试图加入这个群体，原成员便会发出震耳欲聋的嘶吼攻击，毫不留情地赶走这个想加入的同类。然而，如果这个试图加入的吼猴停留的时间足够长，它最终将成为该集团的一部分，反过来攻击任何经过的陌生吼猴。

对高等动物进行研究时，我们发现攻击性与支配性的关系越来越大。这些研究太过复杂，无法详细引用，但可以说，这种支配地位，以及有时由它演化出来的攻击性，对动物来说确实具有功能价值或生存价值。动物在统治等级中的地位是由它成功的攻击性所决定的，而它在等级中的地位又决定了它将获得多少食物，是否会有配偶，以及其他生物上的满足。实际上，在这些动物身上表现出来的所有残忍行为，只有在为了验证统治地位，或者在统治地位更替的时候才会发生。这种情况对于其他物种来说有多真实，我不清楚。但我确实认为，领地的现象、对陌生同类的攻击、对雌性动物的嫉妒保护、对弱者或病者的攻击，以及其他经常用本能的攻击或残忍来解释的现象，通常都是由争夺支配地位的动机引起的，而不是出于为其本身而攻击的具体动机，例如，这种攻击可能是手段行为而不是目的行为。

研究低等灵长类动物时，可发现攻击性越来越少，越来越多的是衍生的和反应性的、功能性的，或对整个动机、社会力量和直接的环境决定因素的一种合理的、可以理解的反应。到了黑猩猩这种所有动物中最接近人类的动物，完全没有发现任何可以被怀疑是为了攻击而攻击的行为。这些动物是如此可爱、合作和友好，尤其是在年轻的时候，以至于在一些群体中，无论出于什么原因，人们都不会发现任何形式的残忍的攻击行为。大猩猩的情况也是如此。

在这一点上，我可以说，从动物到人的整个论证当然必须始终受到怀疑。但是，如果为了论证而接受它，那么，如果从最接近人类的动物模子进行推理，就必须得出结论，它们证明的情况几乎与通常认为的情况相反。如果人类有动物遗产，那一定是承袭自类人猿，而类人猿更多的是合作性而不是攻击性。

这种错误是一般类型的伪科学思维的一则例子，最好的描述是一种不合逻辑的动物中心主义。犯这种错误的通常步骤是，首先构建一个理论，或者制定一种偏见，然后从整个进化论的范围中选择最能说明问题的那一种动物。其次，人们必须刻意蒙蔽自己的眼睛，让自己看不到所有不符合理论的动物的行为。如果想证明本能的破坏性，他就无论如何要选择狼，把兔子抛之脑后。最后，人们总是忘记，如果从低级到高级研究整支植物科目，而不是挑选某些自己偏爱的植物，就可以发现清晰的植物发展趋势。例如，动物越高级，食欲就变得越来越重要，而纯粹的饥饿感变得越来越不重要。此外，变形也越来越明显；从受精到成年之间的时间（除了个别例外），往往越来越长；也许最重要的是，反射、激素和本能变得越来越不重要，而越来越多地被智力、学习和社会决定所取代。

来自动物的证据可以概括为：第一，从动物到人类的论证总是一项微妙的任务，必须以最谨慎的态度来执行；第二，在一些动物物种中可能发现一种破坏性或残忍的攻击性的主要和遗传的倾向，尽管可能比大多数人认为的要少，而在另一些物种中则完全没有这种倾向；第三，仔细分析动物的攻击性行为的具体事例，会发现更多的行为其实是针对各种刺激因素的次生的、衍生的反应，而不仅仅是攻击性的本能的表现；第四，动物进化等级越高，就越接近人类，人们就可以更清晰地发现，它们身上体现出的原始攻击性本能越来越弱，而到了猿类那里，这种攻击性本能的证据似乎已经完全消失了；第五，如果我们仔细研究猿类——人类在所有动物中最接近的亲戚，几乎没有发现原始的恶意攻击的证据，而是发现了大量友好、合作，甚至利他主义的证据。最后一点很重要，来自我们在只知道行为的时候，倾向于假设动机。现在学习动物行为学的学生普遍认为，大多数食肉动物杀死猎物只是为了获得食物，而不是因为它是虐待狂，与我们获得牛排的精神差不多，是为了食物，而不是出于杀戮的欲望。这一切最后意味着，从此以后，任何关于人的动物本性迫使他为了自己而具有攻击性或破坏性的进化论都必须被怀疑或拒绝。

来自儿童的材料

对儿童的观察和实验研究及发现有时似乎类似于一种投射法，类似于罗夏墨迹测验（Rorschach inkblot）——成年人在这场测验中的投射痕迹。人们听到很多关于儿童天生的自私和天生的破坏性的谈论，而且关于这些的论文远远多于关于合作、善良、同情等方面的论文。此外，后者这些研究，虽然数量很少，但通常被忽略了。心理学家和精神分析学家常常把婴儿想象成一个小魔鬼，生来就有原罪，心中充满仇恨。当然，这种不加掩饰的画面是错误的。我必须承认，这方面的科学材料很缺乏，令人遗憾。我的判断只基于一些优秀的研究，特别是洛伊斯·墨菲（Lois Murphy）的研究，基于儿童的同情心，基于我自己对儿童的经验，最后还基于某些理论上的考虑。然而，在我看来，即使是这样稀少的证据，也足以使人对以下结论产生怀疑：儿童主要是破坏性的、具有攻击性的、充满敌意的小动物，必须通过管教和惩罚使他们具有某种程度的善良。

实验性和观察性的事实似乎是，正常儿童事实上常常像人们所说的那样，以一种原始的方式充满敌意、破坏性和自私。但他们在其他时候，或许也同样经常以原始的方式慷慨、合作和无私。决定这两类行为相对频率的主要原则似乎是，缺乏安全感、爱与归属感及自尊基本受挫或受到威胁的孩子，是会表现出更多的自私、仇恨、攻击和破坏性。在基本得到父母的爱和尊重的孩子身上，破坏性应该较少，在我看来，有的证据表明，破坏性实际上较少。这意味着对敌意的解释是被动的、工具性的或防御性的，而不是本能的。

如果我们观察一个健康的、受到良好爱护和照顾的婴儿，比方说到一岁，也许更晚，那么，就很难看到任何可以称为邪恶、原罪、虐待狂、恶意、以伤害为乐、破坏性、为了敌对而敌对或故意实施残暴的现象。仔细而长期的观察表明，情况恰恰相反。实际上，在自我实现的人身上发现的所有个性特征，一切可爱的、令人钦佩的、令人羡慕的东西，都能在这种婴儿身上找到（除了知识、经验、智慧）。人们之所以喜欢婴儿，其中一个原因必定是：他们在生命的头一两年里，没有明显的邪恶、仇恨和恶意。

至于破坏性，我很怀疑它是否会在正常儿童身上发生，作为一种简单的破坏性驱动力的直接主要表现。随着研究的深入，一个又一个明显的破坏性的例子可以被动态地分析好。那个把时钟拉开的孩子，在他自己看来并不是在破坏时钟，他是在考察时钟。如果一定要在这里讲一个主要的驱动力，好奇心是比破坏性更合理的选择。其他许多在伤心欲绝的母亲看来是破坏性的例子，原来不仅是好奇心，而且是活动、游戏，是锻炼成长中的能力和技能，甚至有时是实际的创造，比如，孩子把父亲精心准备好的纸条剪成漂亮的小表格。我怀疑幼儿是否会为了纯粹的恶意破坏的乐趣而故意破坏。一个可能的例外是病理情况，例如，癫痫和脑膜炎,即使在这些所谓的病理例子中,我们至今也不知道儿童的破坏性是否也是反应性的,是否是对某种威胁的反应。

兄弟姐妹之间的竞争是一种特殊的情况,有时也令人费解。一个两岁的孩子可能会对刚出生的小弟弟产生危险的攻击性。有时,敌意的表达非常天真和直白。一种合理的解释是,两岁的孩子根本无法想到他的母亲可以爱两个孩子。他伤害不仅仅是为了伤害,而是为了保留母亲的爱。

另一个特殊情况是精神病态人格,其攻击行为往往似乎没有动机,即似乎是为了自己而攻击。我认为有必要在这里引用一个原则,我第一次听到鲁思·本尼迪克特在努力解释为什么安全的社会发生战争时阐述的原则。她的解释是,安全的、健康的人不会对那些在广义上是他们的兄弟、他们能够认同的人产生敌意或攻击性。如果某些人不被看作人,即使是善良的、有爱心的、健康的人,也可以很容易地把他们扼杀掉,就像他们对杀死恼人的昆虫,或宰杀动物作为食物完全没有罪恶感一样。

我发现,假设他们对其他人类没有爱的认同,因此可以随便伤害他们,甚至杀死他们,没有仇恨,也没有快感,就像他们杀死害虫一样,这对理解心理变态者是有帮助的。一些看似残忍的幼稚反应,可能也是由于缺乏这类认同,即在孩子还没有成熟到可以进入人际关系的时候,就已经产生了。

最后,在我看来,还涉及某些相当重要的语义考虑。尽可能简洁地说,侵略、敌意和破坏性都是成人的词语。这些词对成年人来说有某些含义,而对儿童来说则没有,因此,在使用时不应不加修改或重新定义。

例如，两岁的儿童可以独立地并肩玩耍，而不会真正地相互交流。当这样的孩子确实发生了自私或攻击性的互动时，就不是十岁孩子之间可以发生的那种人际关系，它可能是在没有意识到对方的情况下发生的。如果其中一个孩子不顾阻力地从另一个孩子手中拿走了玩具，这可能更像是从一个狭小的容器中挣扎出一个物体，而不是像成人那样的自私攻击。

对于活泼好动的婴儿来说也是如此，他发现奶嘴被拽走，然后愤怒地大叫，或者是三岁的孩子对惩罚他的母亲进行反击，或者是愤怒的五岁孩子大叫"我希望你死了"，或者是两岁的孩子持续粗暴地对待他刚出生的弟弟。在这些情况下，我们都不应该把孩子当作成人来对待，我们也不应该像解释成人的反应那样解释他的反应。

大多数这样的行为，从儿童自己的参照系中动态地理解，可能必须被接受为反应性行为。这就是说，它们很可能来自失望、拒绝、孤独、害怕失去尊重、害怕失去保护，即基本需求的挫折或遭遇这种挫折的威胁，而不是来自固有的、本身的仇恨或伤害的动力。至于这种被动的解释是否适用于所有的破坏性行为，而不仅仅是大部分的破坏性行为，因知识不足或者说缺乏知识，故我们根本不能做出判断。

人类学方面的材料

对比较数据的讨论可以通过求助人类学来扩大。我可以马上说，即使是对材料进行粗略的调查，也能向任何有兴趣的读者证明，在活生生的原始文化中，敌意、攻击性或破坏性的数量并不是恒定不变的,而是在0和100%的极端之间变化。有的民族如阿拉佩什族(Arapesh),他们是如此温和、如此友好、如此没有攻击性,以至于他们必须走极端,才能找到一个甚至有足够自我主张的人去组织他们的仪式。在另一个极端,人们可以找到像楚科奇族(Chukchi)和多布族(Chukchi)这样的民族,他们充满了仇恨,以至于人们不禁要问是什么让他们不把对方完全杀死。当然,这些都是对外部观察到的行为的描述。我们可能还是想知道这些行为背后的无意识冲动,那可能与我们所能看到的不同。

我只能根据对一个印第安人群体——北黑脚人的直接了解①来说话,但这一点,无论多么不充分,都足以使我直接相信一个基本事实,即破坏性和攻击性的程度在很大程度上是由文化决定的。这里是一个常住人口约八百人的群体,在这个群体中,我只能得到过去十五年中发生的五次用拳头打架的记录。社会内部的敌意,我用我所掌握的所有人类学和精神病学的手段来猎取,与我们更大的社会相比,肯定是最低限度的。②幽默是友好的,而不是恶意的;八卦代替了报纸,而不是背道而驰;魔法、巫术、宗教几乎都是为了整个群体的利益或为了治疗的目的,而不是为了破坏性、侵略性或报复。在我逗留期间,我从来没有观察到针对我的任何一个可能被称为残忍或敌意的例子。孩子们很少受到

---

① 我要感谢社会科学研究理事会,是他们的研究补助使这次实地考察成为可能。
② 这些说法主要适用于1939年观察到的年龄较大、文化程度较低的人。自那时以后,文化发生了巨大的变化。

肉体上的惩罚，而白人也因他们对待孩子和同伴的残忍而受到鄙视。即便是喝酒后，他们也很少表现出进攻性。在酒精的影响下，年长的黑脚族（Blackfoot）人（北美印第安人中的一种族，居住于落矶山脉以东）更容易变得欢快、直率，对所有人都展现出友好的一面，而不是撒酒疯，找人滋事。那些例外是绝对的例外，但这些人绝不是弱者。北部黑脚印第安人是一个骄傲、坚强、正直、自重的群体。他们只是容易把侵略视为错误的、可怜的或疯狂的举动。

显然，人类甚至不需要像美国社会的普通人那样具有攻击性或破坏性，更不用说世界其他一些地方的人了。在人类学的证据中，似乎有一个有力的来源，可以认为人类的破坏性、恶意或残忍很可能是人类基本需要遭遇挫折或受到威胁后的次要、反应性后果。

一些理论上的考虑

正如我们所看到的，一种普遍的观点是，破坏性或伤害是次要或衍生的行为，而不是主要动机。这是指这样一种期望，即人的敌意或破坏性行为实际上总是会被发现是由某种可分配的原因造成的，是对另一种事态的反应，是一种产物而不是原始来源。与此形成鲜明对比的观点是，破坏性全部或部分是某种破坏性本能的直接和主要产物。

在任何这样的讨论中，最重要的一个区别就是动机和行为之间的区别。行为是由许多力量决定的，内部动机只是其中之一。我可以非常简短地说，任何关于行为的决定理论都必须包括至少以下决定因素的研究：（1）性格结构；（2）文化压力；（3）眼前的环境或领域。换句话说，对内在动机的研究只是对行为的主要决定因素的任何研究所涉及的三大领域之一的一部分。基于这些考虑，我可以将我的问题重新表述为：第一，破坏性行为是由什么决定的？第二，破坏性行为的唯一决定因素是某种遗传的、预定的、临时的动机吗？当然，这些问题仅从先验的基础上，就能一下子回答出来。所有可能的动机加在一起，更不用说某一种特定的本能，本身并不能决定攻击性或破坏性行为的发生，必须涉及一般的文化，还必须考虑行为发生的直接环境或领域。

还有另一种方式可以说明这个问题。对人类来说，可以肯定地表明，破坏性行为的来源是如此之多，以至于谈论任何单一的破坏性冲动都是荒谬的。这可以通过几个例子来说明。

破坏性行为可能在一个人扫除他通往目标的道路上的东西时很偶然地发生。一个孩子如果努力去拿远处的玩具，就不会注意到他正在践踏路上的其他玩具。

破坏性行为可能作为对基本威胁的一种伴随反应而发生，因此，任何基本需求受挫的威胁，任何对防御或应对系统的威胁，任何对一般生活方式的威胁，都有可能被焦虑—敌意所反应，这意味着在这种反应中，敌意、攻击性或破坏性行为可能会非常频繁地出现。这终究是防御行为，是反击而不是为了攻击而攻击。

任何对机体的损害，任何对有机体恶化的感知，都可能会引起不安全者类似的威胁感，因此，破坏性行为可能是可以预期的，就像在许多脑损伤的病例中，病人疯狂地试图通过各种绝望的措施来支持他摇摇欲坠的自尊心。

攻击性行为习惯上被忽视，或者即使没有被忽视，那么也是措辞不准确的原因之一，就是专制主义的人生观。如果一个人真的生活在一个丛林中，所有其他动物都被分为两类，一类是可以吃他的动物，一类是他可以吃的动物，那么攻击行为就会成为一件理智而合理的事情。被描述为专制主义的人一定经常不自觉地倾向于把世界设想成这样的丛林。按照攻击就是最好的防守这一原则，这些人往往会毫无理由地动手、打砸物品、破坏一切。这一整套行为看起来毫无意义，直到人们意识到这是在预防他人的进攻时，这一切的意义才显露出来。除此之外，还有许多其他众所周知的防御性敌对形式。

虐待—受虐反应的动力学现在已经得到了相当好的分析，人们普遍认为，看似简单的攻击行为，实际上背后可能有非常复杂的动力学。这些动力学使得对一些假定的敌意本能的呼吁看起来太简单了，对于压倒性的对他人的权力的驱使也是如此。霍妮等人的分析已经清楚地表明，在这个领域，求助于本能的解释也是不必要的。第二次世界大战给我们的教训是，黑帮的攻击和义愤填膺的防卫在心理上是不一样的。

这个清单可以轻而易举地扩展开来。我列举的这几个例子是为了说明我的观点：破坏性行为往往是一种症状，是一种可能由许多因素造成的行为。如果一个人想真正从动力学角度看待这一切，就必须学会警惕这一事实：尽管这些行为的起源不同，但它们可能看起来很相似，动态心理学家不是照相机或机械记录仪。他感兴趣的是事情发生的原因以及所发生的事情。

临床经验

心理治疗文献中报告的通常经验是,暴力、愤怒、仇恨、破坏性的愿望、复仇的冲动和类似的东西都大量存在于几乎每个人身上,如果不是明显的,那么就是在表面之下。任何有经验的治疗师都会拒绝认真对待任何人关于他从未感受过仇恨的说法。他将简单地假设这个人已经压抑或压制了它。他希望在每个人身上都能找到仇恨。

然而,治疗中的普遍经验也是,自由地谈论自己的暴力冲动(不表现出来)往往会清除它们,减少它们发生的频率,消除它们的神经质的、不现实的成分。成功的治疗(或成功的成长和成熟)的一般结果往往是在自我实现的人身上看到的大致情况。(1)他们比一般人更少地经历敌意、仇恨、暴力、恶意、破坏性的攻击。(2)他们并没有失去愤怒或攻击性,但其品质往往会转变为愤慨,转变为自我肯定,转变为对被剥削的反抗,转变为对不公正的愤怒,即从不健康的攻击性转变为健康的攻击性。(3)健康的人似乎对自己的愤怒和攻击性的恐惧要少得多,所以当他们确实要表达时,能够全心全意地表达。暴力有两个对立面,而不是只有一个。暴力的对立面可以是少用暴力,或控制自己的暴力,或努力做到非暴力。也可以是健康的暴力和不健康的暴力之间的对立。

然而,这些"材料"并不能解决我们的问题,弗洛伊德及其忠实的追随者认为暴力是本能的,而弗洛姆、霍妮和其他新弗洛伊德主义者的结论是，暴力根本不是本能的，这是很有启发意义的。

内分泌学、遗传学等方面材料

谁要想把所有已知的暴力源头的数据整合在一起，还得把内分泌学家积累的数据挖出来。同样，低等动物的情况也比较简单。毫无疑问，性激素和肾上腺、垂体激素是攻击性、支配性、被动性、野性的明确决定因素。但由于所有的内分泌腺体都是弧形相互决定的，所以其中有些数据非常复杂，需要特别的知识。对于人类来说更是如此，其中的数据更加复杂。然而却不敢绕开它们。再次，有证据表明，男性荷尔蒙与自我肯定，与准备和战斗能力等有关。有一些证据表明，不同的个体会分泌不同比例的肾上腺素和非肾上腺素，这些化学物质与个体的战斗倾向而不是逃避等有关。精神内分泌学这门新的交叉学科科学，无疑会给我们带来很多关于问题的启示。

当然，遗传学、染色体和基因本身等方面材料，显然会有非常特殊的意义。比如，最近发现拥有双雄性染色体的男性（双剂量的男性遗传）往往会有几乎不受控制的暴力倾向，这本身就使得纯粹的环境主义成为不可能。在最和平的社会里，在最完美的社会和经济条件下，有些人就会因为自己的构造而不得不有暴力倾向。当然，这个发现带来了一个备受讨论但尚未最终解决的问题：男性，尤其是青春期的男性，或许需要一些暴力，需要一些东西或人与之对抗，与之发生冲突？有一些证据表明，可能是这样的，不仅对人类成年人是这样，甚至对婴儿也是这样，对猴宝宝也是这样。这在多大程度上是内在决定的，我们也必须留给未来的研究者去确定。

我还可以提到历史学、社会学、管理学、语义学、各种医学病理学、政治学、神话学、精神药理学等方面的数据。但不必再多说了，我们要说明的是，本章开头提出的问题是经验性的问题，因此可以自信地期待通过进一步的研究来回答。当然，来自许多领域的数据的整合使得团队研究成为一种概率，甚至可能是一种必然。无论如何，现有的这种随意抽样的数据应该足以教会我们拒绝极端的、黑白分明的两极分化，要么全部是本能、遗传、生物命运，要么全部是环境、社会力量、学习。昔日的遗传主义与环境论战虽然应该消亡，但还没有消亡。显然，破坏性的决定因素是多元的。现在也绝对清楚，在这些决定因素中，我们必须算上文化、学习、环境。不太清楚但仍然很有可能的是，生物决定因素也起着至关重要的作用，尽管我们不能十分确定它是什么。至少，我们必须接受暴力的不可避免性是人类本质的一部分，只是因为基本需求注定有时会遭到挫折，而且我们知道，人类物种是以这样的方式构建的，暴力、愤怒、报复是这种挫折相当常见的后果。

最后，没有必要在万能的本能和万能的文化之间做出选择。本章提出的立场超越了这种二元对立，使之成为不必要。遗传或其他生物决定不是全有或全无，而是一个程度问题，是少或多的问题。在人的身上，绝大多数的证据表明，存在着生物和遗传的决定因素，但在大多数个体中，它们是相当微弱的，很容易被学习的文化力量所淹没。它们不仅是弱小的，而且是零碎的，是残余的，是碎片的，而不是低等动物的全部和完整的本能。人没有本能，但他似乎有本能的残余、"本能样"的需要、内在的能力和潜能。此外，临床和人类学的经验普遍表明，这些微弱的本能样倾向是好的、可取的、健康的，而不是恶性的或邪恶的，为拯救它们免遭消灭而做出的巨大努力是可行的，也是值得的，事实上，这也是任何称得上善的文化的主要功能。

第 10 章

行为的表现成分

在奥尔波特（G. Allport,）、沃纳（Werner）、阿恩海姆（Arnheim）和沃尔夫（W. Wolff）的著作中，已充分明确了行为的表现性部分（非工具性）和应对性部分（工具性、适应性、机能性、目的性）之间的区别，但是，这种区别一直没有被当作价值心理学的根据而加以适当的利用。①

由于当代心理学过于实用主义，它放弃了某些本应引起它极大关注的领域。由于它专注于实际的结果，专注于技术和手段，它对美、艺术、趣味、游戏、惊奇、敬畏、快乐、爱情、幸福以及其他"无用的"反应和最终体验，众所周知，几乎没有什么可说的。因此，它对艺术家、音乐家、诗人、小说家，对人文主义者、鉴赏家、公理学家、神学家，或者对其他以目的或享受为导向的个人来说，几乎没有什么用处。这相当于对心理学的指责，即心理学对现代人没有提供什么服务，而现代人最迫切需要的是自然主义或人文主义的目的或价值体系。

通过探索和应用表达和应对之间的区别，我们或许可以帮助心理学朝着这些理想的方向拓展范畴。对人们普遍相信的一点——所有行为都是有动机的——发出质疑和挑战，这将在第14

---

① 我们在这里必须注意避免尖锐的、非此即彼的二分法。大多数行为都有表现和应付的成分，例如，走路同时具有目的和风格。然而我们并不想像阿尔伯特和弗农那样，在理论上排除实际上纯粹的表现性行为的可能，例如：漫步而非走路；脸红；优雅；姿势不佳；吹口哨；孩子的得意大笑；私人的、非交流性的艺术活动；纯粹的自我实现；等等。

章中尝试进行，本章是对这一重要任务的必要准备。更具体地说，本章讨论表达和应对之间的差异，然后将它们应用于精神病理学上的一些问题。

1. 从定义上看，应对是有目的的、有动机的，而表达往往是没有动机的。

2. 应对更多的是由外部环境和文化变量决定的；表达主要是由机体的状态决定的。一个必然的结果是，表达与深层性格结构的相关性要高得多。所谓的投射性测验可能被称为"表达性测验"更准确。

3. 应对多半是后天学习的结果，表现几乎总是非习得的、释放性的或不受抑制的。

4. 应对是比较容易控制的（压抑、压制、抑制、习惯）；表达多是不受控制的，有时甚至是无法控制的。

5. 应对通常是为了引起环境的变化，而且往往会引起环境的变化；表达不是为了做什么。如果它引起了环境的变化，那也是在不知不觉中进行的。

6. 应对的特点是手段行为，目的是满足需要或减少威胁。表达本身往往就是目的。

7. 通常情况下，应对的成分是有意识的（尽管它可能成为无意识的）；表达更多的时候是没有意识的。

8. 应对是费力的；表达在大多数情况下是不费力的。当然，艺术表达是一种特殊的、介于两者之间的情况，因为人要学会自发地表达（如果成功的话）。可以试着放松。

应对与表现

应对行为的决定因素中总是有驱动力、需要、目标、目的、功能或宗旨。它的出现是为了完成某件事情,例如,走到某个目的地,买食物,去寄一封信,建一套书架,或者做有报酬的工作。"应对"一词本身意味着试图解决一个问题或至少是处理问题。因此,它意味着对自身之外的东西的参照,它不是自足的。这种参照可以是直接的,也可以是基本的需要;可以是手段,也可以是目的;可以是挫折引起的行为,也可以是目标寻求行为。

到目前为止,心理学家所讨论的那种表现性行为一般都是无动机的,当然,它是决定性的。(也就是说,尽管表现性行为有许多决定性因素,但满足需求不是必须要依赖其中某一种元素。)它只是反映、标志或表达有机体的某种状态。事实上,它多半是这种状态的一部分,例如,低能者的愚笨,健康人的笑容和飒爽的步姿,善良多情的人的慈祥的神情,美女的婀娜、萎靡的身形、低哑的音调,以及抑郁者绝望的神态、字迹风格、走路姿势、动作神情、笑容和舞蹈风格等,这些都是非目的性的。

虽然就目前而言,这些都是正确的,但一个特殊的问题是由乍一看似乎是一个悖论,即有动机的自我表达的概念引起的。较为复杂的人可以尝试做一个诚实的、优雅的、善良的,甚至没有艺术的人。经历过精神分析的人以及最高动机水平的人都很清楚这是怎么回事。

事实上，这是他们最基本的一个问题。自我接受和自发性对一些人，例如健康的儿童来说是最容易取得的成就，而对另一些人，例如自我质疑、自我改进的成年人，特别是那些曾经或仍然是神经质的人来说，却是最困难的成就。事实上，对某些人来说，这是一个不可能实现的成就，例如，在某些类型的神经症中，个体是一个演员，他根本没有普通意义上的自我，而只有一个可供选择的剧目角色。

我们可以举两个例子，一个是简单的，另一个是复杂的，来证明有动机的、有目的的自发性、道家的让步和放手的概念中所涉及的（明显的）矛盾，如同紧绷的肌肉或括约肌。至少对于业余爱好者来说，最理想的舞蹈方式是自发的、流畅的、自动地响应音乐的节奏和舞伴的无意识愿望。一个好的舞者可以放任自己，成为一个被动的工具，被音乐所塑造，被音乐所玩弄。他不需要愿望，不需要批评，不需要方向，不需要意志。在一个非常真实和有用的意义上，他可以是被动的，甚至跳舞跳到筋疲力尽的地步。这种被动的自发或甘愿的放弃可以产生一些生命中最大的乐趣，就像让海浪把人掀翻一样，或者让自己被照顾，被护理，被按摩，被交换，就像被爱，或者像母亲被动地让婴儿吮吸，咬动，在自己身上爬来爬去。但很少有人能跳得像这样好。大多数人会尝试，会有方向性、自控性和目的性，会仔细聆听音乐的节奏，并通过有意识的艺术选择，与之相融。从旁观者的角度看，从主观的角度看，他们也将是可怜的舞者，因为他们永远不会享受到舞蹈这种忘我的深刻体验，以及自愿放弃控制，除非他们最终超越尝试，成为自发的舞者。

很多舞者不经过训练就能成为优秀的舞者。不过教育在这里也能有所帮助，但那必须是一种不同类型的教育，内容是自发性和热切的纵情，是道家风格的自然、无意、不挑剔以及被动，努力不做任何努力。舞蹈者必须为此学会抛弃禁锢，抛弃自我意识、文化适应和尊严。（你一旦摒弃一切欲念，对外表不以为念，那你就会在不知不觉之中逍遥飘游——老子）

通过对自我实现的本质的考察，更多困难的问题被提出了。处于这种动机发展水平的人，可以说他们的行动和创作在很大程度上是自发的、沉默的、开放的、自我披露的、未经编辑的，因此是有表现力的〔"轻松状态"，我们可以在阿斯拉尼（Asrani）之后称之为"轻松状态"〕。此外，它们的动机在质量上变化很大，与一般的安全或爱或尊重的需要有很大的不同，甚至不应该用同一个名字来称呼它们（我已建议用"超越性动机"或"后动机"来描述自我实现者的动机）。

如果把对爱的愿望称为需要的话，自我实现的压力就应该用需要以外的名字来称呼，因为它有许多不同的特点。与我们目前的任务最相关的一个主要区别是，爱和尊重等可以被认为是有机体所缺乏的外在品质，因而需要。自我实现不是这种意义上的缺乏或不足。它不是有机体为了健康而需要的外在的东西，例如，一棵树需要水。自我实现是有机体已有的东西的内在增长，或者更准确地说，是有机体本身的东西的内在增长。就像我们的树需要环境中的食物、阳光、水一样，人也需要社会环境中的安全、爱和尊重。在第一种情况下是如此，在第二种情况下也是如此。这正是真正的发展，即个性的开始。所有的树都需要阳光，所有的人都需要爱，然而，一旦满足了这些基本的需要，每一棵树和每一个人都会以自己的方式，独特地发展，利用这些普遍的需要来达到自己的私人目的。一句话，发展就是从内部而不是从外部进行的，而矛盾的是，最高的动机是无动机和不争气，即纯粹的表现行为。或者换一种说法，自我实现是成长动机而不是缺失动机。这是"第二种天真""一种智慧的纯真，一种轻松的状态"。

人们可以通过解决较小的、先决的动机问题，尝试着向自我实现的方向发展，从而使人自觉地、有目的地寻求自发性。因此，在人的发展的最高层次上，应付和表达的区别，就像其他许多心理学上的二元对立一样，得到了解决和超越，尝试成为通向非尝试的道路。

内在与外在的决定因素

与表达行为相比，应对行为的特点是它更多地由相对外部的决定因素决定。它最常见的是对紧急情况、问题或需求的功能性反应，其解决或满足来自物理和/或文化世界。正如我们所看到的那样，归根结底，它是一种试图通过外部满足者来弥补内部缺陷的行为。

表达行为与应付行为形成鲜明的对比，它更多的是由性格因素决定的（见下文）。我们可以说，应付行为本质上是性格与非心理世界的相互作用，相互调整，相互影响；表达行为本质上是一种外显现象，或者说是性格结构性质的产物。因此，在前者中，可以检测到物理世界和内在性格的两种规律的作用；在后者中，人们检测到的主要是心理学或性格遗传学。一个例子可以是表象艺术和非表象艺术之间的对比。

以下是几个推论：（1）可以肯定的是，如果想了解性格结构，最好的研究对象是表现性行为而不是应对性行为。这一点得到了现在投射性（表现性）测试的广泛经验的支持。（2）参照长期以来关于什么是心理学以及什么是研究心理学的最佳方法的争论，很明显，调整性、目的性、动机性、应对性行为不是唯一的一种行为。（3）我们的区分可能对心理学与其他科学的连续性或非连续性问题有一定的影响。原则上，对自然界的研究应该有助于我们理解应对行为，但可能无法理解表达行为。后者似乎是更纯粹的心理学，可能有自己的规则和规律，因此最好直接研究，而不是通过物理科学和自然科学来研究。

与学习的联系

理想的应对行为具有学习的特点，而理想的表达行为具有不学习的特点。我们不必学习如何感到无助，或看起来健康，或愚蠢，或表现出愤怒，通常要学习如何搭建书架、骑自行车或打扮自己。这种反差一方面可以从对成绩测试的反应决定因素，另一方面可从对罗夏测试（Rorschach test）的反应决定因素中清楚地看到。另外应付行为除非得到奖励，否则往往会消亡；表达行为往往在没有奖励或强化的情况下持续存在。前者为满足所驱使，后者则不然。

控制的可能性

内在和外在决定因素的不同决定作用，也表现为对有意识或无意识控制的不同敏感性（抑制、压抑、压制）。自发的表达是很难管理、改变、隐藏、控制或以任何方式影响的。事实上，控制和表达在定义上是对立的。即使是上面讲到的有动机的自我表达也是如此，因为这是一系列努力学习如何不去控制的最终产物。

对书法、舞蹈、唱歌、说话、情绪反应等风格的控制，最多只能保持很短的时间。对一个人的反应的监督或批评不可能是连续的。迟早会因为疲劳、分心、重定向或注意力等，控制力下滑，更深层的、更不自觉的、更自动的、更性格化的决定因素就会占据上风。表达不是完全意义上的自愿行为。这种对比的另一方面是表达的不费力，应对原则上是费力的。（艺术家又是一个特例）。

这里需要提出一些警告。一个容易犯的错误是认为自发性和表现力总是好的，而任何形式的控制都是坏的和不可取的。事实并非如此。当然，在很多时候，表现力比自我控制感觉更好、更有趣、更诚实、更轻松，等等。所以在这个意义上对人本身和他的人际关系都是可取的，正如乔哈德（Jourard）所证明的那样。然而，自我控制或者抑制有好几种意义，其中有的非常健康、非常理想，即使不提同外部世界打交道所必需的因素也是这样。控制并不一定意味着阻挠或放弃对基本需要的满足。有一种控制被我称为"协调化的控制"，它根本就不会对需要的满足提出丝毫疑问，它可以通过各种手段使人们享受到更大而不是更小的满足，例如，通过适当的延迟（如在两性关系上）、动作的优雅（如在跳舞和游泳时）、审美的趣味（如对待食物、饮料）、独特的风格（如在商籁诗中），通过仪式化、神圣感和庄严感，通过办事办得完美无瑕而不是办完了事。

而且，这需要一遍又一遍地重复，一个健康的人并不是只会表现。他必须能够在他想表现的时候表现出来，他必须能够让自己走，他必须能够在他认为可取的时候放弃控制、抑制、防御。但同样，谎言必须有能力控制自己，推迟他的快乐，礼貌，避免伤害，管住他的嘴，并控制他的冲动。他必须能够成为酒神式（Dionysian）或日神式（Apollonian）的人，苦修式（Stoic）或享乐式（Epicurean）的人，表现式或应付式的人，控制式或不控制式的人，自我暴露或自我隐藏的人，能够享受乐趣，也能够放弃乐趣，能够考虑未来以及现在。健康的人或自我实现者基本上是多才多艺的，他所丧失的人类能力比一般人少。他有更大的反应军械库，并以完全的人性为极限，走向完全的人性；也就是说，他拥有人类所有的能力。

对环境的作用

应对行为的特点起源于试图改变世界，特点是这样做或多或少都会成功。另一方面，表达行为往往对环境没有影响。而如果它有这样的效果，那就不是预谋的、意志的或有目的的，而是无意识的。

我们可以举一个正在进行谈话的人为例。对话是有目的的，例如，他是一个推销员，想得到一个订单，谈话是有意识地、公然地为此而产生的。但他的说话风格可能会不自觉地充满敌意或势利或自以为是，可能会使他失去订单。因此，他的行为的表达方面可能会有环境效应，但要注意的是，说话者并不希望有这些效应,他并没有试图表现出高傲或敌意,他甚至不知道自己给人的是这种印象。表现性的环境效果,假如出现了这种效果,也是非动机性的,无目的的,属于从属的现象。

手段和目的

应对行为永远是工具性的,永远是达到目的的手段。相反,任何手段目的性的行为(除了上面讨论的一个例外,即自愿放弃应对行为)都必须是应对性行为。

另一方面,各种形式的表现行为要么与手段或目的无关,如手写体,要么接近于目的本身的行为,如唱歌、散步、绘画、钢琴演奏等。[1]这一点将在第14章中更仔细地研究。

应对与意识

最纯粹的表达方式是无意识的,或者至少不是完全有意识的。我们通常不知道自己走路、站立、微笑或笑的风格。诚然,我们可能会通过动态图片、留声机唱片、漫画或模仿来意识到它们。但这种情况很容易成为例外,或者至少是不典型的。有意识的表达行为,如选择我们的衣服、家具、发型,被视为特殊的、

---

[1] 在我们过度实用主义的文化中,工具精神甚至可以超越终极体验:爱情("这是正常的事情");运动("有利于消化");教育("涨工资");唱歌("有利于胸部发育");爱好("放松可以改善睡眠");美丽的天气("……方便做事情");阅读("我真的应该跟上事件的发展");亲情("你希望你的孩子是神经质吗?");善良("真心行善,不求回报……");科学("国防!");艺术("……肯定改善了美国的广告");善良("……如果你不这样做,他们会偷银子。")

不寻常的或中间的案例。但其实应对行为完全是有意识的，而且它有一项特征是有意识的。一旦它被当作无意识的时候，就会被看作是特殊的或不寻常的。

释放和宣泄；不完善的行动；保守秘密

有一种特殊的行为，虽然本质上是表达性的，但对机体还是有一定的有用性，有时甚至是希望的有用性，例如，利维所说的释放行为。也许对自己的诅咒或类似的愤怒的私人表达是比利维提供的更技术性的例子更好的例子。诅咒当然是表达性的，因为它是有机体状态的反映。它不是一般意义上的应对行为，即为了满足基本需要而产生的行为，尽管它在另一种意义上可能是满足的。相反，它似乎是作为一种副产品产生了有机体本身状态的变化。

可能所有这样的释放行为都可以被普遍地定义为保持有机体更舒适，即保持紧张水平下降，通过：（1）允许完成一个未完成的行为；（2）通过允许消耗性的运动表达来排泄敌意、焦虑、兴奋、喜悦、狂喜、爱或其他产生紧张的情绪的积累；（3）允许简单的活动为其本身的缘故，任何健康的有机体沉溺于这种类型。自我披露和保守秘密似乎也是如此。

很有可能，布鲁尔（Breuer）和弗洛伊德最初定义的宣泄，本质上是释放行为的一个更复杂的变体。这也是一个受阻的、未完成的行为的自由的（在特殊意义上，是满足的）表达，像所有受阻的行为一样，似乎是在催促表达。这对于简单的忏悔和披露秘密似乎也是如此。如果我们对它有足够的了解，也许甚至可以找到完整的精神分析的见解，还可能会发现适合我们的一系列释放或完成现象。

最好是把那些作为对威胁的应对措施的持续行为和那些简单的、不带感情色彩地完成一部分行为或一系列行为的倾向分开。前者与威胁和满足基本的、部分的和/或神经质的需要有关。因此，它们属于动机理论的管辖范围。后者很可能是意念运动现象，而意念运动现象又与血糖水平、肾上腺素分泌、自主神经兴奋和反射倾向等神经和生理变量有非常密切的关系。因此，在试图理解小男孩因（愉快的）兴奋而上蹿下跳时，最好引用生理状态的运动表现原理，而不是参考他的动机生活。当然，装模作样，不做自己，隐瞒自己的真性情，一定会造成间谍所要承受的那种压力。做自己，自然而然地做自己，一定不会让人那么累，那么疲惫。所以对于诚实、放松、无愧于心也是如此。

重复现象；持续的不成功的应对性；解毒作用

创伤性神经病人的反复的噩梦，不安全的儿童（或成年人）的更加杂乱无章的噩梦，儿童对于他最恐惧的事物的长期迷恋，惯性痉挛、宗教仪式，以及其他象征行动、分裂行动，还有著名的神经症无意识行为表现，这些都是需要特别解释[①]的重复现象

---

① 我们在这里仅限于象征性行为，抵挡住诱惑，未陷入一般象征性的引人入胜和明显相关的问题。至于梦，很明显，除了这里提到的类型，主要还有应对性的梦（如简单的愿望实现）和表达性的梦（如充满不安感的梦和投射的梦）。这后一种梦，理论上应该可以作为一种投射性或表现性的测试，用于诊断性格结构。

中的例子。弗洛伊德曾因这类现象而感觉有必要彻底修正自己的一些最为基本的理论，从这一点就可以看出它们是多么重要了。一些新作家如费尼切尔（Fenichel）、库比（Kubie）和卡桑宁（Kasanin），都指出了这个问题可能会解决的办法。他们把这些行为看成是为了解决一个几乎无法解决的问题而反复进行的努力，有时是成功的，更多的时候是失败的。这样的行为可以比喻为一个被淘汰又绝望的斗士，他一次次从地上站起来，却又一次次被击倒。简而言之，它们似乎是有机体为掌握一个问题而做出的坚持不懈的努力，可以说几乎是无望的努力。因此，在我们的术语中，它们必须被认为是应对行为，或者至少是应对的尝试。因此，它们不同于简单的坚持、宣泄或释放，因为后者不过是完成未完成的事情，解决未解决的问题。

狼的身影反复在故事中出现让孩子不知所措，在某些情况下，孩子会倾向于再次回到这个问题上，例如，在游戏、谈话、提问、编造故事和绘画过程中。孩子可以说是在排毒或脱敏。这种结果的出现，是因为重复意味着熟悉、释放和宣泄，通过工作，不再用应急反应，慢慢建立防御，尝试各种掌握的技巧，练习成功的技巧等。

我们可以期待，随着带来强迫性重复的决定因素的蒸发，重复的强迫性会消失。但是，对于那些没有消失的重复强迫，我们又该怎么说呢？看来，在这种情况下，掌握的努力是失败的。

显然，缺乏安全感的人无法优雅地接受失败。他必须不断地反复尝试，虽然这可能是无用的。这里我们可以引证奥夫相基娜（Ovsiankina）和蔡格尼克（Zeigarnik）关于不断重复未完成的任务，即未解决的问题的试验。最近的工作表明，只有在涉及对人格核心的威胁时，即失败意味着失去安全、自尊、声望或类似的情况下，才会出现这种倾向。在这些实验的基础上，似乎有理由在我们的措辞中加上一个类似的限定条件。我们可以期待永久性的重复，即不成功的应对，在这种情况下，人格的基本需要受到威胁，而有机体又没有解决这个问题的成功应对方式。

相对表现性的持续行为和相对应对性的持续行为之间存在差异。这种差异，不仅跨越了单一的行为类别，而且扩大了新划分的每一个子类别。我们已经看到，"表现性坚持"或"简单的行为完成"这个名称不仅包括释放和宣泄，而且可能还包括运动性不安、兴奋的表达，无论是愉快的还是不愉快的，以及一般的表意运动倾向。在"重复性应付"的名称下，同样可以（或者说相当有成效）包括诸如未解决的侮辱或羞辱感、无意识的嫉妒和羡慕、对自卑感的持续补偿、潜伏的同性恋者的强迫性和持续的滥交，以及其他此类消除威胁的徒劳努力等现象。我们甚至可以说，经过适当的概念修改，神经症本身也可以如此设想。

当然有必要提醒我们自己，鉴别诊断的任务仍然是，即这个人的这种特殊的重复性梦境是表现性的还是应对性的，还是两者兼而有之？进一步的例证[①]可参见默里（Murray）的列举。

---

① 无意识的需求通常体现在梦境和幻觉中，在情绪爆发时和无预谋的行为中，在口误和笔误中，在心不在焉的动作中，在大笑中，在无数种与可接受的（意识）需求融合的伪装形式中，在强迫行为中，在理性化的情感中，在投射（幻想、妄想和信念）中，在所有的症状（尤其是歇斯底里的变形表现症状）中，甚至在儿童游戏、退化现象、玩娃娃、编故事（主体统觉测验）、用手指作画、画人及幻想中都能体现。

神经症的定义

现在人们会普遍认为,古典神经症作为一个整体以及单一的神经症症状都是特征性的应对机制。弗洛伊德最伟大的贡献之一,就是说明这些症状有功能、有目的、有用途,并且达到了各种效果(直接收益)。

但也确实有很多被称为神经质的症状,并不是真正的应对性、功能性或目的性行为,而是表现性行为。如果只把那些主要是功能性或应对性的行为称为神经质,似乎会更有成效,也更不容易混淆;主要是表现性的行为不应该被称为神经质,而应该用其他名称(见下文)。

有一个很简单的测试方法,至少在理论上是简单的,可以用来区分两类不同的症状:一类是真正的神经质症状,即功能性、目的性或应对性的症状;另一类是表现性的症状。某一种神经质的症状确实存在某功能,对病人起到了作用,我们就必须假设这个人因为有这个症状而病情好转。如果有办法消除病人身上某种神经症的病状,那么从理论上来说,他或多或少都会受到伤害,既陷入其他焦虑或其他心理问题。一个公平的比喻是把安放在房子下面的基石扯掉。如果房子在现实中是放在上面的,那么把基石扯开是危险的,即使它可能是碎的、烂的或不如其他石头完好。[1]

---

[1] 梅克尔(Mekeel)给我们举了一个很好的例子。一位妇女因情绪异常而瘫痪,而且她从别人那儿得知了自己的状况。几天后,她完全崩溃了,但瘫痪消失了。在医院,她一直处于崩溃状态。瘫痪从未复发,但后来她成了歇斯底里的盲人(来自私人通信)。"行为治疗师"最近出人意料地成功地摆脱了症状,没有进一步的后果。也许症状的替代并不像精神分析学家所期望的那样经常发生。

另一方面，如果这个症状并不是真正功能性的，如果它并没有起到某种重要的作用，那么把它撕掉就不会有任何伤害，而只会对病人有利。通常反对症状疗法的一个限制正是基于这一点，即假设在旁人看来完全无用的症状实际上在病人的心理疾病中起着某种重要的作用，因此，在治疗师确切地知道这种作用可能是什么之前，不应该对它进行篡改。

这里暗示的是，虽然症状治疗对于真正的神经质症状来说诚然是危险的，但对于仅仅是表现性的症状来说，却一点儿也不危险。后者可能被撕掉，除了对病人有利，没有任何后果。这意味着症状治疗的作用比精神分析现在所允许的更重要。一些催眠治疗师和行为治疗师非常强烈地感觉到，症状治疗的危险性被大大地夸大了。

它还有助于告诉我们，神经症的概念通常过于简单。在任何一个神经质的人身上，都可能发现有表现症状和应对症状。区分它们就像区分之前和之后一样重要。因此，在一个神经质的人身上发现的无助感通常会引起各种反应，这个人试图通过这些反应来克服无助感，或者至少与它共存。这些反应确实是功能性的。但无助感本身主要是表现性的，它对人没有任何好处：他从来没有希望它变成那样。对他来说，这是一个原始的或既定的事实，他除了做出反应之外别无他法。

灾难性的崩溃；无能为力

偶尔会发生生物体的所有防御努力都失败的情况。这可能是因为来自外部的危险太过沉重，或者是因为机体的防御资源太弱。

戈尔茨坦对脑损伤病人的深刻分析首次证明了应对反应（无论多么微弱）与应对反应变得不可能或无用时导致的灾难性崩溃之间的区别。

接下来的那种行为可以在陷入他所害怕的情境中的恐惧症患者身上看到，也可以在对压倒性的创伤性经验的反应中看到，等等。也许在所谓神经质的老鼠的疯狂无序行为中更能看到。当然，这些动物根本不是任何严格意义上的神经症。神经症是一种有组织的反应，而它们的行为是相当无组织的。

此外，灾难性崩溃的另一个特点是它是无功能的，或无目的的，换句话说，它是表现性的，而不是应对性的。因此，它不应该被称为神经症行为，而最好用一些特殊的名称来表征，如"灾难性崩溃""无组织行为""诱发行为障碍"等。不过，可以参见克利的另一种解释。

另一个应该与神经质应对相区别的例子是，在人类或猴类身上有时会发现深深的无望和灰心，他们遭受了一连串的失望、剥夺和创伤。这样的人可能到了干脆放弃努力的地步，主要是因为他们似乎觉得这样做没用。如果一个人什么也不希望，就会什么也不争取。例如，有一种可能性是，单纯的精神分裂症患者的冷漠可能被解释为一种无望的表现，或者说是灰心丧气，也就是说，是放弃了应对，而不是任何特定的形式。冷漠当然可以作为一种症状，与紧张型精神分裂症患者的暴力行为或偏执型精神分裂症患者的妄想区分开来。这些似乎是真实的应对反应，因此似乎表明偏执型精神分裂症患者和紧张型精神分裂症患者仍然在战斗，仍然在希望。那么在理论上以及事实上，我们应该期待他们有更好的预后。

在有自杀倾向的人身上，在他们临终时，以及在病人对其较轻疾病的反应中，也可以观察到类似的分化与类似的后果。在这里，放弃应对的努力也会明显地影响预后。

人体心理症状

我们的区分在心身医学领域应该特别有用。正是在这个领域，弗洛伊德过于天真的决定论造成了最大的伤害。弗洛伊德犯了一个错误，他把"决定的"与"无意识的动机"相提并论，好像没有其他行为的决定因素，例如，认为所有的遗忘、所有的口误、所有的笔误都只由无意识的动机决定。谁要是探究一下遗忘等是否可能有别的决定因素，就会被他斥为非决定论者。时至今日，许多精神分析学家除了无意识动机外，无法设想其他解释。这种观点在神经病学领域里还可以站得住脚，因为实际上所有的神经症症状确实都有无意识动机（当然还有其他决定因素）。

在心身领域，这种观点造成了很大的混乱，因为很多相对体质的反应没有目标或功能，也没有自觉或不自觉的动机。诸如高血压、便秘、胃溃疡等反应，更容易成为心理和躯体过程复杂链条的副产品或表象。无论如何，一开始就没有人希望得溃疡、高血压或冠心病（暂且不考虑间接收益的问题）。一个人希望把被动的倾向隐藏起来、不让世界看到，压制攻击性的倾向，或者生活在某种自我的理想中，这些可能只有付出躯体的代价才能获得，当然，这个代价人总是无法预料，也不是这个人希望得到的。换句话说，这类症状通常不会像一般的神经质症状那样有任何直接的益处。

邓巴（Dunbar）的事故多发病例中的骨折现象就是个极好的例子。他们的粗心、急躁、滑稽和嗜好的性格当然使骨折发生的可能性更大，但这些骨折现象是他们命中所定，而不是他们的目的。这种骨折没有任何功能，也没有任何好处。

可以暂且假定，有可能（即使这种可能性不大）将上述的人体症状作为神经病的直接益处制造出来。在这种情况下，最好按照它们的实际情况来加以命名，将它们称为变形表现症状或者更笼统地称为神经病症状。如果躯体症状是神经症过程中不可预见的躯体代价或外显现象，它们最好用其他名称来标示，例如，"植物神经症"，或如我们所建议的，"表现性躯体症状"。神经症过程的副产品不应该与该过程本身相混淆。

在结束这个论题之前，可以先提到最明显的表现性症状类型。这些症状是表现出来的或实际上是非常普遍的机体状态的一部分，即抑郁、健康良好、活动、冷漠等。如果一个人情绪低落，他就会全身郁闷。这种人的便秘显然不是应对，而是表现（虽然很明显，在另一个病人身上可能是应对症状，即孩子扣留粪便是对恼人的母亲无意识的敌意行为）。所以也适用于冷漠中的食欲不振或言语不畅，适用于健康良好的肌肉张力，或适用于情绪不安全的人的不稳定性。

桑塔格（Sontag）的一篇论文将起到展示心身障碍的各种可能的替代解释的作用。这是一篇关于一位女性面部严重且毁容性痤疮的病例报告。该病的最初出现和它在三个独立的发作中的复发与严重的情绪压力和性问题的冲突相吻合。这三次发作的皮肤病都是在这样的时间里出现的,以至于阻止了该女性的性接触。这可能是出于避免性问题的愿望而无意识地精心设计的痤疮,也许正如桑塔格所言,是对她错误行为的自我惩罚。换句话说,这可能是一个有目的的过程。从内部证据来看,这一点是无法确定的;桑塔格自己也承认,整个事件可能是一系列的巧合。

但它也可能是涉及冲突、压力、焦虑的普遍的机体紊乱的一种表现,也就是说,它可能是一种表现性症状。桑塔格的这篇论文在一方面是不寻常的。作者清楚地认识到这种情况下的基本困境,即有其他的可能性来解释痤疮是一种表达性症状或作为一种应对症状。大多数作家没有比桑塔格拥有更多的数据,他们允许自己在一个方向上得出肯定的结论,即在某些情况下肯定这是一种神经症症状,在其他情况下,只是确定它不是。

我想不出比下面这个案例更好的办法来说明,在把目的性归结为可能是巧合的事情时,必须谨慎行事,可惜我无法追查其来源。事主是一位接受精神分析治疗的患者,是一位已婚男子,因为与情妇的秘密性关系而产生了严重的内疚反应。他还报告说,每次去见情妇后都会出现严重的皮疹,其他时间都没有。按照今天人体心理医学界对外遇的认识现状,很多医师会认为这是一种神经质反应,因为自我惩罚而应对。然而,检查之后,却发现了一个不那么深奥的解释。原来,病人情妇的床上有臭虫!

作为表现的自由联想

同样的区分可以用来进一步澄清自由联想的过程。如果我们清楚地认识到，自由联想是一种表现性的现象，而不是一种目的性的、应对性的现象，我们就能更好地理解为什么自由联想能够做到这一点。

如果我们考虑到精神分析理论的庞大结构以及从精神分析中衍生出来的所有理论和实践几乎完全建立在自由联想这一操作上，那么这一操作受到如此少的审查似乎是不可思议的。几乎没有关于这个问题的研究文献，也很少有关于它的推测。如果说自由联想能促进宣泄和洞察力提升，我们不得不说，目前我们还真不知道为什么。

让我们转而考察像罗夏这样的投射性测试，因为在这里我们可以很容易地考察一个已经广为人知的表达实例。病人所报告的知觉主要是他观察世界的方式的表达，而不是目的性的、功能性的解决问题的尝试。因为这种情况主要是非结构化的，这些表达允许我们对潜在的（或发出的）性格结构做出许多推论。也就是说，病人所报告的知觉几乎完全是由性格结构决定的，而几乎不再是由外部现实对特定解决方案的需求决定的。它们体现的是表达而不是应对。

我的论点是，自由联想是有意义的、有用的，这与罗夏测试有意义、有用的原因完全相同。此外，自由联想在非结构化的情况下效果最好，就像罗夏测试一样。如果我们把自由联想理解为主要是远离外界现实的目的性要求，这种现实要求有机体服从于情境的需要，按物理规律而不是心理规律生活，那么我们就能明白为什么适应问题会有任务取向。对解决任务有利的东西就会凸显出来。任务的要求作为组织原则，在此原则下，有机体的各种能力以最有效的顺序来解决外部设定的问题。

这就是我们所说的结构化情境,也就是一种由情境本身的逻辑所要求和明确指向的反应的情境。而非结构化情境则截然不同。外界被故意变得不重要,因为它不指向某些答案,而不是其他有明确要求的答案。因此,我们可以说,罗夏板块是非结构化的,在这个意义上,一个答案几乎和另一个答案一样容易。当然,在这个意义上,它们与几何问题完全相反,在几何问题中,情况是如此结构化,以至于无论人怎么想、怎么感觉、怎么希望,都只有一个答案是可能的。

可以用这同样的方式,甚至比罗夏更强烈,因为这里根本就没有板块,除了远离任务定位和应对之外,没有任何任务设置在自由联想中。如果病人最终学会了很好的自由联想,如果他能按照指示不加审查或不按现实逻辑地报告通过他的意识的东西,这些自由联想就应该最终表达出病人的性格结构,而且随着现实的决定性越来越小,随着现实的适应性要求越来越容易被忽视,这种自由联想应该越来越多。人的反应就会成为一种来自内心的镭射,不再是对外部刺激的反应。

这时,构成性格结构的需求、挫折、态度就会几乎完全决定病人在自由联想中所说的话。这一点对于梦境也同样适用,我们也必须认为梦境是性格结构的表现形式,因为在梦境中,现实和结构作为决定因素的重要性甚至不如罗夏测试。抽搐、神经习惯、弗洛伊德式的滑稽和遗忘更多的是功能性的,但不完全是这样,它们也是表达。

这些表达的下一个效果是让我们越来越赤裸地看到性格结

构。任务导向、问题解决、应对、目的性寻求都属于人格的适应面。性格结构更脱离现实,更多的是由自身的规律决定的,而不是由物理学和逻辑学的规律决定的。更直接与现实打交道的是表面人格,也就是弗洛伊德的自我,那么,它要想成功,就必须由它(现实)的规律来决定。

原则上说,要想了解性格结构,就要尽可能地去除现实和逻辑的决定力量。确切地说,就是我们在安静的房间、精神分析诊察台做的那些事情;我们营造一种放纵的氛围,就像病人规避自己的责任一样——那正是当今文化的代表特征——放弃精神分析。当病人学会了表达而不是应付自己的言语时,自由联想的所有理想结果都可能随之而来。

当然,我们面临一个特殊的理论问题,即认识到刻意和自愿的表达行为可能会对性格结构本身产生一种反馈。例如,我经常发现,对经过适当挑选的人,让他们表现得好像自己很大胆、很亲切、很愤怒,最终使他们更容易真正大胆、亲切或愤怒。人们选择这样的治疗实验的人,在他们身上感觉到大胆等是有的,但被压抑了。然后,意志的表达可以改变这个人。

也许最后应该说一下艺术作为独特个性表达的优越性。任何科学事实或理论都可以由别人提出来,任何发明或任何机器也可以,但只有塞尚可以画出塞尚的作品,只有艺术家是不可替代的。从这个意义上说,任何科学实验都比原创性的艺术作品更容易被外界制约。

第 11 章

自我实现的人：对心理健康的研究

自序

本章要报告的研究在各方面都不寻常。它不是一项普通的研究计划；它不是一项社会事业，而是一项私人事业，它的动机是我自己的好奇心，并指向各种个人道德、伦理和科学问题的解决。我只想说服和教导自己，而不是向别人证明或演示。

然而，颇为出乎意料的是，事实证明这些研究对我的启发是如此之大，而且蕴含着令人振奋的意义，因此，尽管在方法论上存在缺陷，但向他人做某种报告似乎是合理的。

此外，我认为心理健康的问题是如此紧迫，以至于任何建议、任何数据，无论多么没有意义，都具有极大的启发价值。这种研究原则上是如此困难，因为它涉及一种以自己的规范来提升自己，以至于如果我们要等待传统可靠的数据，我们将不得不永远等待下去。似乎唯一有气魄的是不惧怕错误，勇往直前，尽自己所能，希望从错误中吸取足够的教训，最终改正错误。目前，唯一的选择只是拒绝与问题合作。因此，不管它能起到什么作用，我都将下面这个报告呈献出来，并向那些坚持传统的信度、效度，以及取样等的人们表示由衷的歉意。

研究对象和研究方法

研究对象是从本人的熟人和朋友、著名人士和历史人物中挑选出来的。此外，在第一次对年轻人的研究中，我们筛选了三千名大学生，但只有一名大学生可直接作为研究对象，有一二十名也许将来可作为研究对象。

我不得不得出结论，我在年长的被试者身上发现的自我实现的侵权行为，也许在我们这个社会上，对于正在发展的年轻人来说是不可能的。

因此，我与E.拉斯金博士（E. Raskin）和D.弗里德曼（D. Freedman）合作，开始寻找一个相对健康的大学生小组。我们斩钉截铁地选择大学生中最健康的那百分之一的学生群。这项研究在时间允许的情况下进行了两年，在完成之前不得不中断，但即便如此，它在临床上还是很有指导意的。

我也希望小说家或戏剧家塑造的人物可以用来做示范，但并没有找到一个在我们的文化和我们的时代算作合适的人物（这本身就是一个发人深省的发现）。

第一个临床定义，来源于受试者最终选择或拒绝的意愿，它有积极的一面，也有单纯消极的一面。消极的标准是没有神经症、精神病理人格、精神病或类似这些病症的反应。可能是心身疾病要求进行更仔细的检查和筛选。只要有可能我们就会对受试者进行罗夏测试，但事实证明，在揭示隐蔽的精神病理方面，罗夏测试比选择健康人更有用。筛选的积极标准是自我实现的积极证据，因为这还是一个难以准确描述的综合征。为便于讨论，可将其宽泛地描述为对天赋、能力、潜能等的充分运用和开发。这样的人似乎是在实现自己的价值，是在做自己力所能及的事情，这让我们想起尼采的名言："成为己之所是！"他们是已经或正向着自己所能达到的健全人格发展的人。这些潜能要么是怪异的，要么是闻所未闻的。

这个标准还意味着过去或现在对安全、归属感、爱、尊重和自尊等基本需求的满足，以及对知识和理解的认知需求的满足，或者在少数情况下，对这些需求的征服。这就是说，所有的被试者都感到安全和无忧无虑，被接纳，爱与被爱，尊重与被尊重，他们已经解决了他们的哲学、宗教或价值取向。这种基本的满足是自我实现的充分条件还是仅仅是前提条件，这还是一个悬而未决的问题。

总的来说，所使用的选择技术是迭代技术，以前在自尊和安全的人格综合征研究中使用过。这包括简要地从个人的或文化的非技术性的信念状态出发，整理现存的各种关于该综合征的用法和定义，然后更仔细地对其进行定义，仍然是从实际用法出发（可称为词汇学阶段），不过，要消除民间定义中惯常出现的逻辑和事实的不一致。

在修正后的通俗定义的基础上，首先选定一组对象，一组是素质高的人，一组是素质低的人。对这些人尽可能地进行临床式的仔细研究，在这种实证研究的基础上，再根据现在掌握的数据要求，对原来修正后的民间定义进行进一步的修改和修正。这样就有了第一个临床定义。在这个新定义的基础上，对原来的一组受试者进行重新选择，有的被保留，有的被放弃，有的被增加。如果可能的话，这第二层次的受试群体又被进行临床实验和统计学研究，这又引起对第一临床定义的修改、纠正和丰富，与之相配合，又选择了一组新的受试者，等等。这样一来，一个原本模糊的、不科学的民间概念就可以变得越来越准确，越来越具有可操作性，因而也就越来越科学。

当然，外在的、理论的、实践的考虑可能会侵入这种螺旋式的自我修正过程。例如，在本研究的早期，我们发现民间的用法要求太不现实，没有一个活生生的人可能符合定义。我们不得不停止根据单个的缺点、错误或愚蠢来排除一个可能的主体；或者换一种说法，我们不能用完美作为选择的基础，因为没有一个主体是完美的。

另一个问题是，在所有的情况下，不可能得到临床工作中通常要求的那种充分和令人满意的信息。可能的受试者在被告知研究的目的时，会变得自觉、呆滞、对全部努力一笑置之，或者中断关系。因此，自从有了这种早期的经验之后，所有的老年被试者都是间接地研究，实际上几乎是偷偷摸摸地研究。只有年轻人可以直接研究。

由于研究的对象不便透露姓名，那么两种迫切需要得到的东西就不可能得到，或者甚至说普通科学研究的要求就不可能达到，即调查的可重复性和结论所依据的数据的公开性。通过纳入公众人物和历史人物，以及通过对可以设想公开使用的年轻人和儿童进行补充研究，这些困难得到了部分克服。

研究对象被分为以下几类：

实例：

七名非常理想和两名很有希望的同代人

两名非常理想的历史人物（晚年的林肯和托马斯·杰斐逊）

七名很有希望的知名历史人物（爱因斯坦、埃莉诺·罗斯福、简·亚当斯、威廉·詹姆士、史怀彻、阿尔多斯·赫胥黎

和斯宾诺莎）

不完全的实例：

五名肯定有某些不足，但仍然可用于研究的同代人

不完全的或可能的实例：

G.W.卡弗、尤金·V.德布斯、汤姆斯·埃金斯、弗里茨克赖斯勒、戈塞、帕布洛、卡萨尔斯、马丁·布伯、丹尼洛

由他人研究或建议的实例：

多尔斯、阿瑟·E.席根、约翰·济兹、大卫、赫尔伯特、阿瑟·韦利、D.T.铃木、艾德莱·史蒂文森、索洛姆·阿勒奇蒙、罗伯特·勃朗宁、拉尔夫·沃尔多·爱默生、弗雷德里克·道格拉斯、约瑟夫·舒马比特、鲍勃·本奇雷、艾达·塔贝尔、哈里特·塔布曼、乔治·华盛顿、布林、乔治卡尔·穆恩辛格、约瑟夫·海登、卡米尔·皮萨诺、爱德华·贝柏林、乔治·威廉·罗素（A.E.）、皮埃尔·雷诺尔、亨利·沃兹沃斯·朗费罗、彼得·克罗波特金、约翰·阿特基尔得、汤姆斯·摩尔、爱德华·贝拉米，本杰明·富兰克林、约翰·米尔、怀特·惠特曼。[1]

材料的收集和描述

这里的数据与其说是通常的具体和离散事实的收集，不如说是我们对朋友和熟人形成的那种全局或整体印象的缓慢发展。

---

[1] 又见《肖斯特罗姆的POI自我实现测试手册和参考书目》。

很少有可能设置一个情境，提出尖锐的问题，或者对我的年长的被试者进行任何测试（尽管这是有可能的，而且对年轻的被试者也做过）。接触是偶然的，而且是普通的社交活动。在可能的情况下，对朋友和亲戚进行了询问。

由于这一点，也由于受试者人数较少，以及许多受试者的数据不完整，因此不可能进行任何定量的介绍：只能提供综合印象，无论其价值如何。

对这些总的印象进行整体分析，得出了作为自我实现者的最重要和最有用的整体特征，供进一步的临床和实验研究，如下：

对现实的更有效的洞察力和更加适意的关系

这种能力被注意到的第一种形式是作为一种不寻常的能力，能够发现人格中的虚假、欺骗和不诚实，并在一般情况下正确而有效地判断人。在对一组大学生进行的非正式实验中，发现了一个明显的倾向，即安全感较强的人（比较健康的人）对教授的判断比安全感较差的学生更准确，即S-I测试中的高分者。

随着研究的进行，慢慢地发现，这种效率延伸到生活的许多其他领域——实际上是所有被观察到的领域。在艺术和音乐方面，在智力方面、科学方面、政治和公共事务方面，他们作为一个群体似乎能够比其他人更迅速、更正确地看到隐藏的或混乱的现实。因此，一项非正式的调查表明，他们根据当时手头的任何事实而做出的对未来的预测似乎通常是正确的，因为较少地基于愿望、欲望、焦虑、恐惧，或基于普遍的、由性格决定的乐观主义或悲观主义。

最初这一点被称作优秀的鉴赏力或优秀的判断力,其含义是相对的,而不是绝对的。但由于许多原因(有些原因将在下面详述),人们逐渐明白,这最好被称为对绝对存在的东西(现实,而不是一套意见)的感知(而不是品位)。希望这个结论或假说有朝一日能够得到实验的检验。

如果是这样的话,那么对它的重要性就不可能过分强调了。英国精神分析学家蒙利-凯里(Money-Kyrle)曾表示,他认为有可能把一个神经质的人称为不仅是相对的,而且是绝对的低效的,只是因为他对现实世界的感知不像健康的人那样准确或高效。神经病患者不仅在感情上属于病态,而且在认识上就是错误的!如果健康和神经症分别是对现实的正确和不正确的认知,那么事实的命题和价值的命题就在这个领域合二为一了,原则上,价值命题就应该是可以被经验证明的,而不仅仅是品位或劝诫的问题。那些在这个问题上挣扎过的人就会清楚地看到,我们在这里可能有了一个真正的价值科学的部分基础,从而也就有了伦理学、社会关系、政治、宗教等的基础。

适应不良甚至极端的神经症绝对有可能扰乱知觉,足以影响对光、触、气味的敏锐度,但这种影响很可能在脱离了单纯生理学的知觉领域中表现出来,例如,艾因斯特朗实验(Einstellung experiment)等。还应该说,在最近的许多实验中,愿望、欲望、偏见对知觉的影响,在健康人身上应该比在病人身上少得多。先验的考虑鼓励了这样的假设,即这种对现实感知的优越性最终促成了一般意义上的推理、感知真理、得出结论、逻辑和认知效率等方面的优越能力。

这种与现实的优越关系中，有一个特别令人印象深刻和具有启发性的方面，将在第13章详细讨论。研究发现，自我实现者比大多数人更容易区分新鲜的、具体的、习以为常的与一般的、抽象的、擦边球的东西。其结果是，他们更多地生活在真实的自然世界中，而不是生活在大多数人与世界相混淆的人为的大量概念、抽象、期望、信仰和定型观念中。因此，他们更容易感知那里的事物，而不是他们自己的愿望、希望、恐惧、焦虑，他们自己的理论和信仰，或者他们文化群体的理论和信仰。赫伯特·米德非常透彻地将此称为"明净的眼睛"。

作为学院派和临床心理学之间的另一座桥梁，与未知者的关系似乎有着特殊的前景。我们健康的受试者一般不会受到未知的威胁或因未知而恐惧，在那里与一般人完全不同。他们接受它，对它感到舒适，而且，比起已知的东西往往更容易被它吸引。他们不仅容忍暧昧和非结构化的东西，而且喜欢它。颇具特色的是爱因斯坦的说法——"我们能够体验的最美的事物是神秘的事物，它是一切艺术和科学的源泉。"

这些人，确实是知识分子、研究人员和科学家，所以，这里的主要决定因素也许是智力。然而我们都知道，有多少高智商的科学家，由于胆怯、传统、焦虑或其他性格上的缺陷，而使自己完全被已知的东西占据，对它进行打磨、排列和重新编排、分类，以及其他方面的磨合，而不是像他们应该做的那样去发现。

由于对健康的人来说，未知的东西并不可怕，所以他们不必花任何时间去埋葬鬼魂，吹着口哨经过墓地，或者以其他方式保护自己免受想象中的危险。他们不忽视未知，不否认，不逃避，也不试图让人相信它真的是已知的，也不过早地将它组织化、二元化、揉碎。他们不执着于熟悉的事物，他们对真理的追求也不是对确定性、安全性、明确性和秩序的灾难性需求，比如，我们在戈尔茨坦的脑损伤者或强迫症——强迫性神经症患者身上看到的夸张形式。它们可以是，当总的客观情况需要时，舒适的、无序的、草率的、无政府的、混乱的、模糊的、怀疑的、不确定的、近似的、不精确的或不准确的（所有这些，在科学、艺术或一般生活的某些时刻，都是相当可取的）。

因此，怀疑、试探性、不确定性，以及随之而来的对决定的放弃的必要性，对大多数人来说是一种折磨，但对某些人来说却是一种令人愉快的刺激性的挑战，是生活中的高点而不是低点。

对自我、他人和自然的接受

许多表面上可以感觉到的、起初似乎是多种多样的、互不相干的个人品质，可以理解为一种更基本的单一态度的表现或衍生物，即相对缺乏压倒性的内疚感、严重的羞耻感和极端或严重的焦虑感。这与神经质的人形成了直接的对比，神经质的人在任何情况下都可能被描述为被内疚和/或羞耻和/或焦虑所摧残。即使是我们文化中的正常人，也会对太多的事情感到不必要的内疚或羞愧，在太多不必要的情况下感到焦虑。我们健康的个体发现可以接受自己和自己的本性，而不感到懊恼或抱怨，或者，甚至不怎么考虑这个问题。

他们能够以沉稳的风格接受自己的人性，接受它的所有缺点，接受它与理想形象的所有差异，而不会感到真正的担忧。如果说他们是自我满足的，那会给人一种错误的印象。我们必须说的是，他们能够以接受自然特征一样的毫不怀疑的精神，接受人性的弱点和罪恶、弱点和邪恶。人不会因为水湿而抱怨水，也不会因为石头硬而抱怨石头，也不会因为树木绿而抱怨树木。就像孩子用宽阔的、不加批判的、不加要求的、天真无邪的眼睛看世界一样，只是注意和观察事实的情况，既不争论此事，也不要求它不是这样，自我实现者也倾向于用自己和他人的眼光看待人性。这当然不等于东方意义上的出世，但在我们的主体身上也可以观察到出世态度，尤其是在面对疾病和死亡的时候。

要知道，这等于以另一种形式说了我们已经描述过的东西；即自我实现者更清楚地看到了现实：我们的主体看到了人性的本来面目，而不是他们所希望的那样。他们用双眼看到世间的一切，没有被各种各样的眼镜所累，不会歪曲、改造或粉饰事情的真相。

第一个也是最明显的接受层面是在所谓的动物层面。那些自我实现者往往是善良的动物，他们胃口酣畅，乐此不疲，不后悔，不羞愧，不道歉。他们似乎对食物有着一致的好胃口；他们似乎睡得很香；他们似乎很享受自己的性生活，没有不必要的抑制等一切相对生理的冲动。他们不仅在这些低层次上能够接受自己，而且在各个层次上都能够接受自己，例如，爱、安全、归属感、荣誉、自尊。所有这些都被毫无异议地接受为有价值的，只是因为这些人倾向于接受自然的工作，而不是与它争论没有按照不同的模式构造事物。普通人相对于缺乏这种表现，特别是在神经症患者身上看到的厌恶，例如，食物的烦扰，对身体产品、身体气味和身体机能的厌恶。

与自我接受和接受他人密切相关的是：（1）他们没有防御性、保护色或摆设；（2）他们厌恶他人的这种行为。忐忑、诡诈、虚伪、幌子、面子、玩弄花招，以庸俗手法哗众取宠，这一切在他们身上异常罕见。既然他们与自己的缺点甚至也能和睦相处，那么这些缺点最终（特别是在后来的生活中）会变得令人感觉根本不是缺点，而只是中性的个人特点。

这并不是绝对没有内疚、羞愧、悲伤、焦虑、防卫，而是没有不必要的或神经质的（因为不切实际）内疚等。动物性过程，如性欲、排尿、怀孕、月经、变老等，都是现实的一部分，所以必须接受。因此，任何健康的女性都不需要为自己是女性或者这个性别的任何生理特点而产生罪恶感或者防卫心理。

健康的人确实感到内疚（或羞愧、焦虑、悲伤、后悔）的是：（1）不恰当的缺点，如懒惰、不思进取、失态、伤害他人；（2）心理不健康的顽固残余，如偏见、嫉妒、羡慕；（3）习惯，虽然与性格结构相对独立，但可能非常强烈；（4）物种或文化或他们所认同的群体的缺点。一般的公式似乎是，健康的人会对现在的情况和很可能是或应该是的情况之间的差异感到难过。

自发性；坦率；自然

自我实现者在行为上都可以说是相对自发的，他们的内心生活、思想、冲动等方面更具有自发性。他们的行为特点是简单、自然，没有人为的或紧张的效果。这并不一定意味着一贯的非常规行为。如果我们要实际统计一下自我实现者的非常规行为的次数，统计结果不会很高。他的非常规行为不是表面的，而是本质的或内在的。正是他的冲动、思想、意识异常地不拘一格、自发和自然。他显然认识到，他所生活的人世间无法理解或接受这一点，既然他不想伤害他们，也不想与他们为每一件琐事而争吵，他就会以一种善意的耸耸肩，以尽可能优雅地去完成传统的仪式和礼节。因此，我曾见过一个人私下里接受了他所嘲笑甚至鄙视的荣誉，而不是以此为话题，伤害那些自以为讨好他的人。

这种约定俗成是一件非常轻巧地搭在他肩上的斗篷，很容易被抛在一边，这可以从以下事实中看出：自我实现者不经常让约定俗成妨碍他或抑制他做任何他认为非常重要或基本的事情。正是在这种时刻，他本质上缺乏常规性，而不像一般的波希米亚人或权威反叛者那样，将区区小事小题大做，把对无关紧要的规章制度的造反当作天大的事。

当自我实现者热切地沉迷于某个接近他的主要兴趣的事物时，他的这种内心态度也会表现出来。然后，可以看到他很随意地放弃各种行为规则，而在其他时候，他遵守这些规则；在遵从惯例上他仿佛需要有意识地做出努力，他对习俗的遵从仿佛是有意的、存心的。

最后，这种外在的行为习惯在与那些不要求或不期望常规行为的人相处时，可以主动放弃。这种对行为的相对控制被感觉到是一种负担，这从我们的被试者喜欢这样的相处就可以看出，原因是这样的相处可以让他们更加自由、自然和自发，而且可以减轻他们认为有时是费力的行为。

这种特征的一个结果或关联是，这些人的道德准则是相对自主的、个性的，而不是传统的。不假思索的观察者有时可能会认为他们是不道德的，因为当情况似乎需要时，他们不仅可以打破常规，而且可以打破法律。但事实恰恰相反。他们是最有道德的人，尽管他们的道德与周围人的道德不一定相同。正是这种观察使我们非常肯定地了解到，一般人的普通道德行为在很大程度上是常规行为，而不是真正的道德行为，例如，基于基本被接受的原则（被认为是真实的）的行为。

由于这种与普通习俗的疏离，以及与社会生活中通常被接受的虚伪、谎言和不一致的地方的疏离，他们有时会觉得自己表现得像是身在他乡的间谍或异乡人。

我不应该给人这样的印象：他们试图掩饰自己的样子。有时，他们出于对习惯上的僵化或对传统上的盲目性的一时恼怒，故意放任自己。例如，他们可能是想教导某人，或者他们可能是想保护某人免受伤害或不公正，或者他们有时会发现从他们内心冒出的情绪是如此愉快，甚至是欣喜若狂，以至于压抑这些情绪近乎是一种亵渎。在这种情况下，我观察到他们对自己给旁观者留下的印象并不焦虑、内疚或羞愧。他们的说法是，他们通常以传统的方式行事，只是因为不涉及重大问题，或者因为他们知道人们会因任何其他类型的行为而受到伤害或感到尴尬。

他们对现实的轻松的洞察力，他们的接受性和自发性非常接近于动物或者儿童，这意味着他们对自己的冲动、欲望、意见和一般的主观反应有优越的认识。对这种能力的临床研究毫无疑问地证实了弗洛姆等人的观点，即一般正常、适应良好的人往往对自己是什么、想要什么、自己的意见是什么没有丝毫概念。

正是这样的发现，最终让我们知道了自我实现者与其他人之间一个最深刻的区别，即自我实现者的动机生活与普通人的动机生活不仅在量上不同，而且在质上也不同。看来，我们很可能必须为自我实现者建构一种深刻不同的动机心理，如元动机或成长动机，而不是缺失动机。也许，区分生活和准备生活会很有用，也许普通的动机概念应该只适用于非自我实现者。我们的主体不再是普通意义上的努力，而是发展。他们试图成长为完美的人，并以自己的风格越来越全面地发展。普通人的动机是努力追求自己所缺乏的基本需求满足，但自我实现者其实并不缺乏这些满足，然而他们有冲动。他们工作，他们努力，他们有雄心壮志，尽管是在寻常意义上。对他们来说，动力只是性格的成长、性格的表现、成熟和发展，总之是自我实现。这些自我实现者是否可以更加人性化，更加揭示物种的本原，更加接近分类学意义上的物种类型？一个生物物种是否应该以其残缺的、扭曲的、只有部分发育的标本，或者以那些被过度驯化、圈养、训练的例子来判断？

以问题为中心

我们的主体一般都强烈关注自身之外的问题。用现行的术语来说，他们是以问题为中心而不是以自我为中心。一般来说，他们自身并没有什么问题，也并不关心自己，这正与人们在没有安全感的人身上发现的普通内省形成对比。这些人通常有一些生命意义上的使命，有一些待完成的任务，有一些需要付出自身大量精力的个人以外的问题。

这不一定是他们自己喜欢或选择的任务，可能是他们觉得是自己的责任、职责或义务的任务。这就是为什么我们使用"他们必须做的任务"而不是"他们想做的任务"。一般来说，这些任务是非个人的或无私的，是关乎整个人类的利益，或整个国家的利益，或主体家庭中几个人的利益。

除了少数例外，我们可以说，我们的对象通常关注的是基本问题和永恒的问题，也就是我们已经学会的所谓哲学或伦理问题。这样的人习惯性地生活在尽可能广泛的参照系中。他们似乎永远不会离树太近，以至于看不到森林。他们在一个价值框架内工作，这种价值框架是宽泛的而不是狭隘的，是普遍的而不是局部的，是以一个世纪而不是以当下为基准的。一句话，这些人在某种意义上都是哲学家，无论多么平平常常。

当然，这样的态度对日常生活的每一个领域都会带来几十种影响。例如，原来工作中的主要表现症状之一（如宽宏，脱离渺小、浅薄和偏狭等），可以归入这个比较笼统的范畴。这种凌驾于小事之上的印象，有更大的视野，生活在最宽广的参照系中，笼罩着永恒的氛围，给人的印象具有最大的社会以及人际关系的意义；它似乎传递了某种宁静，对眼前的事物少有担忧，这使生活不仅对他们自己，而且对所有与他们相关的人来说更轻松自如。

超然独立的特性；离群独处的需要

对我的所有研究对象来说，他们确实可以在不伤害自己和不感到不适的情况下独处。此外，几乎所有的人都是如此，他们明确喜欢孤独和隐秘，其程度绝对超过一般人。

他们常常可以超然于喧嚣之外，保持不受他人那里造成混乱事实的影响。他们发现他们自己可以很容易淡然处世、寡言少语，可以平静、安详；因此，他们就有可能接受个人的不幸，而不像普通人那样做出激烈的反应。即使在不体面的环境和情况下，他们似乎也能保持自己的尊严。也许这部分源于他们倾向于坚持自己对情况的解释，而不是依赖其他人对此事的感觉或想法。而他们这种沉默或许会逐渐变成严苛和淡漠。

这种疏离的品质可能与其他某些品质也有一定的联系。首先，可以称我的研究对象比一般人更客观（在这个词的所有意义上）。我们已经看到，他们更以问题为中心，而不是以自我为中心。即使当问题涉及他们自己、他们自己的愿望、动机、希望或期望时，也是如此。因此，他们有能力集中注意力到普通人身上不常见的程度。高度集中的注意力会使他们产生诸如心不在焉的现象，使他们忘却外部环境。例如，能够安然入睡，食欲不受干扰，能够笑着度过一段问题、烦恼和责任的时期。

在与大多数人的社会关系中，疏离会带来一定的麻烦和问题。它很容易被"正常人"理解为冷漠、势利、缺乏感情、不友好，甚至敌意。相比之下，普通的友情关系更黏人，要求更高，更渴望得到保证、赞美、支持、温暖和排他性。诚然，自我实现者不需要普通意义上的他人。但由于这种被需要或被想念是友谊的通常体现，那么显然，疏离不会轻易被一般人接受。

自主的另一个含义是自我决定、自我管理，他是一个积极的、负责任的、自律的、有决定权的人，而不是一个棋子，或者无奈地被别人"决定"，要成为一位强者而不是弱者。我的研究对象自己做主，自己决定，对自己的命运负责。这是一种微妙的品质，难以用言语描述，却又深刻重要。他们教会我，我以前一直认为理所当然的东西，实际上是完全病态的、不正常的或软弱的：即太多的人不是依靠自己的决定，而是由推销员、广告商、父母、宣传员、电视、报纸等替他们做主。他们是被他人指挥的兵卒，而不是自我决定、自我负责的个体。因此，他们很容易感到无助、软弱、由他人摆布，他们是掠夺者的猎物，是软弱的抱怨者，而不是自我决定、负责任的人。这种不负责任的人对政治和经济意味着什么当然是显而易见的，它是灾难性的。民主的、自我选择的社会，必须包含自我行动者、自我决策者和自我决定者。他们表达自己的意见，是自己的代理人，具有自由意志。

根据阿希和麦克利兰（McClelland）做的大量实验，我们推测自我决定者根据特定的情况，也许会占到我们人口的5%到30%。在我的研究对象中，百分之百是自我行动者。

最后，我必须说一句话，尽管这句话肯定会让许多神学家、哲学家和科学家感到不安：自我实现者比一般人有更多的"自由意志"，更少的"决定性"。无论"自由意志"和"决定论"这两个词在应用中如何定义，在本研究中，它们都是经验性的事实。此外，它们是有不同程度变化的概念，而不是一成不变的定义。

自主性；对于文化与环境的独立性；意志；积极的行动者

自我实现者的特征之一，在某种程度上与我们已经描述的许多特征交叉，就是他们对物质和社会环境的相对独立性。由于他们是由成长动机而不是由缺陷动机推动的，自我实现者的主要满足并不依赖于现实世界，或更多的人或文化或达到目的的手段，或一般来说，依赖于外在的满足；相反，他们自身的发展和持续成长依赖于自身的潜能和潜在资源。就像树需要阳光和水、营养一样，大多数人也需要爱、安全，以及其他只能来源于外界的基本需求的满足。但是，一旦获得了这些外在的满足，一旦这些内在的不足被外在的满足者所满足，人的个体发展的真正问题就开始了，例如，自我实现。

这种对环境的独立，意味着在面对遭遇、打击、剥夺、挫折等情况下的相对稳定。这些人在面对会促使其他人自杀的环境时，能保持相对的宁静，他们也被称为"自我实现"。

缺陷动机的人必须有其他人可以利用，因为他们的大部分主要需求满足（爱、安全、尊重、声望、归属感）只能来自其他人类，但成长动机的人实际上可能受到他人的阻碍。现在对他们来说，满足感和美好生活的决定因素是内在的个人因素，而不是社会因素。他们已经强大到可以独立于他人的好感，甚至独立于他人的感情。他们所能给予的荣誉、地位、奖赏、人气、声望和爱，一定已经变得不如自我发展和内心成长重要了。我们必须记住，我们所知道的最好的技术，即使不是唯一的技术，或者说达到这种相对独立于爱和尊重的地步，就是在过去得到了大量的这种同样的爱和尊重。

欣赏的时时常新

自我实现者有一种奇妙的能力，能够一次又一次地、新奇地、天真地欣赏生活中的基本乐趣，带着敬畏、愉悦、惊奇，甚至狂喜，不管这些经验对别人来说多么陈旧。科林·威尔逊称之为"新"。因此，对这样的人来说，任何一个夕阳都可能和第一个夕阳一样美丽，任何一朵花都可能具有令人惊叹的可爱，甚至在他看过无数朵花之后。他见到的第一千个婴儿和他看到的第一个婴儿一样，都是神奇的产物。他在结婚三十年后依然坚信自己婚姻的幸运，在妻子六十岁的时候，也会像四十年前一样惊讶于她的美丽。这样的人，即使是随意的工作生活、转瞬即逝的事情，也会让他感到惊险、刺激和欣喜。这些强烈的感觉并不会随时都有，而是偶尔出现；不是在平时，而是在最意想不到的时刻出现。一个人坐渡船可能已经过了十次河，在第十一次过河时，他会强烈地出现与他第一次坐渡船时相同的感受、美好的反应和兴奋的心情。

研究对象们在选择美的目标方面存在着一些区别。关于热爱的事物，一些人主要向往自然界，对另一些主体来说，主要是儿童有吸引力，少数主体则热爱伟大的音乐。但可以肯定地说，他们从生活的基本经验中获得狂喜、灵感和力量。例如，他们中没有一个人会从去夜总会或得到很多钱或在聚会上玩得很开心中得到这种同样的反应。

也许可以加上一种特殊的体验。对我的几个研究对象来说，性快感，特别是性高潮所提供的，不仅仅是一时的快乐，而是一些人从音乐或大自然中得到的某种基本的强化和振奋。关于这一点，我将在神秘体验一节中再谈。

这种主观经验的尖锐丰富性很可能是与上文讨论的具体的、新鲜的、本身的现实关系密切的一方面。也许我们所说的经验中的呆板是把丰富的知觉归入一个或另一个类别或评语的结果，因为它被证明不再是有利的，或有用的，或威胁的，或其他涉及自我的东西。

我还确信，习惯于我们的祝福是人类邪恶、悲剧和苦难的最重要的非恶性生成者之一。我们认为理所当然的东西被我们低估了，因此我们太容易为了一摊子烂泥而卖掉宝贵的天赋权利，留下遗憾、悔恨和自尊心的降低。妻子、丈夫、孩子、朋友，不幸的是比起他们还在的时候，他们更容易在死后得到爱和欣赏。身体健康、政治自由、经济福利也有类似的情况，我们在失去它们之后才知道它们的真正价值。

赫茨伯格对工业中"卫生"因素的研究，威尔逊对圣·尼奥兹"阈限"的观察，我对"低级牢骚、高级牢骚和超级牢骚"的研究都表明，如果我们能像自我实现者那样珍惜自己的福气，并且像他们一样，长久保持一种幸运感和感恩的心态，那么我们的生活就会得到极大的改善。

神秘体验；巅峰体验

那些被威廉·詹姆斯（William James）描述得很好的被称为"神秘体验"的主观表达，对我们的主体来说是一种相当普遍的体验,虽然并不是所有人都如此。上一节所描述的强烈情绪有时会变得足够强烈、混乱和广泛,足以被称为神秘体验。我对这一主题的兴趣和关注首先是由我的几个受试者引起的,他们用隐隐约约熟悉的术语来描述他们的性高潮,后来我想起这些术语曾被不同的作家用来描述他们所谓的"神秘主义体验"。有同样的感觉,无边无际的视野被打开,同时感到自己比以前更强大,也比以前更无助,巨大的狂喜、惊奇和敬畏的感觉,失去了时间和空间的位置,最后,确信发生了一些极其重要和有价值的事情,因此,主体在某种程度上被改变了,甚至在日常生活中也被这样的经历所强化。

将这种经验与任何神学或超自然的提法相分离是相当重要的,尽管几千年来它们一直是联系在一起的。因为这种经验是一种自然经验,完全在科学的管辖范围之内。我称它为"高峰体验"。

我们也可以从我们的研究对象那里了解到,这种经验可以在较小的程度上发生。神学文献一般都假定神秘主义经验与其他所有经验之间有绝对的、质的区别。一旦它脱离了超自然的参照物,而被当作一种自然现象来研究,神秘主义经验就有可能被放在一个从强烈到温和的量的连续体上。我们就会发现,温和的神秘体验在许多人,甚至是大多数人身上发生,而在受宠的人身上,它经常发生,甚至可能每天都发生。

显然,强烈的神秘主义体验或高峰体验是任何一种体验的巨大强化,其中有自我的丧失或对自我的超越,如本尼迪克特所描述的问题中心、强烈的专注、穆格行为、强烈的感性体验、自我忘我和强烈的音乐或艺术享受。

自1935年这项研究首次开始以来，我通过多年的学习（现在仍在进行中），相比于之初，已经将注意力更集中于"尖端者"和"非尖端者"之间的差异。很可能这只是程度或数量上的差异，但这是个非常重要的差异。如果要我非常简单地总结一下，我想说的是，到目前为止，非尖端的自我实现者似乎更可能是一群实际的、讲究成效的人，他们生活在这个世界上的强者，能够畅享生活。而尖端者似乎是生活在思想感情的领域，生活在诗歌、美学、充满象征、超凡性的世界里，生活在神秘且私人、非集体化且常人无法体验的"宗教"中。我的预测是，这将变成关键的性格学"阶级差异"之一，对社会生活尤其关键，因为看起来"仅仅是健康的"、不喜表达的自我实现者似乎很可能成为世界的改良者、政治家、工人、改革者、十字军战士，而优秀的尖端者则更容易写出诗歌和音乐、创造哲学和宗教。

社会感情

由A.阿德勒创造的"社会感情"这个词，是唯一可以很好地描述自我实现主体对人类所表达的感情的味道的词。他们对人类一般都有一种深刻的认同感、同情心和感情，尽管偶尔会有下文所述的愤怒、不耐烦或厌恶。正因为如此，他们有一种帮助人类的真诚愿望。就好像他们都是一个家庭的成员一样。一个人对他的兄弟们的感情总体上会是亲切的，即使这些兄弟很愚蠢，很软弱，甚至他们有时很讨厌。他们也会比陌生人更容易被原谅。

如果一个人的观点不够概括,如果没有长期传播,那么可能看不到这种对人类的认同感。自我实现者毕竟在思想、冲动、行为、情感上与其他人有很大不同。归根结底,在某些基本方面,他就像一个陌生国度的异类。很少有人真正理解他,不管他们多么喜欢他。他常常为一般人的缺点感到悲哀、气愤,甚至愤怒,虽然这些缺点对他来说通常不过是一种麻烦,但有时会成为痛苦的悲剧。不管有时他与他们之间的间隙有多大,他总是感到与这些人有一种最根本的亲缘关系,同时,如果不说有一种优越感,至少他必定认识到,许多事情他能比他们做得更好,对许多事情他可以明察而他们却不能,有些在他看来是如此清楚明了的真理大多数人却看不见。这也就是阿德勒所称"老大哥态度"的东西。

自我实现者的人际关系

自我实现者的人际关系比任何其他成年人都要深刻(虽然不一定比儿童的关系深刻)。相比于其他人的看法,他们更多地融合,更能够彻底地去爱,拥有更完美的认同以及更多地消除自我界限的能力。然而,这些人际关系具有一定特殊性。首先,据我观察,这些关系中的其他成员很可能比一般人更健康,更接近自我实现,而且接近得多。考虑到这种人在一般人群中的比例很小,这里有很高的选择性。

这种现象以及某些其他现象的一个结果是,自我实现者与相当少的个人有着特别深的联系。他们的朋友圈相当小,他们深爱的人也很少。部分原因是,与这种自我实现风格的人非常亲密，似乎需要大量的时间，奉献不是一时半会儿的事。有一个研究对象这样表达："我没有时间和很多朋友在一起，没有人有，也就是说，如果要成为真正的朋友的话。"在我的小组中，唯一可能的例外是一位女性，她似乎特别具备社交能力。这几乎就像她指定的生活任务是与她的所有家庭成员和他们的家人以及她的所有朋友和他们的朋友建立密切而温暖美好的关系。也许这是因为她是一个没有受过教育的女人，没有正式的任务和职业。这种奉献的排他性可以而且确实与广泛的社会情感、仁爱、亲情和友善（如上文所限定）并存。这些人对几乎所有人都倾向于仁慈或至少是耐心。他们对孩子有一种特别温柔的爱，很容易被他们感动。在一个非常真实的即使是特殊的意义上，他们爱全人类或者说对全人类有同情心。

这种爱心并不意味着不会歧视他人。事实上，他们可以而且也确实对那些应得的人，特别是对那些虚伪的、自命不凡的、浮夸的或自我膨胀的人，实事求是地严加评价。但是，即使与这些人面对面地交往，也不一定有现实的低评价的迹象。有一种解释性的说法大约是这样的。"毕竟大多数人，虽然并不是主动犯错，但依然可以犯错。他们犯各种愚蠢的错误，结果很可怜，不知道自己的本意是好的，怎么会变成那样。那些不善良的人通常是在深深的不快乐中付出代价的。他们应该被同情而不是被攻击。"

也许最简短的描述是，他们对他人的敌意反应是：（1）理所应当的；（2）为了被攻击的人好或为了别人好。这是说，与弗洛姆一样，他们的敌意不是基于性格的，而是被动的或情境的。

我所掌握的数据的所有主体都显示出另一个共同的特点，在这里宜于提及，即他们至少吸引了一些仰慕者、朋友，甚至是弟子或崇拜者。个人和他的一帮崇拜者之间的关系很可能是单方面的。崇拜者的要求往往比我们个人愿意付出的更多。而且，这些崇拜者可能会让自我实现者感到尴尬、痛苦甚至厌恶，因为他们往往超出了普通的界限。通常的画面是，我们的主体在被迫卷入这些关系时是善良的、愉快的，但平时却试图尽可能优雅地避开它们。

民主的性格结构

我的所有研究对象无一例外地可以说是最深层意义上的民主人士。我这样说是基于以前对专制和民主性格结构的分析，这种分析太过详尽，在此无法介绍，只能在简短的篇幅中描述这种行为的某些方面。这些人具有所有明显的或表面的民主特征。他们可以和任何性格合适的人友好相处，不分阶级、教育、政治信仰、种族、肤色。事实上，他们往往好像根本没有意识到这些差异，而这些差异对一般人来说是如此明显，如此重要。

他们不仅有这种最明显的品质，而且他们的民主意识也更深。比如，他们发现可以向任何有东西可以教给他们的人学习，不管他有什么其他特点。在这样的学习关系中，他们并不试图保持任何外在的尊严，也不试图保持地位或年龄上的威望或类似的东西。甚至应该说，我的研究对象都有一种共同的品质，可以称之为某种类型的谦逊。他们都很清楚，与可能拥有的和别人拥有的相比，他们知道的东西实在太少。正因为如此，他们才有可能真诚地表现出尊重之心或是谦卑之心。他们对一个优秀的木匠，或者对任何一个精通自己手中的工具或本行的手艺人，都会表现出这种真诚的尊重。

必须仔细区分这种民主的感觉和缺乏品位上的歧视，不加区别地将任何一个人与其他任何人等同起来。这些人，本身就是精英，他们为自己的朋友挑选精英，但这是性格、能力和才能的精英，而不是出身、种族、血缘、姓名、家庭、年龄、青年、名声或权力的精英。

最深刻，但也最模糊的是，我们的主体似乎不希望超越一定的最低点，甚至对无赖贬低、贬损、抢夺尊严，就给予任何一个人一定量级的尊重，这是一种很难得到的倾向。然而这与他们强烈的是非观、善恶观是相辅相成的。他们对恶人和恶行更多的是反击，而不是减少。他们对自己的愤怒远不如一般男人那样矛盾、困惑或意志薄弱。

区分手段与目的、善与恶

我发现，我的受试者中没有一个人在实际生活中长期不清楚对与错的区别。无论他们能否口头表达出来，他们在日常生活中很少表现出一般人在道德交往中常见的混乱、困惑、不一致或冲突。这也可以用以下词语来表述：这些人具有强烈的道德观念，他们有明确的道德标准，他们做得对，不做错。不用说，他们的是非观念、善恶观念往往不是传统的观念。

大卫·利维博士提出了一种表达我所要描述的品质的方式，他指出，在几个世纪前，这些人会被描述为走在神的道路上的人或虔敬的人。少数人说他们相信有神，但把这个神更多地描述为一个形而上学的概念，而不是一个个人形象。如果只从社会行为的角度来定义宗教，那么这些人都是宗教徒，包括无神论者。但如果我们更保守地使用"宗教"一词来强调超自然的因素和制度上的正统性（当然是更普遍的用法），那么我们的答案一定是完全不同的，因为那样的话，他们中很少有人是宗教徒。

自我实现者大多数时候都表现得好像手段和目的是可以明确区分的。一般来说，他们是固定在目的上而不是手段上，手段很肯定地从属于这些目的。然而，这是个过于简单的说法。我们的主体使情况变得更加复杂，因为他们常常把许多对别人来说只是手段的经验和活动本身视为目的。我们的主体在某种程度上更有可能为了其本身的目的，以一种绝对的方式，欣赏做事本身；他们常常可以为了其本身的目的而享受到达某个地方以及到达的过程。偶尔，他们有可能从最琐碎的、最常规的活动中找出一个本质上令人愉快的舞蹈或游戏。韦特海默指出，大多数儿童的创造力很强，他们可以按照一定的系统方式或节奏，把一些陈规陋习以及那些机械死板的经验变成一种有组织且有趣的游戏，例如，在他的一项实验中，本是将书从一个书架搬到另一个书架，孩子们却玩得很开心。

富于哲理的，善意的幽默感

很早以前我就发现了这样一件事，自我实现者的幽默感不同于一般的类型，因为我所有的研究对象都展现出了这样的一个共同点，所以发现它也很容易。因此，一些恶意的幽默（通过伤害别人来使人发笑)、展现优越性的幽默(嘲笑别人的低下)和反叛权威性幽默(硬充搞笑的、恋母情结的或污秽的笑话)都不足以令他们发笑。从特征上看,他们所认为的幽默与哲学的关系,比与其他任何事物的关系都更为密切。这也可以被称为真正的幽默,因为它笼统地包括嘲笑人类普遍的愚蠢,嘲笑他们忘记了自己在宇宙中的位置,嘲笑他们明明那么渺小却妄自尊大。这种幽默有时会以自嘲的形式出现,但他们不会像受虐狂或小丑那般表现。林肯的幽默就是最恰当的一个例子。可能林肯从来没有开过任何一个伤害别人的玩笑,他的许多甚至大多数的玩笑都有某种含义,有一种不仅仅使人发笑的功能。它们似乎是以一种更容易接受的形式进行教育,类似于寓言。

从简单的数量上看,我们的受试者展现出的可以说是幽默的次数比一般人少。旁敲侧击、开玩笑、诙谐的言语、机智巧妙的应答、普通人的无理取闹,比起深思熟虑、富有哲理的幽默要少得多,这种幽默通常会引起微笑而不是大笑,这种幽默是内在的而不是外在的,是自发的而不是有计划的,而且这种幽默往往不能重复。一般人习惯于看笑话书和捧腹大笑,认为我们的主题是清醒和严肃的,这并不奇怪。

这样的幽默可以说是非常普遍的,人的处境、人的骄傲、人的严肃、人的忙碌、人的繁华、人的野心、人的拼搏、人的规划,都可以看成是有趣、幽默的,甚至是好笑的。我曾经理解这种态度。在一个满是"动感艺术"的房间里,在我看来,这似乎是对人类生活的幽默嘲讽,喧嚣、运动、动荡、匆忙、繁华,所有的一切都没有去处。这种态度也蹭到了专业工作本身,从某种意义上说，专业工作也是游戏，在严肃对待的同时，也可以有一些轻松。

创造力

这是所有被研究或观察的人的普遍特点，没有例外。每一个人都以这样或那样的方式表现出一种特殊的创造性或独创性或发明性，具有某些特殊的特点。这些特殊的特点可以根据本章后面的讨论来更全面地理解。其一，它不同于莫扎特式的特殊才能的创造性。我们不妨面对这样一个事实，即所谓的天才们所表现出来的能力是我们所不了解的。他们似乎被特别赋予了一种驱动力和能力，这种驱动力和能力与人格的其他部分的关系可能相当小，而且从所有的证据来看，这些似乎都是他们与生俱来的。这样的才能我们在这里并不关心，因为它并不建立在心理健康或基本满足的基础上。自我实现者的创造性，似乎颇为亲近于未受污染的儿童的天真和普遍的创造性。它似乎更多的是人类共同本性的一个基本特征，即在出生时就被赋予了所有人类的潜能。大多数人在被文化熏陶后就失去了这一点，但少数一些人似乎保留了这种新鲜、天真、直接地看待生活的方式，或者即使他们像大多数人一样失去了这种方式，也会在以后的生活中恢复。桑塔亚纳（Santayana）称这是"第二种天真"，这是一个非常好的名字。

这种创造性出现在我们的一些主体身上，并不是以写书、作曲或制作艺术品等通常的形式出现，而是可能以更加谦逊的形式。仿佛这种特殊类型的创造力，是健康人格的表现，投射到世界上，或者触及这个人所从事的任何活动。在这个意义上，可以有创造性的鞋匠、木匠或文员。无论做什么事，都可以用某种态度、某种精神去做，这种态度、精神是由行为者的性格本质诞生的。我们甚至可以像孩子一样，创造性地看待问题。

为了讨论的需要，这里把这种品质区分出来，仿佛它是与它之前和之后的特征相分离的东西，但实际上并非如此。也许我们在这里说到创造性的时候，只是从另一个角度，即从结果的角度来描述我们上面所说的，更新鲜、更有穿透力、更有效率的认知。这些人似乎更容易看到真实和真切。正因为如此，他们在其他更有限的人看来才具有创造性。

此外，正如我们所看到的，这些人少了抑制，少了限制，少了束缚，一句话，少了文化。从更积极的角度来说，他们更自发、更自然、更人性化。这也会使在别人看来是创造性的东西得以出现。对儿童的研究中如果我们假设，所有的人都曾经是自发的，并且现在他们的最深层本质也许仍然没有改变，但是，除了这种内在的自然性外，他们身上还有一整套表面的但强大的约束，那么这种自然性肯定会受到控制而不会表现得过于频繁。假如没有扼杀力量，我们也许能认为每个人都会显示出这种特殊类型的创造力。

对文化适应的抵抗

无论是在天真的意义上，还是对文化的认可和认同意义上，自我实现者都没有得到很好的适应。他们以各种方式与文化相处，但在所有这些方式中，可以说他们都在某种深刻而长远的意义上抵制文化的灌输，并与他们所沉浸的文化保持某种内在的疏离。由于在文化和人格的相关文献中，关于抵抗文化塑造的论述很少，而且正如里斯曼（Riesman）明确指出的那样，拯救文化幸存者对于美国社会尤为重要，因此，我们那些凤毛麟角的幸存者数据也显得颇为重要。

总的来说，这些健康的人与他们所处的不太健康的文化背景之间的关系相当复杂，从中至少可以引出以下几个组成部分：

1. 所有这些人在我们的文化中，在服装、语言、食物和做事方式的选择上，都在明显的传统范围之内。然而他们并不是真正的传统，当然也不是时尚、聪明或别致。

人们表达的内心态度通常是，使用哪种民俗方式通常没有什么大不了的，一套交通规则和其他任何一套一样好，虽然它们使生活更顺畅，但它们并不重要，不值得大惊小怪。在这里，我们又看到了这些人的普遍倾向，即接受大多数他们认为不重要或无法改变或与他们个人无关的事态。由于鞋子的选择、发型、礼貌或在聚会上的行为方式对任何一个被研究的人来说都不是最重要的，所以他们的反应往往只是耸耸肩。这些都不是道德问题。

但由于这种对无伤大雅的民风的宽容接受，并不是带有认同感的热烈赞同，他们对传统的屈服就会相当随意和敷衍，偷工减料，以直接、诚实、省力等为前提。在紧要关头，当屈服于传统太烦人或代价太高时，表面上的传统就会暴露出其表面的东西，就会像斗篷一样被轻易地扔掉。

2. 这些人中几乎没有一个人可以被称为青春期或热门意义上的权威叛逆者。他们没有主动表现出不耐烦，没有时时刻刻或长期表现出对文化的不满，也没有专注于快速改变文化，尽管他们经常会表现出对不公正的阵阵愤慨。其中有一个对象，年轻时是个炙手可热的叛逆者，还是个工会组织者，在那个年代这是个高度危险的职业。但后来他在厌恶和无奈中放弃了。当他对社会变革的缓慢性（在这个文化和这个时代）感到不甘心时，他终于转向了对年轻人的教育。所有其他人都表现出一种可以称之为对文化改良的冷静的、长期的关注，在我看来，这种关注似乎意味着对变革的缓慢接受，同时也意味着这种变革的可取性和必要性是毋庸置疑的。

这绝不是缺乏斗志。当快速变革成为可能，或者说当他们需要决心和勇气的时候，这些人身上就表现出这些品质。虽然他们不是普通意义上的激进群体，但我认为他们很容易成为激进群体。首先，他们主要是一个知识分子群体（必须记住是谁选择了他们），他们中的大多数人已经有了使命感，觉得自己正在做一些真正重要的事情来改善这个世界。其次，他们是一个现实的群体，似乎不愿意做出巨大但无用的牺牲。在更激烈的情况下，他们似乎很有可能放弃自己的工作，转而从事激进的社会行动，例如，德国或法国的反纳粹地下组织。我的印象是，他们不反对战斗，只反对无效斗争。

另一个在讨论中总是出现的观点是，享受生活、享受快乐的可取性。这一点似乎与火热的、全力以赴的叛逆水火不容。此外，在他们看来，这似乎是一种太大的牺牲，无法换取预期的小回报。他们中的大多数人在年轻时都曾有过争斗的经历、都曾有过急躁和急切的故事，不过他们现在大多已经知道，自己对于快速变化的乐观是没有道理的。他们作为一个群体，试图每日以一种可接受的、平静的、善意的努力方式，从内部改善文化，而不是完全拒绝文化，从外部与之抗争。

3. 内心对文化的疏离感不一定是有意识的，但几乎所有的人都会表现出来，特别是在对整个美国文化的讨论中，在与其他文化的各种比较中，以及在这样一个事实中：他们似乎频繁地与文化脱节，好像他们并不完全属于这个文化。喜爱或赞同和敌意或批评的不同比例的混合，表明他们从美国文化中选择其中好的东西，而排斥他们认为不好的东西。一句话，他们对它进行权衡、鉴定、品尝，然后做出自己的决定。

这当然与普通的那种被动地屈服于文化塑造的情况大不相同，例如，在许多专制人格的研究中，民族中心主义的研究对象就表现出了这种情况。它也不同于完全拒绝相对较好的文化，即与其他实际存在的文化相比，而不是幻想中的完美天堂。（或者像一个领袖所说的，现在就涅槃！）

与文化的疏离可能还体现在我们的自我实现主体对人的疏离和对隐私的喜欢上，这一点在上文已经介绍过，也体现在他们对熟悉的和习惯的需求上不太一样。

4. 出于这些原因和其他原因，他们可以被称为自主性的，即受自己性格的规律而不是社会规则的统治。正是在这个意义上，他们不仅是美国人，而且在更大程度上是人类物种的成员。如果严格解释的话，说他们高于或超越了美国文化，就会产生误导，因为毕竟他们说的是美国话，做的是美国事，性格是美国人的性格，等等。

然而如果把他们与过度社会化、机器人化或民族中心化的人相比较，我们就会控制不住地推测，这个群体并不是简单的另一个亚文化群体，而是少了文化的熏陶，少了扁平化，没有发展完全、塑造成型。这句话是指这个群体的发展程度，他们处在一个从相对接受文化到相对脱离文化的连续体上。

如果这个假说站得住脚，那么至少还可以从中推导出另外一个假说，即不同文化中那些与自己的文化比较疏离的个体，在某些方面比自身所处社会中那些发展更不完全的成员，更少体现出民族性格，他们与自己的同类更加相像。

综上所述，在一个不完美的文化中，"有可能成为一个优秀的或健康的人吗"这个长期存在的问题已经得到了回答，据观察，在美国文化中，相对健康的人是有可能发展的。他们通过结合内在的自主性和外在的接受性来与人相处，当然只有所处文化可以容忍这种对整体文化认同感持冷漠的拒绝态度，这一点才有可能实现。

当然这不是理想的健康状态。我们这个不完美的社会显然对我们的主体强加了抑制和约束。在某种程度上，他们不得不保持自己的小秘密，如此一来自身的自发性就会减弱，一些潜能就无法实现。而且由于在我们的文化中（也许在任何文化中），真正健康的人很少，那些健康的人对他们自己的同类来说是孤独的，因此，他们的自发性和潜能的实现可能性也较低。①

---

① 关于这个问题，我很感激塔玛拉·丹波（Dr. Tamara Dembo）医生给予的帮助。

自我实现者的缺陷

小说家、诗人和散文家对善良的人所犯的普通错误，就是把他写得那么好，以至于他是一幅漫画，所以没有人愿意像他那样。个人对完美的愿望，以及对缺点的内疚和羞愧，都投射到各种人身上，一般人对他们的要求远远超过他自己的付出。因此，教师和牧师有时被设想为相当无趣的人，他们没有世俗的欲望，也没有弱点。我相信，大多数试图描写善良（健康）的人的小说家都做了这种事，把他们变成了塞满的衬衫或牵线木偶，或虚幻的理想的投射，而不是变成真正健壮、酣畅、好色的个体。我们的对象表现出许多较小的人类缺点。他们也具备愚蠢的、浪费的或无心的习惯。他们可以是无聊的、固执的、烦躁的。他们绝非没有相当肤浅的虚荣心、骄傲，对自己的产品、家庭、朋友和孩子的偏爱。脾气暴躁的情况并不罕见。

我们的对象偶尔也会表现出出人意料的冷酷无情。必须记住，他们是非常坚强的人。这使得他们有可能在必要的时候表现出外科手术般的冷酷，超出一般人的能力。那个发现一个长期信任的熟人不诚实的男人，急促而突然地切断了自己与这段友谊的联系，而且没有任何可观察到的惊悸。另一个和自己不爱的人结婚的女人，当她决定离婚的时候，做得很果断，看起来几乎像是无情。他们中的一些人从亲近的人的死亡中迅速恢复过来，甚至显得无情。

这些人不仅坚强，而且他们独立于其他人的意见。有一个女人，在一次聚会上被介绍给一些乏味俗套的人，她不惜以自己的语言和行为来震慑这些人。也许有人会说,她这样对恼怒做出反应是对的。但另一个结果是,这些人不仅对这位妇女,而且对这次聚会的朋友完全充满敌意。我们的当事人想疏远这些人,而男女主人却没有这样做。

我们还可以再举一个例子,这主要是由于我们的主体沉浸在一个非个人的世界中而产生的。在他们的专注中,在他们着迷的兴趣中,在他们对某种现象或问题的强烈关注中,他们可能会变得心不在焉或毫无幽默感,忘记了普通的社会礼仪。在这种情况下,他们很容易表现出自己基本上对聊天、谈话、聚会等不感兴趣,还可能会使用一些让别人非常痛苦、震惊,让别人觉得是侮辱或伤害的语言或行为。上面已经列举了疏离的其他不良后果(至少从他人的角度来看)。

即使他们的善良也会使他们陷入错误,例如,出于怜悯而结婚,与神经病患者、无聊者、不快乐的人交往过密,然后又后悔莫及,忍让无赖恶棍一阵子,付出比他们应该付出的多,偶尔会鼓励寄生虫和精神病患者,等等。

最后,已经有人指出,这些人并不是没有内疚、焦虑、悲伤、自责、内心的纷争和冲突。这些产生于非神经源的事实,对今天的大多数人(甚至对大多数心理学家)来说是没有什么影响的,他们因此很容易认为自己是不健康的。

我想我们所有人都应该学会这一点。世上没有完美的人!可以找到好的人,非常好的人,伟大的人。事实上确实存在着创造者、先知、圣人、巨人和实干家。这当然可以让我们对这个物种的未来充满希望,即使他们并不常见,也不是说找就能找到的,然而这些人有时也会无聊、烦躁、娇气、自私、愤怒或沮丧。为了避免对人性的幻灭,我们必须首先放弃对人性的幻想。

价值与自我实现

自我实现者对自我的本质、对人性、对社会生活的大部分、对自然和物理现实的哲学接受,自动为价值体系提供了坚实的基础。这些接受的价值在他日复一日的个人价值判断的总量中占了很大的比例。他赞同的、不赞同的、忠于的、反对的或提议的、高兴的或不高兴的,往往可以理解为这种接受的源头特质的表面衍生。

这个基础不仅是由所有自我实现者的内在动力自动地(和普遍地)提供给他们的(所以至少在这方面,充分发展的人性可能是普遍的和跨文化的);其他决定因素也是由同样的动力提供的。其中有:(1)他与现实的特殊的舒适关系;(2)他的社会情感;(3)作为一种附带现象展示出来的基本满足条件,以及充分满足带来的各种结果;(4)他对手段和目的等的特征性的辨别关系。(见上文)

这种对世界的态度的一个最重要的结果同时也是对它的一种验证,冲突和斗争、矛盾和对选择的不确定性在生活的许多领域都减少或消失了。显然,许多所谓"道德"在很大程度上是一种不接受或不满意的表象。许多问题被视为无偿的,在异教接受的氛围中渐渐消失。并不是说问题解决了,而是清楚地看到,问题本来就不是本质上的问题,而只是病夫制造出来的问题,例如,打牌、跳舞、穿短裙、露头(在一些教堂)或不露头(在另一些教堂)、喝酒,或吃一些肉而不吃另一些肉,或在一些日子吃而在另一些日子不吃。不仅这些琐碎的事情被虚化了,这个过程还在更重要的层面上进行,例如,两性之间的关系,对身体结构和对身体功能的态度,以及对死亡本身的态度。

对这一发现更深层次的追问,使笔者感到,其他许多被称为道德、伦理和价值观的东西,可能是普通人普遍心理病态的简单产物。许多冲突、挫折和威胁(迫使价值表达的那种选择),对于自我实现者来说,就像因跳舞而产生的冲突一样,会蒸发或解决。对他来说,看似不可调和的两性之争,根本就不是冲突,而是一种令人愉快的合作。成人和儿童的利益对立,原来毕竟没有那么对立。正如性别和年龄差异一样,自然差异、阶级和种姓差异、政治差异、角色差异、宗教差异等也是如此。我们知道,这些差异是滋生焦虑、恐惧、敌意、攻击心、防卫心和嫉妒心的沃土。但现在看来,这些差异也并不一定如此,因为我们的受试者对差异的反应,较少有这种不良类型。他们更倾向于享受差异而不是害怕差异。

以师生关系来具体解释:当受试主体是教师时,他们只需要以一种不同的方式来解释整个情境,表现出的行为就不会令人觉得神经质。例如,他们会将师生关系看作是一场愉快的合作,而不是意志、权威、尊严等的冲突;用不容易受到威胁的朴素想法取代人为的尊严,毕竟尊严很容易而且会不可避免地受到威胁;他们放弃了全知全能的企图;没有威胁学生的专制主义;拒绝把师生关系看作相互竞争的关系或是相互抗争的关系;拒绝承担教授的刻板印象,坚持像水管工或木匠那样保持现实的人生态度。所有这些都创造了一种课堂气氛，在这种气氛中，怀疑、戒备、防卫、敌意和焦虑往往会消失。在婚姻、家庭和其他人际关系中，当威胁本身减少时，类似对威胁的反应也往往消失。

绝望的人和心理健康的人的原则和价值观至少在某些方面肯定是不同的。他们对物理世界、社会世界和私人心理世界有着深刻不同的认识（解释），而这种认识的组织和有效利用部分在一定程度上是人的价值体系的责任。对基本被剥夺的人来说，世界是一个危险的地方，是一个丛林，是一个敌人的领地，它由他能支配的人和能支配他的人所填充。他的价值体系必然像任何丛林居民的价值体系一样，由低级需求，特别是生物需求和安全需求所支配和组织。基本满足的人则是另一种情况。他可以因为自己的富足，把这些需求及其满足视为理所当然，可以投入更高的满足中去。这就是说，他们的价值体系是不同的，其实一定是不同的。

在已经自我实现了的人的价值系统中，其最高点是绝对独一无二的，它是个人独特的性格结构的体现。从定义上看，这一定是真实的，因为自我实现就是实现一个自我，没有两个自我是完全相同的。只有一个雷诺阿（Renoir），一个勃拉姆斯（Brahms），一个斯宾诺莎（Spinoza）。我们的被试者有非常多的共同点，正如我们所看到的那样，但同时又比任何普通的对照组都更完全地个性化，更无误地成为自己，更不容易与他人混为一谈。这就是说，他们同时非常相似，又非常不相似。他们比任何一个被描述过的群体都更完全地个体化，但也比任何一个被描述过的群体更完全地社会化，更认同人类。他们既接近自己的物种身份，又接近自己独特的个性。

自我实现中二分的消失

在这一点上，我们终于可以允许自己概括和强调一个非常重要的理论结论，这个结论可以从对自我实现者的研究中得到。在本章的若干处，在其他章节中也是如此，人们得出结论：过去被认为是两极或对立或二元对立的东西，只有在不太健康的人身上才会如此。在健康的人身上，这些二元对立被解决了，两极性消失了，许多被认为是内在的对立相互融合和凝聚，实现了统一。

例如，在健康的人身上，心与脑、理智与本能、认知与构思之间古老的对立关系被认为是消失了，在这里，二者携手合作而非互相对立，它们之间的冲突消失了，因为它们说的是同一件事，指向的是同一个结论。一句话，在这些人身上，欲望与理性是极好的一致。

在健康的人身上，自私与无私的二分法完全消失了，因为原则上每一个行为都是既自私又无私的。我们的主体既心灵高尚，也是所谓的异教徒，追寻感官享受，甚至将性行为当作是贴近精神和"宗教"的途径。当职责就是快乐，当工作就是游戏时，职责不能与快乐对立，工作不能与游戏对立，尽职尽责、厚德载物的人同时也在寻求自己的快乐和幸福。如果最认同社会的人本身也是最有个性的人，如果最成熟的人也是最幼稚的人，如果最有伦理道德的人也是最淫荡兽性的人，那么保留两极性又有什么用呢?

关于以下对立我们也有同样发现,这些对立包括:仁慈与冷酷、具体与抽象、接受与反抗、自我与社会、适应与不适应、脱离他人与和他人融合,严肃与幽默、认真与随便、庄重与轻浮,酒神与太阳神、内倾与外倾、循规蹈矩与不合习俗、神秘与现实、积极与消极、男性与女性、肉欲与爱情、性爱与友爱等。在这些人身上,自我和超我是合作的、协同的,他们并不像神经质的人那样相互战争,也不像神经质的人那样利益基本不一致。认知、冲动和情感也是如此,它们凝聚成一个有机体的统一体,并形成非亚里士多德式的相互渗透。高层与低层不是对立的,而是一致的,千篇一律的严重哲学难题被发现有两个以上的角,或者矛盾的是根本没有角。如果两性之间的战争在成熟的人身上原来根本就不是战争,而只是一种残缺和发育迟缓的表现,那么,谁会希望选边站?谁会故意明知故犯地选择心理变态?当我们发现真正健康的女人同时具备这两点时,有必要在好女人和坏女人之间做出选择吗,仿佛它们是相互排斥的?

在这一点上,和其他方面一样,健康的人和一般的人有很大的不同,不仅在程度上,而且在种类上也有很大的不同,他们产生了两种截然不同的心理。越来越清楚的是,研究残缺的、发育不良的、不成熟的、不健康的标本,只能产生一种残缺的心理和残缺的哲学。对自我实现者的研究,必须成为更普遍的心理科学的基础。

第 12 章

自我实现者的爱情

令人惊奇的是，经验科学在爱情问题上能提供的东西是如此之少。特别奇怪的是心理学家的沉默，因为人们可能认为这是他们的特殊义务。也许这只是院士们的另一个罪过的例子，他们宁愿做自己容易做的事，而不是做自己应该做的事，就像我认识的那个不怎么聪明的厨房帮工，有一天他打开了酒店里的每一个罐头，因为他非常擅长开罐头。

我必须承认，现在我自己承担了这项任务，就更能理解这一点。在任何传统中，这是一个非常难处理的问题。而在科学传统中，它更是难上加难。这就好像我们处在无人区最先进的位置，在这一点上，正统心理科学的传统技术没有什么用处。事实上，正是由于这种不足，才有必要发展新的方法来获取有关这种和其他独特的人类反映的信息。这些又使我们走向了不同的科学哲学。

在这里我们的责任是明确的。我们必须理解爱；我们必须能够教导它，创造它，预测它。否则，世界就会因敌意和猜疑而迷失。目标的重要性，使我们在这里提供的数据即使不可靠，也有了价值和尊严。上一章已经描述了研究、研究对象和主要发现。现在摆在我们面前的具体问题是，这些人对我们的爱和性有什么启示？

初步描述两性之间爱情的一些特征

我们将首先提到两性之间的爱情的一些比较著名的特征，然后再谈我们对自我实现者的研究的比较特殊的发现。

描述爱情的核心必须是主观的或现象学的，而不是客观的或行为学的。任何描述、任何语言都无法向一个从未亲身感受过爱情的人传达爱情体验的全部性质。爱情体验主要包括一种温柔的、充满爱意的感觉，一个人在体验这种感觉时，享有极大的愉悦、幸福、满足、欣喜，甚至是狂喜（如果一切顺利的话）。我们可以发现一种倾向：表达出爱意的人总想进一步接近被爱者，希望得到更亲密的接触，他总想触摸和拥抱所爱的人，总是渴望着对方。此外，表达出爱意的人总是会按着自己的心意，认为自己所爱的人要么是美丽的，要么是美好的，要么是有吸引力的；在任何情况下，看着所爱的人并与他在一起，会感到愉快，而与他分离就会带来痛苦和沮丧。也许由此产生了把注意力集中在所爱的人身上的倾向，同时也产生了忘记其他人的倾向，产生了感知范围狭窄，以致忽略身边许多事物的倾向。就仿佛被爱的人本身就极富吸引力，吸引自己全部的注意力和感知力。这种接触和相处带来的愉悦感，还表现在一种希望在尽可能多的时候与所爱的人在一起的欲望中——在工作中、游戏里，在审美和知识的追求中。不仅如此，表达出爱意的人经常会表现出想要与爱人分享愉快经历的愿望，所以我们经常听到人们说，因为有了爱人的存在，愉快的经历才会更加愉快。

最后，当然是爱人有一种特殊的性兴奋。这在典型的例子中，直接表现为生殖器的变化。心爱的人似乎有一种特殊的力量，世界上没有人有同样程度的力量，能使伴侣产生勃起和分泌物，能唤起特定的有意识的性欲，能产生与性兴奋相伴的通常的刺痛和触痛。然而这并不是必不可少的，因为在年龄太大且不适合性交的人身上也能观察到爱的存在。

对亲密关系的渴望不仅是生理上的，而且是心理上的。它经常表现为对隐私的特殊品位。除此以外，我经常观察到，一对相爱的人中，增长了一种秘密语言，别人听不懂的秘密性话语，以及只有恋人才懂的特殊玩笑和手势。

颇具特色的是慷慨的感觉，想要付出，想要取悦。恋人从为爱人做事、送礼中得到特殊的乐趣。①

非常常见的是渴望更全面地了解对方，渴望一种心理上的亲密和心理上的接近，渴望被对方充分了解。特别乐于分享秘密是常见的。也许这些都是属于更广泛的人格融合的例子，下面我们将谈到这一点。

一个很常见的例子是，一个人会幻想自己为了心上人做出巨大的牺牲，这就是慷慨大方、为被爱的人做事的倾向。（当然还有其他的情感关系，比如，朋友、兄弟、父母和孩子之间的

---

① 自我实现的爱情，或者说存在性的爱（B-love，指不受外界物质条件影响的爱，可以理解为"因为爱所以爱"），往往是一种自由的付出，完全的、放弃的、没有保留、没有隐瞒、没有计较的付出，下面收集到的女大学生的发言可以作为例子。"不要轻易放弃。""让他难以得到。""让他捉摸不定。""他不应该把我摸得很透。""我让他猜不透。""不要让自己付出得太快或太彻底。""如果我太爱他，他就是老大。""在爱情中，爱得更多的人就是输家。""让他担心一下。"

关系。我必须至少提到我的猜测，在这些调查的过程中得出的，对他人存在的最纯粹的爱或存在性的爱是在一些祖父母身上发现的。）

自我实现的爱情关系中防卫的解除

西奥多·莱克（Theodor Reik）将爱的一个特征定义为没有焦虑。这一点在健康的人身上看得特别清楚。几乎没有什么疑问，在这段关系中，人们倾向于越来越完全的自发性，放弃防御，放弃角色，以及尝试和努力。随着关系的继续，会有越来越多的亲密、诚实和自我表达，这在高峰期是一种罕见的现象。来自这些人的报告是，和心爱的人在一起，可以做自己，感觉很自然；"我可以自由自在"。这种坦率还包括让伴侣自由地看到自己的缺陷、弱点、生理上的和心理上的缺点。

在健康的爱情关系中，把最好的一面展现出来的倾向要少得多。中老年的生理缺陷、假牙、牙套、腰带等就更不可能隐藏起来了。对距离、神秘和魅力的维护少了很多，矜持和隐瞒的倾向少了很多。这种完全放下戒备的态度，绝对与民间关于这个问题的智慧相悖，更不用说一些精神分析理论家的说法了。比如说，莱克认为，做一个好朋友和做一个好情人是相互排斥和矛盾的。我的数据，或者说我的印象似乎表明了相反的情况。

我的数据也绝对与古老的两性之间的内在敌意理论相矛盾。这种两性之间的敌意，这种对异性的怀疑，这种对自己性别的认同倾向，是一种反对异性的联盟，甚至"异性"这个词组在神经质的人，甚至在我们社会的普通公民中也经常出现，但在自我实现者身上绝对找不到，至少在我所掌握的调查资源下是这样。

另一个与大众智慧，也与一些比较深奥的性与爱的理论家相矛盾的发现是，有明确的迹象表明，在自我实现者身上，爱的满足和性的满足的质量都可能随着关系的长度而提高。似乎很清楚，即使是严格意义上的感官和身体上的满足，在健康的人身上，也可以通过对伴侣的熟悉而不是新奇来改善。当然，毫无疑问，性伴侣的新奇感对许多人来说是非常刺激和吸引人的，但我们的数据表明：我们对此做出任何概括是非常不明智的，当然对于自我实现者来说也是如此。

我们可以将自我实现的爱情的这一特点概括为：健康的爱情在一定程度上是没有防备的，也就是说，自发性和诚实性增加了。健康的爱情关系往往使两个人有可能自发地了解对方，而且还是爱对方。当然，这意味着当一个人与另一个人越来越亲密，对另一个人的了解越来越深刻，就会喜欢上自己所看到的东西。如果伴侣是深刻的坏的，而不是好的，那么，越来越熟悉的结果，就不会是越来越喜欢，而会是越来越对立和反感。这让我想起了我在一个关于熟悉度对画作影响的小研究中的一个发现。我的发现是，随着熟悉度的增加，人们对好的画会越来越喜欢，但对坏的画会越来越不喜欢。当时要确定画作好坏的一些客观标准，难度很大，所以我宁愿不公布这个发现。但如果允许我有这样的主观主义，我要说的是，随着熟悉程度的提高，越是好的人，越会受到喜爱；越是差的人，则越不会受到喜爱。

我的受试者所报告的健康爱情关系所带来的最深刻的满足感之一是，这样的关系允许最大的自发性，最大的自然性，最大限度地放弃防御和保护、不受威胁。在这样的关系中，不需要防备，不需要隐瞒，不需要试图打动人，不需要感到紧张，不需要注意自己的言行，不需要压制或压抑。我的研究对象报告说，他们可以做自己，而不觉得有要求或期望加在他们身上；他们可以感觉到心理上（以及身体上）赤裸裸的，仍然感觉到被爱、被需要和安全。

罗杰斯对此有很好的描述。"'被爱'在这里也许有其最深刻和最普遍的含义，即被深深理解和深深接受的含义。……我们只有在不受他威胁的程度上才能爱一个人；我们只有在他对我们的反应或对那些影响我们的事物的反应是我们可以理解的情况下才能爱。……因此，如果一个人对我有敌意，而我此刻除了敌意之外，在他身上看不到任何东西，我很肯定我会对敌意做出防御性的反应。"

门宁杰（Menninger）描述了同一问题的相反一面。"爱的受损与其说是由于我们不被欣赏的感觉，不如说是由于一种恐惧，每个人都或多或少地感受到了这种恐惧，以免别人看穿我们的面具，即传统和文化强加给我们的压抑的面具。正是这一点，导致我们回避亲密关系，把友谊维持在表面上，低估和不欣赏别人，以免他们来欣赏我们的好。"这些结论得到了进一步的支持，我们的受试者有更大的敌意和愤怒表达的自由，他们对彼此传统礼貌的需求也降低了。

爱与被爱的能力

我的研究对象无论过去还是现在都为他人所爱，同时也爱着他人。在几乎全部(也不完全是全部)能够获得事实材料的研究对象那里,这一点都倾向于引导出这样的结论:心理健康(其他事情也是一样)来自爱的获得而不是爱的剥夺。虽然禁欲主义不失为一条可能的道路,虽然挫折仍有着某些良好的效果,可是,基本需要的满足仍是我们社会中健康的先兆。这不但对为他人所爱来说是真实的,而且就爱他人来说也是真实的(除了爱的需要外,其他需要同样也是必要的,这一点可以通过心理变态人格所证明,尤其可以通过利维提出的放纵性心理变态证实)。

我们的自我实现者此刻爱着他人,同时也为他人所爱。由于某些原因,最好说他们有爱的力量和被爱的能力。(尽管这听起来像是重复前面的句子,但其实并不是。)这些都是临床上观察到的事实,而且是相当公开的,很容易被证实或证伪。

门宁杰提出了一个非常尖锐的说法:人类真的是想相爱,只是不知道如何去爱。对于健康的人来说,情况就不那么真实了。他们至少知道如何去爱,而且可以自由自在、轻松自然地去爱,不会被冲突、威胁或抑制所束缚。

然而,我的受试者对"爱"这个词的使用是谨慎而又小心翼翼的。他们只把它应用于少数人,而不是很多人,倾向于在爱一个人和喜欢他或友好、仁慈或兄弟之间做出鲜明的区分。对他们来说,它描述的是一种强烈的感觉,而不是一种温和或无私的感觉。

自我实现爱情中的性欲

我们可以从自我实现者的爱情生活中的性的特殊性和复杂

性中学到很多东西。这绝不是一个简单的故事,其中有许多交织的线索。我也不能说我有很多数据。这类资料在私下里的人身上是很难得到的。不过,总的来说,他们的性生活,就我所知道的而言,是有特点的,而且可以通过这样的描述,对性的性质以及爱的性质做出可能的猜测,包括正面的和负面的。

有一点可以说明,在健康的人身上,性和爱可以而且往往更完美地相互融合。虽然完全正确的是,这些都是可分离的概念,虽然不必要地将它们相互混淆是没有任何意义的,但必须说明的是,在健康人的生活中,它们往往会相互结合和融合。事实上,我们也可以说,在我们所研究的人的生活中,它们变得不那么可分离,也不那么相互分离。我们不能像有些人那样说,凡是在没有爱的地方能够有性快感的人,一定是个病人。但我们当然可以往这个方向走。当然可以说,自我实现的男人和女人总体上倾向于不为性而寻求性,或者说在性通胀时只满足于性。我不确定我的数据是否允许我说,如果没有爱的到来,他们宁愿根本不做爱,但我很确定,我有相当多的例子,至少在目前,性爱因为没有爱或爱的到来而被放弃或拒绝。①

第11章中已经说明过的另一个发现,令人印象深刻,即性快感会在自我实现者身上体现得淋漓尽致。如果爱是对完美和完全融合的渴望,那么自我实现者有时所表现出的性高潮就会成为

---

① 施瓦兹·奥斯瓦尔德(Schwarz Oswald):《性的心理学》(企鹅出版社1951年版)中说:"虽然性冲动和爱情在本质上完全不同,但它们是相互依赖、相互补充的。在一个完美的、完全成熟的人身上,你只会看到他不可分割地融合了性冲动与爱。这是任何性心理学的基本原则。如果有人能够体验到纯粹的性生理满足,他就会被污蔑为性不正常(不成熟或其他)。"

这种爱的实现。在我收到的报告里，自我实现者描述他们的性体验确实可以到达如此强烈的高潮，所以我觉得有理由把它们记录为神秘的体验。在一些报道中，例如"大到受不了""爽到不真实""满足到不能继续"等表达，总是会被无法控制的力量彻底地删除干净。这种非常完美和强烈的性欲与其他待报道的特征结合在一起，产生了我现在想讨论的几个看似悖论的问题。

相比于一般人，性高潮对于自我实现者来说既更重要，也更不重要。它往往是一种深刻的、近乎神秘的体验，然而这些人又更容易容忍性缺失。这不是一个悖论或矛盾。它是根据动态动机理论得出的。在更高的需求层次上爱，使低层次的需求及其挫折和满足变得不那么重要，不那么核心，更容易被忽视。但它也使它们在得到满足时更能全身心地享受。

可以将这种情况和这些人对食物的态度做一个很好的比较。自我实现者一边享受着食物，一边又认为在生活的总体规划中它不甚重要。当他们确实享受的时候，他们可以全心全意地享受，而且没有丝毫沾染上对动物性的不良态度等，然而在平时养活自己又在全局中占据着相对不重要的位置。这些人不需要感性，他们只是在感性发生时享受它。

当然，在乌托邦哲学、天堂哲学、美好生活哲学、价值和伦理哲学中，食物也占有相对不重要的地位。它是基本的东西，是理所当然的，是基石，在此基础上建立更高的东西。这些人很愿意认识到，在低级的东西建成之前，高级的东西是不可能建成的，但是一旦这些低级的需求得到满足，它们就会从意识中退去，也就没有什么讲究了。

性似乎也是如此。正如我所说，自我实现者可以全心全意地去享受性，且享受的程度远远超过一般人的可能性，但同时它在他们的人生哲学中也没有任何核心作用。它是可以享受的，是理所当然的，是可以建立的，是非常基本的重要的东西，就像享受水或食物一样，但满足应该是理所当然的。我想这样的态度，解决了自我实现者比一般人更强烈地享受性，但同时又认为它在总的参照系中的重要性减弱了许多的明显矛盾。

应该强调的是，从这种同样复杂的性态度中，产生了这样一个事实：性高潮可能带来神秘的体验，然而在其他时候可能会被相当轻视。这就是说，自我实现者的性快感可能非常强烈，也可能根本不强烈。这与浪漫主义的态度相冲突，认为爱情是一种神圣的快感、一种运输、一种神秘的体验。的确，它也可能是一种微妙的快感，而不是一种强烈的快感，是一种轻松的、嬉戏的东西，而不是一种严肃的、深刻的体验，甚至是一种中性的责任。这些人并不总是生活在高处，他们通常生活在一个比较平均的强度水平上，淡淡地、温和地把性作为一种撩人的、愉快的、玩乐的、享受的、搔痒的体验，而不是一种最强烈的狂喜、情感深处的倾诉。尤其是在主体相对疲劳的情况下，更是如此。在这样的情况下，可以进行那种较轻快的性爱。

自我实现的爱情表现出一般自我实现的许多特征。比如，有一个特点是，它是建立在健康地接受自我和他人的基础上的。所以，这些人可以接受很多别人不愿意接受的东西。比如，尽管这些人对婚外情的驱动力相对较小，但他们比一般人更能自由地承认对他人有性吸引的事实。在我的印象中，这些人与异性的关系往往相当轻松，也很随意地接受了被他人吸引的现象，不过他们这种被吸引的行为比起其他人又是相当少的。同时在我看来，他们对性的谈论也比一般人自由随意，不拘一格。现在，这总结起来就是：对生活事实的接受，再加上更强烈、更深刻、更满意的爱情关系，使自我实现者似乎就不太需要在婚外寻求补偿性或神经质的性事务了。这是一个有趣的例子，接受和行为并不相关。更容易接受性的事实，似乎使一夫一妻制相对更容易而不是更困难。

当然，这种对性的接受也是我发现自我实现者对性的享受强度的主要依据。我发现健康人的爱情的另一个特点是，他们对两性的角色和个性并没有做出真正鲜明的区分。也就是说，他们没有认为女性是被动的，男性是主动的，不管是在性、爱还是其他方面。这些人都非常肯定自己的性别，以至于他们不介意承担一些文化方面的异性角色。尤其值得注意的是，他们既可以是主动的情人，也可以是被动的情人，这一点在性行为和肉体的爱中表现得最为明显。亲吻与被亲吻，在性行为中居高临下，主动出击，安静地接受爱，挑逗与被挑逗，这些在两性中都有。报道指出，两者在不同的时间享受。有人认为，只限于主动做爱或被动做爱是一种缺陷。对于自我实现者来说，两者都有其特殊的乐趣。

如果将这一点再向前推进一步，几乎让我们想起虐待狂和受虐狂。在被利用、顺从和被动，甚至在接受痛苦、被剥削的过程中，可以有一种快乐。另外，只要不超过一定的程度，在挤压、拥抱、咬人，以及暴力，甚至在施加和接受痛苦的过程中，也可以有一种主动的、积极的快乐。

由于这很可能与他们对自己的男性特质或女性特质、男性气质或女性气质无所怀疑有关，所以我的强烈印象也是，比较健康的男性更容易被女性身上的智慧、力量、能力等所吸引，而不是像不确定的男性那样经常受到威胁。

这里我们又有一个例子，说明常见的二元对立在自我实现中常常被解决，看起来是有效的二元对立，只是因为人们不够健康。

这一点与达西（D'Arcy）的论点一致。他讲到两种爱，归根结底是男性的爱和女性的爱，主动的爱和被动的爱，以自我为中心的爱和以他人为中心的爱。的确，在一般人看来，这两种爱似乎是对立的，分处两个极端。然而，在健康的人身上就不同了。在这些人身上，这种二元对立问题被解决了，个人变得既主动又被动，既自私又不自私，既阳刚又阴柔，既自利又自谦。达西承认有这种情况，虽然极为罕见。

我们的数据虽然有限，但允许我们相当有信心地做出一个负面的结论，那就是弗洛伊德从性爱中得出爱的倾向，或者说辨别它们是一个糟糕的错误。[①] 当然并不只是弗洛伊德才犯有这一错误——许多思想浅薄的市井之徒也犯有同样的错误，但他可以被认为是西方文明中最具影响力的阐释者。在弗洛伊德的著作

---

① 拉林特·姆在《关于生殖器的爱》（《国际精神分析杂志》，1948年，第34—40页）中提到：（a）关于生殖器之爱的文章比关于生殖器前之爱的文章少得多；（b）几乎所有关于生殖器之爱的文章都是负面的。"另见巴林特·M.《精神分析治疗的最终目标》（《国际精神分析杂志》）。

中，这里和那里都有强烈的迹象表明，他偶尔会对这个问题有不同的想法。例如，有一次，他谈到孩子对母亲的感情来自自我保护的本能，即一种类似于被喂养和被照顾的感激之情。"它（感情）来自童年的最初几年，是在自我保护本能的利益所提供的基础上形成的。"在另一处，他把它解释为反应的形成，又把它解释为性冲动的精神层面。在希区曼（Hitschmann）报道的一次演讲中，他认为所有的爱都是婴儿对母亲的爱的重复。"儿童从母亲的双乳吮吸乳汁，这是所有爱情关系的模型。性爱对象的发现不啻是一种重新发现。"

但总的说来，在弗洛伊德提出的各种不同理论当中，最广泛地为人们接受的就是，温柔是目的遭到了抑制的性爱。①也就是，直白地说，在弗洛伊德看来，它是被转移和掩饰的性行为。当我们被禁止实现夫妻的性目的时，当我们一直想实现而又不敢承认的时候，妥协的产物就是温柔和爱意。相反，当我们遇到温柔和感情时，我们没有弗洛伊德的办法，只能把这看作是目的抑制的性行为。从这个前提中似乎不可避免的另一个推论是，如果性永远不受抑制，如果每个人都可以和其他任何人结为夫妻，那么就不会有温柔的爱情。乱伦禁忌和压抑——弗洛伊德认为，这

---

① 弗洛伊德·西格蒙德《文明及其不满》中："这些人通过将主要的价值从被爱的事实转移到他们自己的爱的行为上，使自己独立于他们的对象的默许；他们通过将他们的爱不是附加在个别的对象上，而是平等地附加在所有的人身上，来保护自己不受损失；他们通过远离性的目的，将本能修改成一种具有抑制目的的冲动，来避免生殖器爱的不确定性和失望。他们通过这一过程在自己身上引起的状态——一种不可改变的、不屈不挠的、温柔的态度，与生殖器之爱的暴风骤雨般的沧桑几乎没有什么表面上的相似之处，然而，它却来自生殖器之爱。"

些才是滋生爱情的原因。

弗洛伊德学派讨论的另外一种爱情是生殖器型的爱情，常常只强调生殖器而不提爱情的定义。例如，它常常被定义为有力量，有良好的性高潮，从身体的交合中获得这种性高潮，而不必求助于虐待狂、受虐狂等。当然，较为精辟的观点虽然少见，但也不是完全没有的，我以为，在弗洛伊德传统中，麦克尔·巴林特（Michael Balint）①和爱德华·希区曼（Edward Hitschmann）的那些论断最有见地。

在生殖器之爱中，温柔是如何参与的，这仍然是一个谜，因为在性交中，当然不存在对性目的的抑制（它是性目的）。弗洛伊德没有说过任何目的满足的性行为。如果在生殖器之爱中发现了温柔，那么除了目的抑制之外，还必须找到一些其他的来源，似乎是一个非性的来源。苏蒂（Suttie）的分析非常有效地揭示了这一立场的弱点。雷克（Reik）、弗洛姆的分析也是如此。还有德福雷斯特（DeForest），以及其他修正主义、弗洛伊德学派的人。阿德勒早在1908年就肯定了感情的需要不是来自性。

关心，责任，需要的分享

良好的爱情关系的一个重要方面，可以称之为需求识别，或者说是将两个人的基本需求层次集中到一个层次中。这样做的

---

① 巴林特·M.，《关于生殖器的爱》（《国际精神分析期刊》）。"为了避免这个缺陷（强调消极的品质）……"

效果是，一个人感觉到另一个人的需要，好像是他自己的需要，为此也在一定程度上感觉到自己的需要，好像是属于另一个人的需要。一个自我现在扩大到包括两个人，在某种程度上，这两个人在心理学上已经成为一个单位，一个人，一个自我。

阿德勒也许是第一次以专门的形式提出这一原则的，后来弗洛姆特别在《自为的人》一书中又非常出色地表述了这一原则。在这本书中，爱情是这样被定义的：

"爱，原则上是不可分割的，就'对象'和自己的自我之间的联系而言，真正的爱是一种生产性的表现，意味着关怀、尊重、责任和知识。它不是一种被某人感动那种意义上的'情感'，而是根植于自身爱的能力，为被爱者的成长和幸福而积极努力。"

石里克（Schlick）也很好地表述了这一定义："社会冲动是指一个人的那些倾向，凭借这些倾向，想到另一个人的愉快或不愉快的状态，本身就是一种愉快或不愉快的体验（仅仅是对另一个生物的感知，仅仅是他的存在，就可以凭借这种冲动，引起愉快的感觉）。这些倾向的自然效果是，它们的承受者把他人的快乐状态确立为行为的目的。而在实现这些目的时，他就会享受到由此带来的快乐；因为不仅是观念，而且是对快乐的表达的实际感知也使他感到快乐。"

这种需要认同在世人眼中表现出来的普通方式，是承担责任和关心、关注他人。慈爱的丈夫可以从妻子的快乐中得到一样多的快乐。慈爱的母亲宁可自己咳嗽，也不愿听到孩子咳嗽，事实上，她愿意把孩子的疾病揽到自己的肩上，因为对她来说，看到和听到孩子得病比自己得病更痛苦。一个很好的例子是,在好的婚姻和坏的婚姻中,对疾病的不同反应以及因此而产生的必要的护理。对好夫妻来说,疾病是夫妻的疾病,而不是夫妻中一方的不幸。同样地,责任也自动承担,就像他们两个人同时受到打击一样。慈爱家庭的原始共产主义就是这样表现出来的,而不仅仅是在分享食物或金钱方面。正是在这里,人们看到了原则的最佳和最纯粹的体现:各尽所能,各取所需。这里唯一需要修改的是,对方的需要就是爱人的需要。

如果这种关系非常好,那么病或虚弱的人就像孩子在父母怀里睡着时表现出的那样,以同样的无戒备、无威胁姿态甚至是下意识的方式,把自己投向爱侣的照顾和保护。在关系不太健康的夫妻中,我们经常可以观察到,疾病使夫妻关系变得紧张,对于认定男性气质实际上是体力强壮的男人来说,疾病和虚弱同样是一种灾难。对于以选美大赛式的身体吸引力来定义女性气质的女人来说,疾病或虚弱或其他任何降低她身体吸引力的东西,对她来说都是一场悲剧,如果男人以同样的方式定义女性气质,对他来说,这也是一场悲剧。我们健康的人几乎完全不犯这个错误。

如果你还记得,在精神分析的最后阶段,受试者都是互相独立且独处的,每个人都有自己的保护壳;如果你也同意在精神分析的最后阶段,人们永远也不会像了解自己一样理解对方,那么无论是群体间还是个人间的每一次交往,都会像"两个孤独的人互相保护、互相轻抚、互相问候"〔里尔克(Rilke)语〕一样努力。在我们知道的所有这种努力中,健康的爱情关系是弥合两个独立的人类之间不可逾越的鸿沟的最有效方式。

在其他关于爱情关系以及利他主义、爱国主义等理论化的历史中,关于自我的超越已经说了很多。安格亚尔在一本书中对这一倾向进行了很好的现代技术层面的讨论。他在书中讨论了他所谓的同律倾向的各种例子,并将其与自主性、独立性、个性等倾向进行了对比。越来越多的临床和历史证据积累起来,表明安格亚尔要求在系统的心理学中为这些不同的走出自我局限性的倾向腾出一些空间是正确的。此外,这种走出去超越自我局限可能是一种需要,就像我们对维生素和矿物质的需要一样,也就是说,如果这种需要得不到满足,人就会以这样或那样的方式生病。我应该说,超越自我的一个最令人满意、最完整的例子就是健康的爱情关系。

健康爱情关系中的嬉戏与娱乐

上面提到的弗洛姆与阿德勒的观点都强调了生产性、关心和责任。这都是确切无疑的,但弗洛姆、阿德勒和其他类似的论者都忽略了在我的研究对象身上十分明显的健康爱情关系的一个方面,即嬉戏、愉快、兴高采烈、幸福感、娱乐。自我实现者很有特点,他们可以在爱情和性爱中享受自己。性爱经常成为一种游戏,在游戏中,笑声和喘息声一样常见。弗洛姆和其他严肃的思想家对理想的爱情关系的描述方式,是把它变成一种任务或负担的东西,而不是一种游戏或乐趣。当弗洛姆说:"爱是与他人和自己相关的生产形式。它意味着责任、关怀、尊重和知识,以及希望对方成长和发展的愿望。它是两个人在保持彼此完整的条件下亲密关系的表现。"必须承认，这听起来有点像某种约定或伙伴关系，而不是一种自发的奔放。人们吸引彼此的不是物种的福利，也不是繁衍的任务，更不是人类未来的发展。健康人的爱情和性生活，尽管经常达到狂喜的伟大高峰，但也很容易与儿童和小狗的游戏相提并论，它是欢快的、幽默的、游戏的。我们将在下面更详细地指出，它并不像弗洛姆所暗示的那样，主要是一种努力；它基本上是一种享受和愉悦，这完全是另一回事。

对他人个性的接受；对他人的尊重

所有论述过理想的或健康的爱情这一问题的严肃思想家都强调对他人个性的肯定，希望他人成长的意愿，以及对他人独一无二的人格的基本的尊重。这一点在对自我实现者的观察中得到了非常有力的证实，他们在不同寻常的程度上具有罕见的能力，能够对伴侣的胜利感到高兴而不是威胁。他们确实以一种非常深刻和基本的方式尊重他们的伴侣，这种方式有很多很多的影响。奥弗斯特里特（Overstreet）说得相当好："对一个人的爱意味着，不是对这个人的占有，而是对这个人的肯定。它意味着欣然地给予他独特人性的全部权利。"

弗洛姆关于这个问题的论述也是非常深刻的。"爱是这种自发性的最主要的组成部分；不是作为自我在另一个人身上的消解的爱，而是作为对他人的自发的肯定的爱，作为个人与他人在保存个人自身的基础上的结合。"这种尊重的一个最令人印象深刻的例子是，这样的男人对妻子的成就毫不吝惜地感到骄傲，即使在这些成就超过他的成就的地方。另一个是没有嫉妒心。

这种尊重表现在许多方面，顺便说一下，这些方面应与爱情关系本身的影响区别开来。爱和尊重是可以分开的，尽管它们常常是一起的。即使在自我实现的层面上，也可以不爱而尊重。我不太确定爱而不尊重也是可能的，但这也可能是存在的。许多可能被认为是爱情关系的方面或属性的生活特征，非常频繁地被看作是尊重关系的属性。

对他人的尊重，即承认他是一个独立的实体，是一个独立自主的个体。自我实现者不会随便利用他人或控制他人或无视他人的意愿。他将允许受尊重的人享有基本的不可重复的尊严，不会不必要地羞辱他。不仅成人之间的关系如此，一个自我实现者与孩子的关系也是如此。他完全可能以真正的尊重来对待小孩，而在我们的文化中，其他任何人都是做不到这一点的。

两性之间的这种尊重关系有一个有趣的方面，那就是它经常被解释成恰恰相反的方式，也就是缺乏尊重。比如，我们很清楚，很多所谓尊重女士的标志，其实都是过去不尊重她们的遗留物，甚至可能在这个时候，对于某些无意识的人来说，是对女性深深鄙视的表现。诸如在女士进房间时起立，给女士让座，帮女士拿外套，让女士先进门，把最好的东西都给她，什么东西都让她优先选择，这些文化习惯都历史地、动态地暗示了这样一种观点：女人是弱者，没有能力照顾自己，因为这些行为都意味着保护，针对的是弱者和没有能力的人。一般来说，强烈尊重自己的女人往往会对这些尊重的迹象保持警惕，因为她们深知这些迹象的含义可能与尊重恰恰相反。懂得自我实现的男人，往往懂得真正地、从本质上去尊重和喜欢女人，把她们当作伙伴，当作完整的人,而不是当作人类这个物种的部分成员,而这些男人在传统认知中,更容易被看作是比较轻浮、放纵、随便、无礼的人。我曾见过这种麻烦,见过懂得自我实现的男人被指责缺乏对女性的尊重。

爱情作为终极体验,钦慕,惊异,敬畏

爱情会带来很多良好的效果,但并不意味着爱情是因为这些效果,也不意味着人们是为了达到这些效果而恋爱。我们可以发现,健康人身上的爱情,可以被形容为一种自发的欣赏,和我们被一幅精美的画作打动时的那种感受、一无所求的敬畏和享受一样。在心理学文献中,关于回报和目的,强化和满足的讨论实在太多,而对于我们可以称之为最终体验(与手段体验相对比),或在享受本身就是一种回报的美好事物前所感受到的敬畏,却讨论得远远不够。

我的研究对象身上表现出的钦慕和爱意,绝大多数本身并不要求任何回报,也没有出于任何目的,这一点体现了诺思洛普(Northrop)的东方意识,具体来说就是完全出于自身目的。

这种钦慕一无所求,也确实得不到什么。它是无目的、不求实用的。与其说是主动的,不如说它是被动的,接近于道家意义上的简单接受。敬畏的感知者几乎完全听任于自己的经验,反过来,经验也对他造成了影响。他用天真无邪的眼睛观察着、凝视着,就像一个孩子,既不同意也不反对,既不赞许也不批评,而是被经验内在的引人注目的品质所吸引,任凭它进入自己的心扉,并达到它的效果。这种体验可以比喻为我们任凭翻滚的海浪将自己冲倒，只是为了其中的乐趣；或者也许更确切一点，我们可以将其比喻为，对慢慢变化的夕阳的一种不受个人情感影响的兴趣，和一种敬畏的、不会投射的欣赏。对于落日的景观，我们几乎只能旁观。在这个意义上，我们并不像罗夏测验那样，把自己投射到经验中去，或试图塑造它。它也不是什么的信号或象征，我们欣赏它，并不是因为自己得到了某种奖励。它与牛奶、食物或其他身体需求无关。我们可以欣赏一幅画而没想着拥有它，可以欣赏一朵玫瑰花而没想摘下来，可以欣赏一个漂亮的孩子但并不会想着绑架他，可以欣赏一只鸟而没想把它关在笼子里，所以一个人也可以用一种无为或无不为的方式欣赏和享受另一个人。当然，敬畏和欣赏与其他倾向并存，确实涉及个人与个人之间的关系；它不是画面中唯一的倾向，但绝对是其中的一部分。

也许这一观察最重要的含义是，我们因此与大多数爱的理论相矛盾，因为大多数理论家都认为，人们是被驱使着去爱另一个人，而不是被吸引着去爱。弗洛伊德讲到目的抑制的性欲，雷克讲到目的抑制的权力，许多人讲到对自我的不满迫使我们创造一个投射的幻觉，一个虚幻的（因为高估了）伴侣。

但似乎很清楚，健康的人坠入爱河的方式，就像一个人第一次欣赏感知到伟大的音乐时的反应——被它惊呆了，被它淹没了，并且爱上了它。即使事先没有被伟大的音乐所淹没的需要，也是如此。霍妮在一次演讲中曾将非神经质的爱定义为将他人视为本身，将其视为目的，而不是达到目的的手段。随之而来的反应是享受、高兴、沉思和欣赏，而不是使用。圣伯纳（St.

Bernard)说得非常贴切:"爱情并不寻求超越自身的原因,也不寻求限度。爱情是其自身的果实,是其自身的乐趣。因为我爱,所以我爱。我爱,为的是我可以爱……"

类似的说法在神学文献中比比皆是。将神性之爱与人类之爱区分开来的努力,往往是基于这样的假设:无私的仰慕和利他的爱只能是一种超人的能力,而不是人类自然的能力。当然,我们必须反驳这一点;人类在其最好的、完全成长的时候,表现出许多曾经在较早的时代被认为是超自然的特权的特征。

我认为,最好把这些现象放在前几章提出的各种理论思考的框架中来理解。首先,让我们考虑一下缺失性动机和成长性动机的区别。我曾提出,自我实现者可以定义为那些不再被安全、归属感、爱、地位和自尊的需要所激励的人,因为他们的这些需要已经得到了满足。那为什么一个已经获得爱的满足的人要谈恋爱呢?原因当然同激励缺爱者谈恋爱不一样,他之所以恋爱,是因为他需要和渴望爱情,因为他缺乏爱情,并有动力去弥补这种病态的缺失。

自我实现者没有严重的缺陷需要弥补,如今可以把这些人看作是经历过成长、成熟和发展过程后的自由人,总之,他们的所作所为是为了履行和彰显他们最高的个人和人类族群本质。他们的行为来源于自身的成长,不需要挣扎便会自然选择。他们之所以爱,是因为他们充满爱,就像他们是善良的、诚实的、纯朴的一样,因为这些本性都是自发的,就像一个生而强壮的人不必苦练就可获得健硕之躯,就像玫瑰花天生散发香气,就像猫咪优雅,或者就像孩童幼稚一样。如此种种和身体的成长或心理的成熟一样，没有什么动机。

在自我实现者产生爱的过程中，很少有一般人的尝试、努力或奋斗，而这种尝试、努力或奋斗在一般人的爱的过程中占了很大的比重。用哲学语言来说，它一方面是存在，另一方面又是生成，可以称为存在性的爱，即对他者存在的爱。

分离与个性

自我实现者保持着一定程度的个性、疏离和自主性，乍一看似乎与我在上面所描述的那种认同与爱不相容，这似乎造成了一个悖论。但这只是一个明显的悖论。正如我们所看到的，在健康的人身上，疏离的倾向和需要认同的倾向以及与他人建立深刻的相互关系的倾向是可以共存的。事实是，自我实现者同时也是所有人类中最个人主义的人，也是最利他的人，最具有社会性和爱心的人。在我们的文化中，我们把这些品质放在一个连续体的两端，这显然是一个错误，现在必须加以纠正。这些品质是相辅相成的，二元对立在自我实现者身上得到了解决。

我们在研究对象身上发现了一种健康的自私，一种伟大的自尊，一种不愿意在没有充分理由的情况下做出牺牲的态度。

在爱情关系中，我们看到的是一种融合了伟大的爱的能力，同时又非常尊重对方和非常尊重自己。这表现在，这些人不能像普通的恋人那样，说是普遍意义上地需要对方。他们可以极度接近，却又在必要的时候分开而不至于崩溃。他们不会相互依附，也不会有任何形式的牵连。人们有一种明确的感觉，他们非常喜欢对方，但在哲学上会接受漫长的分离或死亡，也就是说，会保持坚强。在最激烈、最狂喜的爱情中，这些人仍然是自己，最终也仍然是自己的主人，即使强烈地享受着对方，也会按照自己的标准生活。

显然，这一发现如果得到证实，就必须对我们文化中理想或健康的爱情的定义进行修正，或者至少是扩展。我们习惯上将其定义为自我的完全融合和分离性的丧失，是对个性的放弃而非强化。如果这是真实的，那么事实似乎就是：在此刻，个性得到了加强，自我在某种意义上与另一个自我融合，但在另一种意义上却仍然是独立的，一如既往地强大。超越个性和加强个性这两种倾向，必须被视为伙伴而不是敌人。此外，这意味着，超越自我的最佳方式就是拥有一个强大的本体。

健康人的更高的趣味和更强的感受力

根据上文中的说明，自我实现者最突出的优越性之一是他们超常的洞察力。他们能比一般人更有效地感知真理和现实，无论是结构化的还是非结构化的，个人的还是非个人的。

这种敏锐性在爱情关系领域主要表现为对性伴侣和爱情伴侣的卓越品位（或感知力）。我们受试者的亲密朋友、丈夫和妻子，是一个比随机抽样所决定的更精细的人类群体。

这并不是说，所有被观察到的婚姻和性伴侣的选择都是在自我实现的层面上。可以阐释一些错误，虽然这些错误在一定程度上可以解释，但它们证明了这样一个事实：我们的被试者并不完美，也并非无所不知。他们有自己的虚荣心和自己的特殊弱点。例如，在我所研究的那些人中，至少有一个男人，他结婚更多的是出于同情，而不是出于平等主义的爱。有一个人在不可避免的问题面前，娶了一个比自己年轻得多的女人。那么，一个有分寸的说法会强调，他们对配偶的品位虽然远胜于平均水平，但绝不是完美的。

但即使是这样，也足以反驳人们普遍认为的爱情是盲目的，或者说，在这种错误的更复杂的版本中，恋人必然高估了自己的伴侣。很明显，虽然这对一般人来说可能是真的，但对健康的人来说不一定是真的。事实上，甚至有一些迹象表明，健康人的感知力在恋爱时比不恋爱时更有效率、更敏锐。爱可能使人看到被爱的人身上别人完全没有注意到的品质[①]，很容易犯这个错误，因为健康的人可以爱上别人由于非常明确的缺点而不爱的人。然而，这种爱并不是对缺点视而不见，它只是忽略了这些被认为是缺点的缺点，换句话说，就是不把它们当作缺点。因此，对于健康的人来说，身体上的缺陷，以及经济、教育和社会上的缺点，远不如性格上的缺陷重要。因此，自我实现者很容易深深地爱上给他们家的感觉的伴侣。常常有人视这种爱为盲目，我认为称之为好品味或敏锐的自我感知力可能要好得多。

我曾在几位相对健康的年轻男女大学生身上，有幸观察过这种好感度发展的过程。他们越是成熟，就越不被帅气、好看、

---

① 施瓦兹·奥斯瓦尔德（Schwarz Oswald）在《性的心理学》（企鹅出版社，1951年版）中说"爱赋予恋人的这种神奇的能力是由发现爱的对象的美德的力量所组成的，这种美德实际上是它所拥有的，但对没有灵感的人来说是不可见的；它们不是由恋人发明的，恋人用虚幻的价值来装饰被爱的人：爱不是自我欺骗"；"毫无疑问，其中有强烈的情感因素，但从本质上讲，爱是一种认知行为，实际上是把握人格最内在核心的唯一途径"。

会跳舞、胸部丰满、身体强壮、高大、身材俊美、吻技高超等特征所吸引，而越讲究兼容并蓄、善良、得体、好相处、体贴。其实在少数情况下，可以看出他们爱上了几年前有他们特别厌恶的特征的人，如有体毛、太胖、不够聪明的人。在一个年轻人身上，我发现可能成为其潜在心上人的人数逐年减少，从最开始是个女性就能吸引他，到仅对身体条件设限（太胖太高不行），至如今在所有他认识的女孩子中，他只愿选择两个做爱。现在这些都是用性格学术语而不是生理学术语谈论的。

我想研究会表明，这更多的是健康状况增加的特征，而不是单纯的年龄增加的特征。

还有两种常见的理论与我们的数据相矛盾。一个是异性相吸，另一个是同类相婚（同族关系）。事实是，在健康的人中，在诚实、诚恳、善良和勇气等性格特征方面，同类相恋是规则。在比较外在的、表面的特征，如收入、阶级地位、教育程度、宗教信仰、民族背景、外貌等方面，同类的婚配程度似乎明显低于一般人。自我实现者不会受到差异的威胁，也不会受到陌生感的威胁。事实上，对差异他们比其他人更有兴趣。他们对熟悉的口音、衣服、食物、习俗和仪式的需要比一般人少得多。

至于异性相吸，这对我的研究对象来说是真实的，我看到了他们对自己不具备的技能和天赋的真诚钦佩。对我的研究对象来说，这种优越性使潜在的伴侣，无论是男人还是女人，都更有吸引力，而不是减少吸引力。

最后，我想提醒大家注意的是，最后几页为我们提供了另一个例子。这个例子解决或否定了古老的二元对立，即冲动与理性之间，头脑与心灵之间的对立。我的研究对象所爱的人都是通过认知或认知标准来选择的，也就是说，他们是凭直觉的，也是理性的，是基于头脑和心灵的。也就是说，他们是通过冷静的、智力的、临床的计算，又凭直觉、性、冲动而吸引到适合自己的人。他们的胃口与他们的判断一致，是协同的而不是对立的。

这让我们想起索罗金（Sorokin）的努力，证明真、善、美是正相关的。我们的数据似乎证实了索罗金的观点，但只是对健康人而言。对于神经质的人，我们必须在这个问题上保持谨慎。

第 13 章

个体认识及大众认识

引言

对于所有的经验、所有的行为、所有的个体,心理学家都可以用两种方式做出回应:他可以研究一种经验或行为本身,将它们看作是独特且特殊的,也就是说,它们不同于世界上任何其他的经验或人或行为;或者,在对经验做出反应时,他不将它们看作是独特的,而是当成一种典型例子,例如,将它们作为这类或另一类阶级、类别或经验准则的例子或代表。这就是说,他并没有在严格意义上检查、关注、感知,甚至体验某一事件;他的反应更像是一个文件管理员,只需要翻阅几页文件,便可以将它归为A档或B档等项下。我们可以称这类行为为"标签化行为"。对于那些不喜欢新词的人来说,他们可能更喜欢使用"抽象化$_{BW}$行为"(abstracting $_{BW}$)这个词。下标字母"B"和"W"代表柏格森(Bergson)和怀特海(Whitehead),这两位思想家对我们理解危险的抽象派做出了最大的贡献。[1]

这种区别是对构成心理学的基础理论密切关注后的自然副

---

[1] 部分心理学作家曾经或多或少提出过与本章内容类似的区别认知,感兴趣的读者可以在这里参考一下。库尔特·勒温对比了亚里士多德和伽利略的科学方法;戈登·奥尔波特指出,对人格科学的研究既需要"个性",又需要"遵共性";最近,普通语义学家又强调了经验之间的差异性,而非相似性,所有这些都与本章观点重合,我在写作时自由使用了这些作家的研究成果。下面我们还将提到库尔特·戈尔茨坦的抽象—具体二分法所提出的几个有趣的问题。与此相关的还有伊塔德(Itard)的《阿维隆的野蛮男孩》。

产品。一般来说，大多数美国人的心理活动，就好像现实是固定的、稳定的，而不是变化和发展的（是一种状态，而不是一个过程）；好像现实是离散的、累加的，而不是相互联系的、模式化的。忽视现实动态性和整体性，是造成学术心理学存在许多弱点和失败的原因。可即便如此，也没有必要制造对立的二分法，也没有必要选择双方进行战斗。这里既有变化也有稳定，既有相似之处也有不同之处，整体论—动态论和原子论—静态论一样，具有片面性，脱离了实际。如果我们在本章中以牺牲另一个为代价来强调这一点，那是因为要使这幅画更圆，恢复平衡，这是必要的。

在这一章中，我们将根据这些理论来讨论一些认识问题。笔者尤其希望传达一些信念：许多被当作是认知的东西实际上是认知的替代品，这是一种经过了两道手的把戏；我们生活在一个不断变化的现实中，却不愿意承认这一事实，进而造成许多迫切需求，使得这些把戏成为必然。因为现实是动态的，而且普通的西方人只能较好地认知静态的东西，所以我们参与、感知、学习、记忆和思考的，实际上是从现实中抽离出来的静态抽象概念或理论建构，而不是现实本身。

为了避免这一章被部分人视为反抽象和反概念言论，我想明确指出，我们无法脱离概念、概括和抽象化生存。但是，关键在于这些东西必须是基于经验的，不能空洞无物。它们必须植根于具体的现实之中，并与现实联系在一起。它们必须具备有意义的内容，而不能仅仅局限在文字、标签和抽象概念里。本章讨论的是病理性的抽象活动，"将具体缩简为抽象概念"的情形，以及抽象活动带来的各种危险。

注意中的标签化

"注意"与"感知"这两个概念完全不同,"注意"相对更强调选择性、准备性、具有组织性和动员性的行动。这些不一定是完全由人所关注的现实的性质决定的,也不一定都是纯粹的和新鲜的反应。一个很平常的现象是,决定注意的因素还包括个体作为有机体的性质和个人的兴趣、动机、偏见以及过去的经历等。

然而,更切合我们观点的一个事实是,在注意反应过程中,我们可以分辨出针对特殊事件而产生的新鲜的、特殊的注意,与因循守旧的、标签化的对外部世界的认知(那些已经存在于注意者大脑中的一系列范畴)之间的区别。也就是说,产生注意可能只不过是我们认识或发现这世上自己摆放出来的物品——一种在经验发生之前对它的预先判断。换句话说,注意可能只是对过去的合理化,或是试图维持现状,而不是真正认识变化的、新奇的和流动的东西。我们可以只注意那些已经知道的东西,或者人为将新事物改成熟悉事物的形状,就可以实现这一点。

这种对因循守旧的注意对有机体的好处和坏处同样明显。很明显,如果我们仅仅想要讲一种经验标签化,或是分级,就完全不需要投入充分注意,这样可以节省我们许多精力。给事物贴标签肯定比全身心投入更轻松。此外,贴标签并不需要注意力集中,它不需要生物体使出浑身解数。我们都知道,集中注意力对于感知和理解一个重要的或新奇的问题是非常必要的,极其费神,因此相对于标签化行为,这种活动的进行频率没有那么高。公众普遍偏爱流线型的读物、精简的小说、文摘杂志、千篇一律的电影和老生常谈的话题,这些都是这一结论的证据;总的来说,他们都在试图避免真正的问题,或者至少强烈地偏爱那些因循守旧的、虚假的解决方案。

标签化是一种部分的、象征性的或名义上的反应,而不是一种完整的反应。这使得行为的自动性成为可能,也就是说,一个人有可能同时做几件事,这反过来又意味着,只要允许以一种像本能反应一般的方式进行低级活动,就会进而使高级活动成为可能。总而言之,我们不必注意或关注自己熟悉的经验元素。如此说来,我们就不需要将自己当作个体,当作服务员、门卫、电梯操作员、街道清洁工、身着工作制服的人等去感觉世界了[①]。

这里涉及一个悖论,因为以下两点都是真实的:(1)我们倾向于不去注意那些不符合已经构建好的标签的东西,即奇怪的东西;(2)最吸引我们注意力的是那些不寻常的、不熟悉的、危险的或具有威胁性的东西。一种不熟悉的刺激可能是危险的(如黑暗中的一声鸣响),也可能不是危险的(如窗户上挂起的新窗帘)。我们对不熟悉的危险往往给予最充分的注意,对熟悉的安全事务给予最少的注意,而对不熟悉的安全事务,往往给予不多不少的中等注意,否则它就会转化为熟悉的安全事务,随即

---

① 关于更多的实验事例,参见巴特莱特(Bartlett)的杰出研究。

就会被标签化。①

有一个有趣的推测是从这样一种奇怪的倾向出发的,就是说,新奇、怪异的东西要么根本不能引起我们的注意,要么就会势不可当地吸引走我们的注意。似乎我们中有很大一部分人(不太健康的人)只会注意到那些威胁性的经历并做出反应,就好像注意必须被看作对危险反应和对紧急反应所必需的警告。这些人忽略了不具备威胁性和危险性的经历,好像这些经历不值得关注,或不需要人们做出任何其他认知上的和情感上的反应。对他们来说,生活要么是一场危险的相遇,要么是一场场危险之间的放松。

但对有些人来说,情况并非如此。这些人并不仅仅会对危险情况做出反应,可能他们本身的安全感和自信感会更强一些,他们可以有闲心去回应、注意那些不但没有危险,反而会令人愉快的经历,甚至会因为这些经历而兴奋。我们已经指出,这种积极的反应,无论是温和的还是强烈的,无论是轻微的刺激还是势不可当的狂喜,都与紧急反应一样,是自主神经系统(包括内脏和机体的其他部分)的一种动员。这些经历之间的主要区别在于,人们通过内省感到一种经历似乎是愉快的,而另一种则是不愉快的。通过这一观察,我们看到人类不仅仅在被动地适应世

---

① "从孩提时代到生命的尽头,我们将新事物同化为旧事物;当我们看到各种具有威胁性的闯入者破坏了我们已经熟知的一系列概念时,我们能够看出来它的不寻常,并且能够给它贴上标签,令它摇身一变,伪装成我们的老朋友;没有什么比这些更令人惬意的了……到目前为止,对于那些力不能及的事情,即我们没有概念去指示,或没有标准去衡量的事物,我们既不感到好奇,也不想去关心。"

界，而且会享受世界，甚至主动地将自己强加给世界。这些差异的主要原因似乎是它的变异性，也就是所谓的心理健康。对于相对焦虑的人来说，注意更像是一种应急机制，他们往往简单地将这个世界分为危险和安全两部分。

弗洛伊德的"自由浮动的注意"的概念或许提供了与标签注意最真实的对比。①请注意，弗洛伊德推荐被动而不是主动的注意，因为主动注意往往是将自己的一系列期望强加给现实世界。如果现实的声音过于微弱的话，这样的期望可能会淹没它。弗洛伊德建议我们屈从、谦卑，保持被动，只关心现实想要对我们说什么，只关心让物质的内在结构决定我们所感知的东西。这一切都等于说，我们必须把经验当作是独一无二的，不同于世界上任何其他东西，我们唯一需要进行的努力就是理解它本身的性质，而不是试图看看它如何适应我们的理论、计划和概念。这毫无疑问是在推荐我们以问题为中心，反对以自

---

① "因为一旦注意力被有意地集中到某种程度，一个人就开始对面前的材料进行选择；他会在头脑中清晰地坚定于一点，其余则会被忽略。在这种选择中，他将遵循对自己倾向的期望。然而，这是万万不行的；如果一个人在选择中遵循了自己的期望，那么就会出现这样一种危险：除了自己已经知道的东西，他就永远发现不了其他东西；如果一个人遵循了自己的意愿，那么任何被感知的东西都肯定会变成伪造。我们不能忘记，一个人所听到的事情的意义，无论什么情况，在很大程度上，只有在以后才能被辨认出来。因此，我们可以看到，平均分配注意力的原则，是要求患者不加评论或选择地将发生在自己身上的一切说出来，这是一种必然结果。病人服从'精神分析的基本规则'，会给双方带来极大好处，如果医生不遵守这种行为，就无法获得这些优势。对医生来说，规则可以这样表达：所有有意识的努力都必须排除在注意力之外，一个人的'无意识记忆'要得到充分的发挥；或者我们可以用纯粹而简单的技术术语来表达这种规则：一个人只需倾听，而不必费劲去记住任何特殊的事情。"

我为中心。如果我们要理解摆在我们面前的经验本身的内在性质，就要尽可能地抛开自我、自我经验、先入为主的观念、希望和恐惧。

以我们熟悉的方式（甚至是千篇一律的方式）将科学家和艺术家研究经验的方式进行对比，可能会有所帮助。如果我们允许自己将这种抽象概念想象成真正的科学家和真正的艺术家，那么就可以说，把他们的方法与任意经验进行对比可能是准确的，因为科学家基本上都是试图将经验分类，把某一经验与所有其他的经验联系起来，然后把它放在世界一元哲学的位置上，寻找这种经历与所有其他经历相似或不同的方面。科学家倾向于给这种经验加上一个名字或标签，把它放在合适的位置，换句话说，就是把它进行分类。根据柏格森、克罗齐（Croce）等人的说法，艺术家，或者说如果他满足一个艺术家应具备的条件，那么他最感兴趣的就是自己经历包含的独一无二的特征。他必须把这种经历当作一个个体来对待。每一个苹果都是独一无二的，与其他苹果都有不同；每一个人、每一棵树都是如此，没有任何一样东西与别物近乎一样。正如一位评论家评论某位艺术家时所说的那样："他看到的是别人只一扫而过的东西。"他对将这种经历分类，或将其放在自己脑中建立的任何卡片目录中一点也不感兴趣。他的任务是看到经验的新鲜之处，然后如果他有天赋，再采取某种方式将这种经验凝练起来，这样一来，那些或许不太敏锐的人也可以看到这些经验的新鲜之处。齐美尔（Simmel）说得好，"科学家看到一些东西是因为他了解一些东西，而艺术家了解一些东西是因为他看到了它。"①

或许另一个类似的例子有助于强调这种差异。这些我称之为真正的艺术家的人,还在另一方面不同于普通人。简单地说,他们似乎在看见每一场日落、每一朵鲜花或每一棵大树的时候,都保持同样的喜悦和敬畏,都能充分调动注意,做出强烈的情感反应,就好像这是他们见过的第一次日落、第一朵鲜花或第一棵大树。任何一种奇迹,一般人若是见过了五次,就会觉得稀松平常。相反,一个诚实的艺术家,即使经历了一千次这种经历,也依然会在心里保持一种不可思议的感觉。"他会更加清晰地看清这个世界,因为对他来说,世界常新。"

感知中的标签化

因循守旧是一种概念,它不仅适用于类似偏见这种社会心理,而且适用于感知的基本过程。或许感知并不是吸收或记录真实事件的内在本质,它更多的是对经验的分类、记录或贴标签,而不是对经验的检验,因此它其实并不是真正的感知。我们在这种墨守成规的或被标签化的感知中所做的一切,与我们在说话中使用陈词滥调是一致的。

例如,当我们被介绍给另一个人时,有可能会因为新奇,

---

① 像所有的刻板陈规一样,这些观点也是危险的。本章隐含的一点就是,科学家也可以做得更好,变得更直观、更艺术、更具欣赏性和更尊重未经加工的、直接的经验。同样的,对科学所看到的现实的研究和理解,除了要令它们更加合理和成熟之外,还应该加深艺术家们对世界的反应。对艺术家和科学家的要求实际上是一样的:"必须认识到整个现实。"

对他做出新的反应,试图将这个人当作一个独特的个体,而不是生活中的其他人,进行理解或感知。然而,更多的时候,我们所做的是给这个人贴上标签,或是将他归到某一类中。我们把他放置在某一个范畴或某一个标签中,不把他当作一个独一无二的个体,而是把他当作某一种概念的例子或某一片范畴的代表,例如,他是中国人,而不是王龙,一个有着与他兄弟截然不同的梦想、抱负和恐惧的王龙。要么他被贴上百万富翁的标签,或是社会成员、女人、孩子、犹太人或其他标签[①]。换言之,诚实来说,墨守成规的人应该被比作档案员而不是照相机。档案管理员有一个装满文件夹的抽屉,她的任务就是将桌上的每封信放进A抽屉或B抽屉,或其他任何合适的抽屉里。

在标签化感知的许多例子中,我们可以引用一下人们感知的倾向:

1. 那些熟悉而陈旧的东西,而不是陌生新鲜的东西;

2. 那些图式化、抽象化的东西,而非实际的东西;

3. 那些有组织、有结构且单一的东西,而不是混乱无组织的、模棱两可的东西;

---

① "这种(廉价的)小说表现了所有形式的语言僵化:内容方面的、形式方面的和评审方面的。在这类小说中,情节、人物、动作、情境、'道德'等都比较规范。在很大程度上,故事也包含了标准化的词汇和短语;在相当大的程度上,正是因为这个基础,故事中的人物不再成为个别的人,而是一种类别,一个持枪歹徒的情妇、一位侦探、一个贫穷的女孩、老板的儿子等等"。
普通语义学家也会指出,一旦个体被归入某一范畴,其他人往往会倾向于对这个范畴而不是个人做出反应。

4. 那些被命名，或可被命名的东西，而不是尚未命名，或不可命名的东西；

5. 那些有意义的东西，而不是无意义的东西；

6. 那些传统的东西，而不是新奇的东西；

7. 那些预期内的东西，而不是意料外的东西。

此外，如果某一事件是陌生的、具体的、模棱两可的、未经命名的、无意义的、非常规的或出人意料的，我们会表现出一种强烈的倾向，即将事件扭曲、强迫或塑造成一种更熟悉、更抽象、更有组织性的形式。我们倾向于将这一事件当作某一范畴的代表，而不是关注其本身，将它视为独一无二的。

在罗夏的测验里，在格式塔心理学、投射测验和艺术理论的文献中，都有许多关于这些倾向的例证。早川（Hayakawa），在这一最新领域里引用了一个艺术老师的例子，"这位老师总是告诉他的学生，他们绝对画不出一只与众不同的手臂，因为他们认为自己画的是一只手臂，因此他们认为自己知道这只手臂应该是什么样子"。夏特尔（Schachtel）的书中充满了这种有趣的例子。

很明显，相比于真正了解、欣赏某一刺激物，如果一个人只是想把这种刺激物归类到某种已经构造完成的类别系统中去，那么他对这种刺激物就不需要了解太多。真正的感知应该将刺激对象视为独一无二的，完全地包容它，沉浸其中，并理解它，显然，这要比贴标签和分类花费更多的时间，后两者仅需一瞬间就可以完成。

标签化很有可能远没有新鲜的感知有效，主要是因为我们刚刚已经提及的一种特点，即贴标签可能只需一下子便可完成。在标签化的感知中，只有那些最突出的特征才能用来确定反应，而这些特征很容易误导人们。因此，标签化的感知常常会招致错误。

而由于标签化的感知还会使得人们不大可能改正原有的错误，这使得这些错误被加深。对一个被纳入标签中的人，人们往往会非常强烈地倾向于让他保持原样，因为任何与标签的刻板印象相矛盾的行为，都可以被简单地视为一个不需要认真对待的例外。例如，如果我们出于某种原因，确信一个人不诚实，然后我们试图在某一次纸牌游戏中抓住他作弊，结果并未成功，但我们通常仍会称他为骗子，认为他之所以会变得老实，是出于某些特殊原因，也许是害怕被发现，或许只是因为懒得作弊之类的原因。如果我们对他的不诚实深信不疑，即便我们从未抓到过他任何不诚实的行为，那也无关紧要。我们只会简单地将他当作一个贼，认为没抓到他的不诚实行为只不过是因为他碰巧害怕被我们发现自己不诚实。我们或许会认为他这种矛盾的行为是有趣的，从这个意义上说，它并不代表这个人的本质特征，而只是表面上的表现。如果我们坚信中国人是神秘莫测的，那么即使我们看见一个哈哈大笑的中国人，也并不能改变我们对中国人的刻板印象，但我们会更倾向于把他看作是一个古怪的、特殊的或少见的中国人。事实上，墨守成规的或标签化的概念可能为我们提供了一个很好的答案，解决了一个古老的问题，即人们怎么会在真相已经年复一年呼之欲出的时候，依然继续相信谎言。我知道，对于这种对证据无动于衷的态度，人们习惯性认为这完全是由于压抑，或一般来说出于动机力量。毫无疑问，这种说法也是正确的。但问题在于这种说法是否揭露了全部的真理，本身是不是一种充分的解释。我们的讨论表明，人们对证据视而不见还有其他一些原因。

如果我们自己处在接受这种陈规化态度的一端，我们就会对一个物体可能受到的暴力行为有所了解。当然，黑人或犹太人都可以证明这一点，但其他人有时也是如此。例如，"哦，这只是服务员"或"又是一个姓琼斯的人"等表达方式，如果我们像这样被随意地归到某一类里，而自己感到与这类里的其他人在许多方面都存在不同，那么我们通常会感到自己受到了侮辱和不被赏识。关于这一点，没有人比威廉·詹姆斯的论述更棒："理智在处理物体时所做的第一件事，就是把它和别的东西进行分类。但是，任何对我们来说极其重要，可以唤醒我们献身精神的东西，对我们来说，就好像它必须是独一无二的。如果一只螃蟹听到我们毫不客气地将它归为甲壳类动物，并将其处理掉，它可能会暴跳如雷。它会说，我不是甲壳类动物，我是我自己，就是我自己。"

学习中的标签化

习惯是试图用以前某种成功的方法来解决现在的问题。这意味着：（1）必须将当前的问题放到某类问题中去；（2）为这类问题选择最有效的解决方案。因此，这时不可避免地会牵涉分类，即标签化过程。

习惯现象再好不过地说明了一点，即所有标签化的注意、感知、思考、表达等都是如此,也就是说,所有的注意、感知、思考、表达等都是如此,实际上,所有标签化的结果实际上都是试图"冻结世界"①。实际上,世界永远是在变化的,宇宙万物都处在发展的过程中。从理论上讲,世界上没有什么东西是静止不动的(虽然出于某些实际目的,有许多事物是静止不动的)。如果我们必须非常认真地对待理论的话,那么每一种经验、每一个事件、每一种行为在某种程度上(无论是重要的还是不重要的)都不同于世界上曾经发生过的,或将再次发生的所有其他的经验、行为等②。

正如怀特海一再指出的那样,我们的科学理论与哲学以及

---

① "因此,理智在给定的情况下本能地选择任何与已知事物相似的事物;它寻找这一点,以便运用'相似相生'的原则。正是因为如此,常识对未来的预测才成立。科学将这种能力推到可能的最精确程度,但并未改变其本质特征。像普通知识一样,科学只关注重复的方面。尽管事物整体是原创的,但科学总是设法将其分析成元素或方面,这些元素或方面近似于对过去的再现。科学只会研究那些假定会重复的东西……"在这里应该再次指出(见上文第1章和第2章),现在已经出现另一种科学哲学、另一种关于知识和认知的概念,包括整体性(以及原子性)、独特性(以及重复性)、人类共性和个人性(以及机械性)、变化性(以及稳定性)、超验性(以及实证性)。见其参考文献。

② "没有两样东西是一模一样的,没有一样东西是一成不变的。如果你清楚地意识到这一点,那么当你发现即使一些事物很相似,一些事物好像变化不大时,仅根据习惯行事也是可以的。之所以如此,是因为不同之所以成为不同,就在于它必须要具备差异,而有些不同有时却无所谓。只要你意识到差异总是存在的,而且你必须判断它们是否有任何不同,那么你就可以依靠这种习惯了,因为你知道什么时候该把它放在一边。没有习惯是万无一失的。对于那些不管环境如何,不依赖习惯,或放弃一味坚持遵循它们的人来说,习惯是有用的;对于不那么有见地的人来说,习惯往往会导致效率低下、愚蠢和危险。"

各种常识都完全建立在这一基本的且不可避免的事实之上，这一切似乎是合理的。但事实是，我们大多数人都不是这样做的。尽管我们经验最丰富的科学家和哲学家，在很久以前就抛弃了这样一个观念，即世间存在一种虚空，那些存在于时间发展中的事物被漫无目的地推入这种虚空中；但这些口头上被抛弃的概念，仍然作为我们各种不太理智的反应基础而存在着。虽然我们必须接受世界是变化且发展着的，但我们很少充满感情或怀有热情这么做。我们仍然是牛顿的信徒。

所有可能被标记为可标签化的反应，都可以被重新定义为"努力试图冻结或静止或阻止这个不断运动、改变的过程世界，以便能够掌握这个世界"。这种倾向的一个例子是静态原子论数学家们发明的一种巧妙的算法，一种以静止的方式来处理运动和变化的算法，即微积分。然而，就本章而言，心理学的例子或许更为贴切，因此有必要强调一个论点，即习惯，实际上所有的复制式学习，都是这种倾向的例子，头脑静止的人都倾向于把一个过程世界冻结成暂时的静止状态，因为他们无法处理或应付一个不断变化的世界。

正如詹姆斯很久以前曾指出的，习惯是保守的机制。为什么会这样呢？一方面，因为任何习得的反应，仅仅通过存在就可以阻止对同一问题的其他习得反应的形成。但是还有一个原因，虽然同样重要，但常常被学习理论家们忽视，即学习不仅是肌肉反应，而且是一种情感偏好。我们不仅学会说英语，还慢慢喜欢上英语[1]。如此一来，学习就不是一段完全中立的过程了。我们不能说，"如果这种反应是错误的，那么就很容易忘记它，或者用正确的反应来代替它"，因为通过学习，我们在某种程度上束缚了我们自己，献上了自己的忠诚。因此，如果我们想学好法语，那么当能找到的唯一一位法语老师口语发音并不好时，我们最好不要学；等到我们找到一个好老师的时候，学习可能会更有效率。出于同样的原因，我们必须反驳那些对假设和理论态度非常冷漠的科学家。他们说："即使是错误的理论也比没有好。"如果上述考虑有某些说服力的话，真正的情况就绝不是这么简单。正如一句西班牙谚语所说的："习惯起初是蜘蛛网，然后变成钢索网。"

这些批评绝不适用于所有的学习，它们只适用于原子论式的复制式的学习，即对孤立的特殊反应的认知和回忆。许多心理学家认为这种复制式的学习，是过去对现在产生影响的唯一途

---

[1]《选文家》　　　　　　　　　——亚瑟·吉特曼（Arthur Guiterman）
自从一位选文家在他的书中添加了
莫尔斯（Morse）、博恩（Bone）、波特（Potter）、布利斯（Bliss）和布鲁克（Brook）的那些甜蜜的东西，
所有后来的选文家当然都要做此选择，
引用布利斯、布鲁克、波特、博恩和莫尔斯的大作。
因为，如果有些鲁莽的选文家自作主张
印刷你我的选集，
因为自己的判断省略了
经典的布鲁克、莫尔斯、波特、布利斯和博恩，
评论家言语轻蔑，抬眼扫过
我们的诗句，只会异口同声地低泣，
"这是什么样的选集
竟然漏掉了博恩、布鲁克、波特、莫尔斯和布利斯！"

径,或者是过去的经验教训可以用来解决现在的问题的唯一有效方式。这是一个天真的假设,因为我们在这个世界上实际学到的很多东西,即过去那些最重要的影响,既不是原子论式的,也不是复制式的。过去最重要的影响、最有影响力的学习类型,是我们所谓的性格或内在学习,即我们所有经历对性格的所有影响。因此,经验并不像硬币那样,可以被有机体一个接一个地获得;如果这些经验有任何深刻的影响,它们会改变整个人。因此,一些悲剧经历会将一个不成熟的人变成一个更成熟的成年人,令他变得更聪明、更宽容、更谦虚,使他能更好地解决成年人生活中的所有问题。形成鲜明对比的理论是,这个人其实没有任何改变,他只是专门掌握了一种处理或解决某类问题的方法,如他母亲的去世。这样一个例子,其实通常比那些将一个无意义音节与另一个无意义音节盲目联系起来的例子要重要得多、有用得多,范例性也强得多;在我看来,这些音节实验除了与其他无意义音节有关外,与世界上别的任何东西都没有关系。①

---

① "正如我们试图证明的那样,记忆不是一种把往事放入抽屉里,或是记在记事本上的能力。这里并没有什么记事本,也没有抽屉。我们甚至可以说,记忆根本不是一种能力,因为能力在发挥作用时是断断续续的,只有当它愿意或能够的时候,它才会起效,而只是将过去的事堆积到另一些过去的事情上时,是不可能有任何放松的……"

"但是,尽管我们可能对此没有明确的认识,但我们仍然可以隐约感到,我们的过去仍然存在于我们的眼前。如果没有我们从出生至今的这段经历缩影——不仅如此,甚至是我们出生前的经历缩影,因为我们与生俱来地带有部分性格——那么我们实际上是什么?我们的性格又是怎样的?毫无疑问,我们思考的时候仅依靠了我们过去的一小部分,但当我们希望、意欲和行动的时候,是在依靠我们的整个过去,包括我们灵魂最初的倾向。因此,作为一个整体,我们的过去以冲动的形式表现出来,以想法的形式被感受到。"

如果说世界正处在发展过程中,那么每一刻都是新的、独特的时刻。从理论上讲,所有的问题都必须是新颖的。根据过程理论,任何一个典型的问题都是以前从未遇到过的问题,也就是说,它们在本质上不同于任何其他问题。根据这一理论,这个与过去问题非常相似的问题可以理解为一个特例,而不是一个范例。如果是这样的话,求助于过去的专门解决方案可能既有用又存在危险。我相信,通过实际观察,我们将证明这一点在理论上和实践上都是正确的。无论如何,不管一个人的理论偏好如何,没有人会争论这样一个事实:至少生活中的一些问题是新颖的,因此必须有新颖的解决办法。①

从生物学的角度来看,习惯在人的适应方面起着双重的作用,因为它们既是必要的,同时也是危险的。它们必然意味着一些不真实的东西,即一个不变的、固定的、静止不动的世界,但它们通常又被视为人类最有效的适应工具之一,这又意味着一个不断变化的、动态的世界。习惯是对一种情况或问题的答案已经形成的反应。因为它已经形成了,所以它对变化产生了一定的惰

---

① "正是因为理智总是试图重建事物,或是用所给予的东西重建外部,所以它导致历史上每一刻出现的新东西都逃脱了。理智不承认那些不可预见的事情,拒绝一切创造。明确的前因产生明确的结果,这些结果可以通过计算前因而得以预测,这就满足了我们的理智。一个明确的目的需要明确的方法来达成,这也是我们所理解的。在这两种情况下,我们都与已知的事物有关,这些已知的东西又与另一些已知的东西相结合,简言之,与重复的旧事物结合在一起了。"

性和阻力[1]。但当某一情况发生变化时,我们对它的反应也应该随之改变,或者准备好迅速改变。因此,一种习惯的存在可能比毫无反应更糟糕,因为在面对新情况时,习惯会阻止和延迟我们建立与情况相关的新的必要反应。在讨论到相似的联系时,巴特莱特(Bartlett)谈到了"外部环境的挑战,外部环境部分在变化,部分在保持不变,因此它需要我们反复做出调整,但又不允许我们重新开始"。

如果我们从另一个角度来描述这个悖论,可能有助于更清楚地理解这一点。我们可以说,习惯的建立使我们在面对反复出现的情况时可以节省时间、精力和思想。如果一个问题一次又一次地以类似的形式出现,我们当然可以通过提供一些习惯性的答案来节省大量的思考,无论问题何时出现,这些答案都会自动浮现在我们脑海中,帮助我们处理这些反复的问题。如此一来,习惯不过是对重复的、不变的、熟悉的问题的反应。这就是为什么我们可以将习惯称为一种"好像"反应——"好像世界是静止的、不变的、永恒的"。当然,这些心理学家十分清楚习惯作为一种调节机制的根本重要性,他们对重复的一致强调,也证实了这种解释。

许多时候,习惯的出现就好像它是应该的,因为毫无疑问,我们的许多问题实际上都是重复的、熟悉的、相对不变

---

[1] "受过去反应影响的能力——但通常很可能不太准确——被称为'经验修正'。它们大体上与需求相冲突,而这种需求是由一个多样化的、不断变化的环境发出的,要求人们具备适应性、流动性和多样性的反应。它的一般效果是两方面的:导致因循守旧的行为;产生相对固定的连续反应。"

的。从事所谓的高级活动、思考、发明、创造、发现的人会发现,作为一种先决条件,这些活动需要精心制定一套习惯,以便自动解决日常生活中的琐碎问题,这样创造者就可以自由地将精力投入所谓的高级问题中去。但这里又涉及一个矛盾,甚至是一种悖论。事实上,这个世界并不是静止的、熟悉的、重复的、不变的;相反,它是不断变化的,不断更新的,它总是会发展成其他一些东西,从不停止。我们不必争论这是否合理概述了世界的方方面面;假设世界的某些方面是亘古不变的,但又有一部分会发生改变,这样一来,我们就可以避免不必要的、形而上学的辩论。如果我们承认这一点,那么也必须承认,无论习惯对亘古不变的世界的各方面多么有用,当有机体必须处理世界中那些变化的、起伏不定的方面时,当他们必须解决那些独特、新颖、以前从未遇到过的问题时,习惯确实是一种障碍。①

---

① "这幅画是人类面对的世界,在这个世界中,只有当他们学会日益增加的敏锐的反应,来应对世界无限的多样性时,只有当他们找到如何摆脱直接环境对人的完全支配的方法时,他们才能生存下去,成为世界的主人。"

"我们的自由,如果无法通过不断的努力来更新自己,那么在它被肯定的那一刻,它就会创造出一种发展的习惯,而自由就会被扼杀,这两者会自动纠缠在一起。最鲜活的思想在表达它的公式中也会变得冰冷。词语总是与想法相对,字母扼杀了精神。"

"习惯可以帮助进步,但它并不是进步的主要手段。从这个角度来看,它也应受到约束。习惯可以帮助我们进步,因为它替我们节省了时间和能量,但即使如此,如果如此节省下来的时间和能量没有被用于智能改变其他行为的话,也就毫无进步可言。例如,你越是习惯性地刮胡子,你就越能在刮胡子的时候自由地考虑那些对你来说很重要的问题。这有很多好处——除非在考虑这些问题时,你总是得出相同的结论。"

这里就存在一个悖论。习惯既是必要的，又是危险的，既是有用的，也是有害的。习惯无疑为我们节省了时间、精力和思想，但它的代价也很大。它们是适应的主要武器，但又阻碍了适应。它们是解决问题的办法，但从长远来看，它们又与新鲜的、未经标签的思维背道而驰，也就是说，它们无法解决新问题。习惯虽然有助于我们适应世界，但往往妨碍了我们的创造性，也就是说，它们往往会阻碍我们适应世界。最后，习惯倾向于以一种懒惰的方式代替真正的、新鲜的关注、感知、学习和思考。①

最后我可以再补充一点，除非我们建立起一套标签（参照系），否则复制性记忆会困难得多。感兴趣的读者可以参考巴特莱特的优秀著作，了解这一结论的实验支持。夏特尔在这方面很出色。我们可以在这里添上另外一个例子，幸运的是这个问题也可以被很容易地检查出来。一年夏天，我在一个印第安部落进行田野调查中发现，不管自己怎么努力，都记不起来曾经非常喜欢的印第安歌曲。我可能和某位印第安歌手一起唱了十几遍，但只过了五分钟，就又忘了，无法独自唱出来。对于任何一个音乐记忆超群的人来说，这种经历相当令人困惑，只有当人们意识到印第安音乐在基本结构和品质上完全不同，因此没有现成的参照

---

① "因此，上述四个因素——天生的惰性或类猿一般的不情愿心态、喜新厌旧、传统和成功，令我们的思想无法发展。历史上异常激烈的理智发酵和打破传统思维的时期还是极其稀少的。从希腊时代的柏拉图和亚里士多德思想，到文艺复兴时期，尤其是文艺复兴时期的伽利略和笛卡儿理论，为自然科学添加了大量的至今仍不需进行太大改动的基本概念。因此，在这中间的绝大部分时间里，思考主要成为一种解决问题的过程……"

系帮助进行记忆时,他才可以理解这种经历。另外一个每个人都会遇到的简单的例子是,说英语的人在学习西班牙语时遇到的困难,和学习斯拉夫语(如俄语)时遇到的困难是不同的。西班牙语、法语或德语中的大多数单词在英语中都有同源词,说英语的人可以用这些同源词作为参照系。但由于俄语中几乎完全没有这些同源词,因此学习俄语就变得异常困难。

思想中的标签化

在这一领域,标签化包括:(1)只懂得循规蹈矩的问题,或者没有察觉到新的问题,或者以一种普罗克拉斯提斯式(Procrustean)的方式①重塑这些问题,如此一来,好将它们归类为熟悉的而不是新问题;(2)只懂得使用墨守成规和死记硬背的习惯和技术来解决这些问题;(3)在遇到所有的生活问题之前,都有一套现成的、千篇一律的解决方案和答案。这三种倾向加起来,几乎完全可以保证断绝人们的创造性。②

但这几种倾向也强烈地推动着我们,导致像柏格森这样睿

---

① 普罗克拉斯提斯式的方式是指强求一致标准的一种方法。——译者注
② "……清晰和有序令有问题者能够处理可预见的情况。它们是维持现有社会状况的必要基础,但这还不够。超越纯粹的清晰和秩序对于处理不可预见的事情、进步和那些激动人心的东西是必要的。当生活被束缚在纯粹的形态枷锁中时,就会退步。把模糊和无序的经验因素结合起来的能力,对于新的发展来说是必不可少的。"
"生活的本质是在既定秩序受挫中找到的。我们的世界拒绝完全一致的那种令人窒息的影响。然而,由于拒绝了这种影响,我们的世界发展出一种新的秩序,而这种秩序就是各项重要经验的一项必要条件。我们必须解释这些秩序形式的目的、秩序新颖性的目的、成功的标准、失败的标准。"

智的心理学家都错误地定义了理智，好像理智除了作为标签化的产物之外，什么也不是。例如柏格森说，"理智……（是）把相同的事物联系起来的能力，是一种感知并且产生重复的能力"。"解释这种问题总是在于解决问题，解释那种不可预见的、新的东西按不同的顺序排列，分解成了旧的或已知的元素。理智不愿意承认全新的事物，也不愿意承认真正生成的事物；这就是说，在这里，它又让生命的一个基本方面逃脱了……""……我们像对待无生命的事物一样对待有生命的事物，认为所有的现实无论怎样流动变化，都是以明确的实体形式存在的。只有在不连续的、静止的、僵死的环境下，我们才感到自在。理智的特点就是它天生无法理解生命。"但柏格森自己的理智驳斥了这种过度概括。

因循守旧的问题

首先，那些强烈倾向于进行标签化的人最先做出的努力，通常是避免或忽视任何类型的问题。最极端的例子就是那些患强迫症的患者，他们管理和安排生活的方方面面，因为他们不敢面对任何意想不到的事情。任何不只需要现成答案的问题，如需要自信、勇气和安全感的问题，都会给这些人带来严重威胁。

如果这种人必须去感知问题，那么他首先要做的，就是把问题放在一个熟悉的范畴中，并把它看作是一个熟悉范畴的代表（因为熟悉的范畴不会让他产生焦虑）。他们的任务就是要发现，"这个特定的问题可以被放在以前经历过的哪一类问题中呢"或者"这个问题适合哪一类范畴呢？或者它可以被塞进去吗"。当然，只有在人们感知到两者间存在相似性的基础时,这种置入反应才有可能。我不想讨论相似性这种难题,我只想指出一点:这种对相似性的感知,不一定是对自己感知到的现实的内在本性的谦逊、被动的记录。事实证明了这一点,不同的个体是按照独特的标签进行分类的,但他们仍然可以成功地将经验进行标签化。这些人不喜欢陷入茫然不知所措的境地,他们会把所有不能忽视的经历分类,即使他们觉得有必要剪裁、挤压甚至扭曲这些经历。

在这个问题上,我知道的最好的文章之一出自克鲁克香克(Crookshank),他在文章中讨论了关于医学诊断的问题。心理学家会更加熟悉许多精神病医生对病人进行严格分类的态度。

因循守旧的技巧

一般来说,将事物标签化的一个主要优点是,随着将问题成功放入某一范畴之中,一套可用于处理这类问题的技术便自动出现。当然,这不是标签化出现的唯一原因。我们可以看出,将一种问题放入某一范畴的趋势背后隐藏着非常深刻的动机,举例来说,相比于未知的疑难杂症,医生在一种已知的,但是无法治愈的疾病面前更为轻松。

如果一个人以前曾多次处理同样的问题,那么合适的机器就等于加满了油,随时都可以使用。当然,这意味着一种强烈的倾向,即按照以前做事的方式再来一次。正如我们所看到的,习惯性的解决办法既有好处也有坏处。我们可以在这里再列举它的一些优点:上手较简单、节省精力、自发性行为、符合自己的情感偏好、不感到焦虑等。而主要缺点则在于:灵活性、适应性和创造性的丧失，也就是说，习惯性的解决方法通常会导致一种结果，人们会误以为可以用一种静态的方式来对待这个动态的世界。

卢钦斯（Luchins）在对思维定势（Einstellung）的有趣实验中提供了一种因循守旧技巧效果的极好例子。

因循守旧的结论

这一过程最著名的例子或许就是合理化。出于我们的目的，我们可以将这种相似的过程定义为：一个现成的过去的想法或已成定局，然后我们投入大量的思想活动来支持这个结论，或为它寻找证据。（"我不喜欢那个家伙，我会为此找出一个很好的理由。"）这是一种徒有其表的活动，表面看起来好像很有思想，实则不然。它不是严格意义上的思考，因为它得出的结论与问题的本质无关。皱眉、激烈的讨论、对证据紧追不舍，所有这些都不过是层层叠叠的烟幕；在思考开始之前，结论就已经注定了。人们往往连这种思考的门面都不愿意装，都不需要装作经过思考，只要自己单纯相信这是我思考之后的答案就够了。这比合理化更省精力。

每一位心理学家都知道，一个人完全有可能按照自己在人生最初的十年里获得的一套完整观念生活一辈子，这套观念也许没有先例，但也永远不会有丝毫的改变。的确，这样的人或许智商很高。因此，他可以把大量的时间花在思想活动上，从世界上挑选出任何支持他现成想法的证据。我们不能否认，这种活动偶尔对世界有一些用处，然而，心理学家显然需要在富有成效的、创造性的思维和最熟练的合理化思维之间，做出某种语言上的区分。合理化偶尔会带来一点优点，但同时它也会令人对现实世界盲目、对新证据无动于衷，造成人们感知和记忆的扭曲，丧失对变化世界的修改能力和适应性，带来其他表明思想已经停止发展的迹象；与这些更加引人注目的现象相比，合理化偶尔带来的优点太过微不足道。

但合理化活动并不一定是我们能举出的唯一的例子。当问题被当作刺激因素，令我们从中挑选出最适合特定场合的联想时，这也是标签化过程。

标签化思维和复制性学习看起来似乎有一种特殊的相似性和关系。我们在上面列出的三种过程，可以很容易地作为习惯活动的特殊形式来处理。其中显然涉及与过去的某种关系。解决问题只不过是根据过去的经验，对新问题进行分类和解决的一种技巧。这种类型的思维，往往等于打乱和重新安排以前获得的、复制性的习惯和记忆。

当我们了解到，相比于记忆过程，整体动力性思维与感知过程的关联更为明显时，它与标签化思维之间的对比就更加清晰了。整体思维的主要努力就是尽可能清楚地感知到自己所面临的问题的内在本质，正如韦特海默在他的新书中强调的那样，卡特那为这是"在问题中感知解决方法的努力"。[1]每种问题都因为其自身的权利和风格被仔细审查，就好像人们以前从未遇到过

---

[1] 有趣的是，格式塔心理学家的思想在这方面与各种现代哲学家的思想相似，他们往往倾向于认为问题的解决方案与问题本身是相同的或重复的，例如，"当我们进行充分的理解时，任何特定的项目都属于已经清楚的东西。因此，它只是已知事物的重复。在这个意义上，它属于同语反复"。我相信，逻辑实证主义者也持同样的观点，或者至少过去是这样。

同样的问题。这种努力是要找出问题本身的内在本质，而在联想思维中，则是要看这个问题是如何与人们以前经历过的其他问题相关或相似的。①

这并不意味着人们在整体思维中从不使用过去的经验。人们当然会使用，关键是人们以一种完全不同的方式使用了这些经验，正如上面讨论的所谓内在学习，或学习成为潜在的自己。

毫无疑问，这种联想思维是存在的，但我们讨论的焦点在于，究竟是哪种思维应该作为中心思维，作为范式或理想模式。整体动力理论家的论点是，思维活动，如果具有任何意义的话，从定义上讲，应该具有创造性、独特性、独创性和发明性等意义。思维是人类创造新事物的技术，反过来，这又意味着思维必须是革命性的，会偶尔与已经得出的结论发生冲突。如果它与思想现状发生了冲突，那么它就成为习惯、记忆或我们已经学过的东西的对立面，原因很简单，因为从定义上讲，它必须与我们已

---

① 在实际意义上，就行为而言，这一原则可以归结为一句箴言："我不知道——让我们看看"。也就是说，每当一个人遇到新情况，他并不会毫不犹豫地以某种事先确定的方式做出反应。这种情况可能与以前的任何一种都不一样，更像是一个人在说"我不知道——让我们看看"，他对任何展现出不同的方面都很敏感，并准备随时做出相应的适当反应。

"我们必须清楚地认识到，这种处理新情况的办法并不等于优柔寡断，并不代表我们不能下定决心，而是代表了一种不至于仓促决定的方法。它能够保障我们不会犯下一些错误，比如，根据第一印象判断他人、将我们对女司机的态度应用到所有女司机身上、（基于道听途说或基于非常短暂的认识）谴责某人或支持某人。我们之所以犯这样的错误，是因为我们对个体的反应是不同的且会变化的，但当我们将他当作某一类型中的成员，便认为该类型中所有其他成员都与他一样，这时我们就做出了不恰当的反应，因为我们非常肯定我们对这一类型的看法。"

经学过的东西相矛盾。如果我们过去的学习和习惯运作良好，我们就可以自动地、习惯性地和熟练地做出反应。也就是说，我们不必思考。从这个角度来看，思考被看作学习的对立面，而不是一种学习类型。如果稍微夸张一点来说，思维几乎可以被定义为一种打破习惯、无视过去经验的能力。

人类历史上的伟大成就所体现的那种真正的创造性思维，还涉及另一种动态的方面，就是动力特有的大胆、勇敢和勇气。假如这些词语在这里不太贴切的话，我们可以联想一个胆小的孩子和一个勇敢的孩子之间的差异，便可以清楚地理解这些词语了。胆小的孩子必须紧紧依靠着母亲，因为母亲代表着安全、熟悉和保护，而胆大的孩子则更能够自由地冒险，可以离开家乡更远。与胆怯地抱住母亲相类似的思考过程，就是同样胆怯地执着于习惯。一位大胆的思想家——这种说法几乎是多余的，就像说一个有思想的思想者一样——在冒险越出安全、熟悉的港口时，必须能够打破定式，能够摆脱过去、习惯、期望、学习、习俗和惯例，摆脱焦虑。

另一种循规蹈矩的结论来自另一个例子，即许多人的观点是通过模仿或依赖威望人士的建议而形成的。这些通常被认为是健康人性的基本倾向，但是把它们看作是某种轻度的心理病症，或者至少是与它非常接近的东西，可能会更为准确。当涉及相当重要的问题时，这些观点主要是对一种无组织的情况的反应，这种情况没有固定的参照系，是由过分焦虑、过分保守或过分自信的人（没有主见的人、不知道自己的观点是什么的人、不相信自己意见的人)造成的。①

在绝大多数的生活领域中,我们得出的结论和解决问题的办法似乎大多都这样。在我们思考问题的时候,我们总喜欢斜眼向外看,看看其他人得出了什么结论,这样我们也可以得出这种结论。显然,这样的结论并不是我们最真实的想法,也就是说,这并不是由问题的本质决定的,而是我们从别人那里挑拣来的陈词滥调,相比于自己,我们更信任他人。

正如所料,这种认知对帮助我们理解为什么这个国家的传统教育远远达不到其预定目标有一定的启示。我们在这里只强调一点,就是,教育很少试图教导个人直接地、当下地审视现实。相反,它给了人们一整套预先制造好的眼镜,让他们从各方面观察世界,去寻找应该相信什么,应该喜欢什么,应该赞同什么,或应该对什么感到内疚。很少有人重视每个人的个性,也很少有人鼓励他大胆地以自己的方式看待现实,或是打破传统,保持与众不同。事实上,任何一所大学的课表都可以证明,高等教育中也存在成规定型的观念。在这些课表中,无论一门课涉及怎样变化的、不可言喻的、神秘的现实,都被整齐地设为三个学分,而且这三个学分都耗时十五周,就像橘子一样整齐地被分为不同部

---

① 弗洛姆对这种形式的动力进行了极好的讨论。安·兰德(Ayn Rand)也在小说《源泉》(*The Fountainhead*)中讨论过同样的主题。在这方面,《1066及所有这些》(*1066 and All That*)既有趣,又具有启发性。

分,彼此完全独立、相互排斥①。如果有这样一个完美的例子,证明这一套标签不是从现实中得到的,而是强加到现实上的,那么就是它。(现在正在逐渐兴起一种"平行教育制度"或称为"人文教育",旨在弥补传统教育制度的一些缺陷。姓名、地址等可在"尤赛琴社会"②中找到)。

这一点十分明显,但对此应该如何去做就不那么明显了。在审视了标签化思维后,人们强调我们应该减少标签使用,多关注新的经验和具体、特殊的现实。在这一点上,怀特海表述得相当正确:

> 我个人对传统教育方法的批评是,它们太过专注于理智分析和公式化信息的获取。我的意思是,我们忽视了加强对个别事实进行具体理解的习惯,无法令这些个别事实中出现的各种价值充分地相互作用,我们只是在强调抽象的公式化表达,忽视了不同价值间的相互作用。

> 目前我们的教育是下面两者结合了起来:一方面对一些抽象概念进行了透彻研究,另一方面则相对轻描淡写了大量的抽象概念的研究。我们在教学常规上太过一板一眼。学校

---

① "人们将科学作为一种稳定不变的东西来教授给学生,而不是作为一种知识体系在教授,它的生命和价值取决于它的流动性,当新的事实或新的观点表明可能存在别的结构,它就会随时修正它最珍视的结构。我是这所大学的校长;凡是我不知道的,都不是知识。"
② "尤赛琴"是Eupsychian的音译,是人本主义心理学家亚伯拉罕·马斯洛创造的心理学概念。马斯洛理想中的"尤赛琴社会"是一个能创造有利于人们发挥自我潜力、满足内心需要的环境,是一个善有善报的社会,对人类精神健康和发展寄托了无比的希望。——译者注

的普通训练的目的,应该是激发我们具体的忧虑,并且应该满足年轻人做某事的渴望。即使在这里也应该有一些分析,但这种分析只需要说明不同领域的思维方式就够了。在伊甸园里,亚当是先看见了动物,再分别给它们命名;但在传统的体系中,孩子们是先给动物起了名字后,才看见了动物本体。

这种专业培训只能触及教育的一面。它的重心在于发展智力,主要工具是印刷成文的书籍。但专业训练其实还有另一面,它的重心应该在于直觉,应该避免脱离整个环境进行分析。它的目的是尽可能少地进行局部分析,而应该对整体进行直接理解。我们目前最需要大众掌握的,就是懂得欣赏各种价值。

因循守旧且非整体的理论

目前人们普遍认为,理论建构通常意味着选择和拒绝,而这又意味着,我们必须期待一种理论令世界的某些方面变得更加清晰,而另一些方面则不那么清晰。大多数非整体理论的一个特点是,它们是一套一套的标签或门类。但是,从来没有人设计出一套很容易适应所有现象的标签;有些疏漏在所难免,有些现象落在两种标签之间,有些现象似乎同时属于多种标签。

此外,这种理论几乎总是抽象的,也就是说,它强调现象的某些性质比其他性质更重要,或至少更值得注意。因此,任何这样的理论,或对这一问题的任何其他抽象概念,都倾向于贬损、忽视或过分关注现象的某些性质,即忽略部分真理。由于这些拒绝和选择的原则，任何理论都只能给出一个偏颇的、带有实用主义偏见的世界观。即使所有的理论都结合在一起，也并不能给我们一个对现象和世界的全面认知，这种情况是完全有可能的。一种经验的全部主观丰富性似乎更多地出现在对艺术和情感敏感的人身上，而不是出现在理论家和知识分子身上。甚至有可能，我们所谓的神秘体验，正是这种对特定现象所有特征进行充分欣赏的完美和极端的表达。

相比之下，上面这些考虑显示出了特殊化的个人经验的另一个特征，即它的非抽象性。这并不等于说它是戈尔茨坦表达意义上的具体。对于一个大脑受伤的病人，当他做出具体表现行为时，实际上并没有看到一个物体或经验的全部感官特征。他看到的只是由特定情境决定的某一种特征，例如，一瓶酒就是一瓶酒，而不是别的什么，不是一种武器、一件装饰品、一个镇纸或一个灭火器。如果我们将抽象定义为一种选择性注意，不管出于什么原因，我们只注意某种事件中的某些特质，而非其他无数特征，那么戈尔茨坦的病人实际上都可以被说成是在进行抽象活动。

在分类经验和欣赏经验之间，在利用经验和享受经验之间，在以一种方式对它们进行认识和以另一种方式进行认识之间，都存在着一定的对比。所有研究神秘主义和宗教经验的作家都强调这一点，而专业的心理学家却意识到这一点。例如，阿道司·赫胥黎（Aldous Huxley）说："随着一个人的成长，他的知识在形式上变得更加概念化和系统化，认知中的那些有关事实和功利的内容也大大增加。但是，人们对于事物的直接理解的能力大大衰退,直觉也变得迟钝,甚至丧失,在这种情况下,这些收获就被抵消了。"①

然而,欣赏当然并不是我们与自然的唯一关系,事实上,从生物学角度来说,它是我们与自然的所有关系中,最不紧迫的一种,因此我们就不要因为理论和抽象的危险,进而大加指责,将它们污名化,使自己陷入愚蠢的境地。理论和抽象的优点是巨大且明显的,特别是从交流和实际操纵世界的角度来看。如果我们有职责向研究人员提出建议,我们也许应该用这样的方式来表达:知识分子、科学家等人,在普通的认知过程中,如果牢记认知活动并不是他们武器库中的唯一武器,那么他们的认知活动可以变得更加有力。确实,他们还拥有别的武器。如果这些武器通常被归为诗人和艺术家的,那是因为人们不明白,这些被忽视的认知方式能够让人们进入另一部分的真实世界,而这部分的世界是那些一味进行抽象活动的知识分子所看不见的。

此外,整体论的理论也是有可能的。在这种理论中,事物并不是被分割开来的,也不是互相独立的,而是被完整地视为一个整体的各方面,事物属于整体,就像事物之于倒影,在各种不同层次上展现出一幅壮丽图景。

语言和命名

语言主要是体验和交流普遍信息的一种绝好手段,也就是

---

① 有关神秘主义的参考资料,请参阅阿道司·赫胥黎的《永恒的哲学》(*The Perennial Philosophy*)和威廉·詹姆斯的《宗教经验种种》(*The Varieties of Religious Experience*)。

说，是对信息进行标签的绝好手段。当然，语言也试图定义和传达某些特殊的或具体的东西，但由于最终的理论目的，它往往以失败告终[①]。语言所能做的就是给事物起一个名字，但名称毕竟不能描述事物或传达事物，而只是给它贴上了标签。要充分了解事物的特质，唯一的办法就是充分地体验它，并亲自体验它。即使给这段经验命名也只会给它笼罩上一层幕墙，使人无法进一步欣赏，正如一位教授和他的艺术家妻子在乡间小路上散步时发现的：当他第一次看到一朵可爱的花时，就向妻子询问花的名字，结果刚开口，就被妻子骂了一顿："知道这个名字对你有什么好

[①] 例如，我们可参见詹姆斯·乔伊斯（James Joyce）的著作或当代各种关于诗歌理论的讨论。诗歌在试图传达，或者至少是表达一种大多数人"无法说出"的特殊体验。它在试图将本质上无言的情感体验以文字形式表达出来，试图用并不新鲜也不独特的模式化标签，描述一段新鲜和独特的经验。诗人在这种无望的情况下所能做的，就是用这些词来做比喻、修辞、创造新词等。虽然他不能通过这种方法来描述这种体验本身，但他希望借此在读者中引发类似的体验。他有时居然可以成功，这简直是个奇迹。如果他试图将文字本身变得独特，那么沟通便会受损，正如在詹姆斯·乔伊斯的作品和现代非具象艺术中的那样。以下是1946年9月28日，林肯在《纽约客》中描述的一个不寻常的故事。

"为什么我们从来没有做好准备？为什么所有的书和我们朋友的所有智慧归根结底并未对我们有所帮助？我们读过多少弥留之际的场景，多少青年恋人的故事，多少婚姻不忠的故事，多少雄心壮志的故事，以及成功或失败的故事。发生在我们身上的事，早已发生过一遍又一遍，是我们早已读过千百遍，详尽、仔细、准确地记录下来的故事；在我们充分开始生活之前，各种人便已经不厌其烦、用力所能及的方式向我们一遍又一遍地灌输人性的心灵故事。但是，当事情发生时，它从来都不像描述的那样；它是奇怪的，彻头彻尾的奇怪和新奇，我们无助地站在它面前，意识到另一个人的话实际并没有告诉我们什么，什么都没有。"

"但我们仍然不相信，个人生活在本质上是不可交流的。我们在经历了某一时刻后，被迫将它表达出来，说出那些在意图上是真诚的，但最终效果是虚假的话。"

处?当你知道了它的名字,就会感到满足,如此一来,就不会再去费心欣赏这朵花了。"①

在某种程度上,语言强行将经验塞入标签,成为现实与人之间的一道屏障。在享受语言给我们带来的好处的同时,我们也在付出代价。因此,虽然我们必须使用语言,但在使用语言的时候,我们必须意识到它的缺点,并设法克服它。②

如果在理论上,这一切对语言来说都是正确的,那么当语言完全放弃为独特性而斗争,完全退化为使用陈规套话、陈词滥

---

① "在我所说的评价性标签中,这一点非常清晰。这一术语旨在强调我们的共同倾向,即根据我们对个人和情况的称呼来评价他们。毕竟,这种说法表明了一个事实,即我们对事物进行分类的方式在很大程度上决定了我们对它的反应方式。我们主要通过命名来分类事物。命名之后,我们就倾向于根据我们给它起的名字对它进行评估,并对它做出反应。在我们这样的文化中,我们学习如何独立地评价姓名、标签或词语,完全不用顾忌它们可能适用的现实情况。"

"……考虑一下'空姐'和'普尔曼车厢的搬运工'这两类从事类似低廉工作的侍者在社会地位和自尊方面的差异吧。"

② 我们提出的一个建议是,科学家需要学会尊重诗人,至少要尊重伟大的诗人。科学家通常认为他们自己的语言是准确的,其他语言都是不准确的;但诗人的语言往往是矛盾的,即使不能说是更准确,至少更真实。有时他们的语言甚至比科学家的语言更准确。例如,如果一个人有足够的天赋,可以用一种非常简洁的方式说出从事理论研究的教授需要十页纸才能说完的话。下面这个来自林肯·斯蒂芬斯(Lincoln Steffens)的故事,就很好地说明了这一点:

斯蒂芬斯说:"一天,我和撒旦正在第五大道上漫步,这时突然看到一个人停下来,从空中摘下一条真理——的确是从空气中抓住了一条活生生的真理。"

"'你看到了吗?'我问撒旦。

"'你不担心吗?你难道不知道它足以摧毁你?'

"'我知道,但我不担心。我来告诉你原因。这条真理现在还是一个美丽的生物,但人们会先给它命名,然后再将它组织起来,到那时它就会死了。如果他让它活下去,并且体验它,那么它就会毁灭我。但我并不担心。'"

调、格言、口号、战斗标语和修饰语时,情况肯定要糟糕得多。坦率地说,这很明显,语言成为一种消除思想的手段,使人的知觉迟钝,阻碍人的心智成长,令人慢慢愚钝。因此,语言实际上具有"隐藏思想而不是传达思想的功能"。

另一个给我们制造了麻烦的语言的特征是,它是超乎时空之外的——或者至少某些特定的词可能是。"英格兰"一词历经千年,却并没有像这个民族本身那样成长、变化、发展或衰老。然而,我们只能用这样的词来描述时空中变化的事件。如果我们说"英格兰永存",这是什么意思?正如约翰逊(Johnson)所说,"在现实的手指之间,文字涌动游走,非舌头能及。语言的结构远不如现实的结构流畅。正如我们听到的雷声,转瞬消失不再响起,我们所谈论的现实,也不再存在。"

第 14 章

既无动机也无目的的反应

在这一章中，我们将进一步探索努力（工作、应对、成功、尝试、目的性）和存在生成（存在、表达、成长、自我实现）在科学使用意义上的不同之处。当然，这种区别在东方文化和宗教如道教中很常见。其实这种在我们的文化中也有所体现，例如，在一些哲学家、神学家、美学家、神秘主义研究者的理论中，以及越来越多的"人文主义心理学家"和存在主义心理学家的理论中等。

西方文化通常建立在犹太—基督教神学之上。美国尤其以清教徒和务实精神为主导，这种精神强调工作、斗争和奋斗、严肃和认真，最重要的是目标一定要明确①。像任何其他社会机构一

---

① "……闲散的联想、多余的图像、紧密关联的梦想、漫无目标的探索，它们在发展中扮演的角色，无论在起源，还是依照任何经济原则或任何对有用性的直接期望上，都是不可能被证明是正当的。在我们这样的机械文化中，这些重要的活动要么被低估，要么被忽视……

"一旦我们摆脱了对机制主义的无意识偏见，我们就必须认识到'多余'对人类发展和经济发展同样重要：例如，美在进化中所起的作用与实用一样大，因此我们不能像达尔文寻求的那样，仅仅将美作为求偶或生育的实用工具来解释。简言之，我们可以把自然想象成一位神话意义上的诗人，用隐喻和节奏来工作；也同样可以把自然想象成一位熟练的机械师，试图节省材料，维持收支平衡，高效而廉价地完成工作。机械地解释自然和诗意地解释自然一样主观，在某种程度上，每一种解释都是有用的。"

戈登·奥尔波特强烈而正确地强调"存在"和奋斗一样费力和活跃。在他的一些建议下，我们将努力弥补不足与努力实现自我相比较，而不是将努力与存在相比较。这种纠正也有助于消除一种太易获得的印象，即"存在"，也就是那些无动机的反应和无目的的活动，比应付外部问题更容易，更不费力。对自我实现的这种安逸的解释具有误导性，这一点很容易通过贝多芬这种挣扎着自我发展的例子来证明。

样，广义上的科学，特别是心理学，也免不了受这些文化趋势和氛围的影响。由于美国文化的参与，美国心理学过分讲究实效，过度受清教影响，也过度讲究目的。这不仅表现在美国心理学的效果和公开宣称的目的上，而且表现在这领域内的空白之处和所忽略的问题上。教科书中没有任何章节讨论关于乐趣和欢乐、休闲和沉思、游荡和懒散，以及无目的、无用处和无目标的活动、审美创造和经验，或无动机的活动等内容。这就是说，美国心理学仅仅正忙于研究生命的一半，忽视了另一半——或许更为重要的另一半！

从价值观的角度来看，这可以说是一种对手段的关注，而不是对目的的关注。这种哲学几乎出现在美国所有的心理学中（包括正统和修正主义的精神分析）；美国各种心理学派一贯忽略自身能动性和最终经验（但通常一事无成），而倾向于去关注那些可以带来一些有用结果的应对性、改变性、有效性、有目的的活动。① 在约翰·杜威的《评估理论》中，这种哲学发展至最

---

① "每个个体的存在都可以被看作一场为了满足需要、缓解紧张、保持平衡的不懈斗争。""就我们的分子单位而言，个体的行为总是与自身需求和目标有关。如果在任何特定情况下，这一单位似乎不是最有意义或最有用的，那么我们必须首先重新审查我们的观察有效性，而不是这一单元的有用性。通常，一种行为可能看起来没有动机，因为我们没有具体地确定所涉及的需求或目标，或者因为我们从当前的'综合环境'中人为地抽出了个人行为的一部分。""我们认识到，如果一个生物要在生存的斗争中求得生存，那么它的每一个反应都必须是有目的的，即适应于种族保护。""……所有的行为都是有动机的，都表达了某种目的。""懒惰，就像所有其他人类活动一样，都是为了一定目的的。""所有的行为都是由需求的压力引起的，这些需求我们已经提到过了。有机体总是试图通过与环境交易，减少需求，而行为正是在这种活动中进行的一种反应。因此，所有的行为都是由需求衍生的兴趣决定的。""所有人类行为都是为了满足需求。""所有的行为都是受动机驱使的，所有的学习都是有回报的。""通过推断个体行为，假设所有的行为都满足有意识或无意识的需要，那么需求就是由一个经历过需求的人的汇总决定的。""因此，所有的行为都与目的直接挂钩……"

高点，我们可以在书中找到非常明确的表达形式；在书中，目的的可能性实际上被否定了；目的只是其他手段的手段，而其他手段又是其他手段的手段（尽管在他的其他著作中，他确实接受了目的的存在）。

在临床层面，我们已经从以下几方面讨论了这种分化：

1. 除了强调因果关系理论的连续性，特别是原子多样化理论之外，整体论还必须强调共存和相互依存。在链式因果关系中，就像杜威的价值理论一样，A导致B发生，B进一步诱发C，而C又引出了D，循环往复。这是这种理论的自然衍生物，主张没有什么事物本身是重要的。因果关系理论对于追求成功和技术成就的生活来说是非常合适的，甚至是必要的工具，但是对于强调精益求精、审美体验、思考最终价值、享乐、冥想、鉴赏和自我实现的生活来说，却是完全无用的。

2. 在第3章中，人们认识到动机并不等同于决心。比如，一些体质变化，像晒伤或腺体活动等，还有成熟变化、情境和文化决定因素，以及倒摄抑制、前摄抑制或潜伏性学习等心理变化，它们都只有决定因素，并没有动机。

虽然是弗洛伊德首先混淆了这两个概念，但是精神分析学家们普遍默认遵循了他的错误，以至于今天不管发生什么变化，如湿疹、胃溃疡、笔误、遗忘等，他们都只会自发寻找动机。

3. 在第5章中，许多心理现象被证明是需求满足后带来的无动机的、附带现象的结果，而不是像我们一直假设的那样，是有目的的、有动机的，经过习得而产生的变化。从一系列声称是全部或部分满足效应的现象中可以立刻看出，这种假设的观点是一个不小的错误,如心理治疗、态度、兴趣、品位和价值观、幸福感、良好的公民意识、对自我的态度、一系列性格特征,以及数十种其他心理效应。需求的满足使得相对没有动机的行为得以出现,例如,"在满足之后,机体会立即允许自己释放压力、紧张、紧迫感和必要感,变得悠闲、懒散和放松,变得得过且过,被动行事,他们转头享受阳光、装饰、美化和擦洗锅碗瓢盆(而不是去使用它们)、玩乐、漫不经心地观察无关紧要的事情,变得无忧无虑、没什么目标"。

4. 1937年一项关于熟悉性影响的实验表明,简单的、没有回报的、重复的接触往往最终让我们对熟悉的物体、词语或活动产生偏爱,即使最初它们令我们厌恶。因为这是一个纯粹的、无关回报的学习实例,因此人们认为,至少那些主张回报、弱化紧张、提倡巩固的理论家们认为,这是无动机的变化。

5. 第13章论证了刻板的、标签化的认知与对于具体事物、具有特质的事物和独一无二的事物的新鲜的、谦逊的、被动的道家式的认知,以及没有先入之见和假象的认知,没有愿望、希望、恐惧或者焦虑的侵入的认知,在心理学各个领域之间的重要区别。似乎大多数的认知行为,都是对成规教条的老旧而粗心的认知和分类。这样一种懒惰地根据已有的准则进行分类,与实际地、具体地、全神贯注地感知独特现象的多方面性,二者之间有着深刻的区别。只有从这样的认识中,我们才能充分欣赏和品味所有经验。在某种程度上,如果我们说标签化行为是人们因为害怕未知而过早地下结论,那么它的动机是希望减少和避免焦虑。因此,相比于能与未知的事物或几乎相同的事物保持舒适关系的人，能够容忍事物模糊性的人在感知过程中动机较不明确。本章还提出，墨菲、布鲁纳、安斯巴赫（Ansbacher）、默里、桑福德、麦克利兰、克莱因（Klein）和其他许多人发现的动机和知觉之间的密切联系，最好被视为某种心理病理学的现象，而不是健康的现象。直截了当地说，这种联系是一个轻微病态的有机体的症状。在自我实现的人身上，它是最低限度的；但在神经症和精神病患者身上，它达到了最高限度，如妄想和幻觉。我们可以以这种方式描述二者的差异：健康人的认知相对缺乏动机，而病人的认知相对有动机。人类的潜在学习是无动机认知的一个例子，可以检验这一临床发现。

6. 我们对自我实现者的研究表明，有必要在某种程度上区分自我实现者的动机生活和较之更为普通的一般人的动机生活。他们显然过着自我实现、价值享受、自我完善的生活，而不是追求普通人那样的基本需求的满足，即前者拥有成长性动机或元动机，而后者是缺乏性动机。因此，他们就是他们自己，发展、成长、成熟，不需要到处奔波（在某种意义上，如追求社会地位），不会为了一般意义上的压力竭尽全力，也不会为了改变事物现状而努力尝试。缺乏性动机和成长性动机之间的区别，意味着自我实现本身不是一种有动机的改变，除非动机被理解为一种全新的意义。自我实现，即有机体潜能的充分发展和实现，更类似于生长和成熟，而不是通过奖励形成习惯或联系，也就是说，它不是从外部获得的，而是从内在展开的、一种微妙的意义上的已经存在的东西。在自我实现层面上的自发性——是健康且自然的——没有任何动机；确实，它是与动机矛盾的。

7. 最后,在第10章中,我们详细讨论了行为和经验的表现性决定因素,特别是它对精神病理学和心身医学理论的启示。第10章中特别强调了,表现性必须被看作是相对无动机的,而行为处理性则是有动机、有目的的。唯一可以取代这种对比的方法,就是对动机词汇的语义和概念进行一场彻底的变革。

在这一章中,抑郁、戈尔茨坦式的灾难性精神崩溃、麦尔的挫折诱发性行为,以及一般的宣泄和释放现象,也具有表现力,就是说它们也相对没有动机。弗洛伊德式失误、痉挛和自由联想也被认为具有表达性和动机性。

8. 除了下面讨论的少数例子外,行为是一种手段而不是目的,也就是说,它使得世界上的事情得以完成。问题是,将主观状态排除在心理学研究的合法对象之外,是否会使我们所讨论的问题的解决变得困难,甚至成为不可能。在我看来,目的往往是满足主观体验。如果不考虑大多数工具性行为具有人的价值的原因,仅仅是因为它们带来了这些主观的最终体验,那么行为本身往往就变得毫无科学意义可言。如果把行为主义本身看作是我们前面提到过的一种文化表现,即清教徒式的奋斗和成功的观点,那么我们可能可以更好地理解它。这意味着,除了它的种种其他缺点外,现在还必须加上种族中心主义。

相对无动机反应的事例

到目前为止,我们已经列出了几大类的现象,这些现象都是根据"无动机"一词的各种可能定义,或多或少被认为是没有动机的。除此以外,还有许多其他类似的反应,我们现在将简要讨论这些反应。应该注意的是，这些反应都是心理学中相对忽视的领域，对于科学的研究者来说，这是一个极好的例子，说明了狭隘的人生观如何创造了狭隘的世界。就如同对于木匠来说，他只是个木匠，所以世界就是由木头构成的。

艺术

当艺术寻求交流、力图唤起情感、表现、影响他人时，艺术创作可能是相对有动机的；但是艺术也可以是相对没有动机的，即当它是表现性的而不是交际性的，是个人内在的而不是人际的。事实是，我们今天并不讨论表达可能会产生意想不到的人际影响（附带收获）。

然而，非常关键的问题是，"我们是否需要表现？"如果需要，那么艺术表现，以及宣泄和释放的现象，就会如同寻觅食物或寻爱一样具有动机。我在前面的几章中已经指出，我认为这些证据很快就会迫使我们认识到这样一种需要，即在行动中表达有机体中已经被激起的冲动。可是任何需要或任何能力都是一种冲动，因此它们都会寻求表现，这一事实又清楚地点明了矛盾之处。那么，应该将它当作一种单独的需要或冲动，还是将它看作所有冲动的普遍特征？

在这一点上，我们不需要在这些选项中选出任何一个，因为我们的唯一目的就是要表明它们都被忽视了。无论哪一个结果都是最有成效的，都将迫使人们承认：（1）无动机的范畴；（2）有必要大幅度重建所有动机理论。

对于见多识广的人来说，审美体验的问题同样重要。许多人都拥有丰富且有意义的审美体验，因此，他们会蔑视或嘲笑任何一种否认或忽视它的心理学理论，无论这种理论具有什么科学依据让这种忽视发生。科学必须解释所有的现实，而不仅仅是现实中已为人所知的部分。审美反应是无用且无目的的，我们对它的动机一无所知，如果真的有一般意义上的动机的话，这一事实应该只是向我们表明了，我们的正统心理学相当贫乏。

从认知角度来说，相比于普通人，即使是对美的感知也可能被视为相对缺乏动机。我们在第13章中已经看到，标签化的感知充其量只是局部的；与其说是对一个物体的所有属性的观察，不如说是根据对我们有用、与我们的关注相关，或可以满足需要，或会对需要造成威胁等为数不多的属性，对它进行分类。道家式的、无利害关系的感知一种现象的多方面（特别是没有偏向有用性，而是看重它在产生最终体验方面的功效），是审美感知的一个特征。①

我发现将分析"等待"的概念作为思考"只是存在"的出

---

① "大脑能够引人做出选择：它能够提用那些有用的记忆，将那些无用的记忆保存在意识的较低层次。你可以说感知也是这样的。作为行动的辅助者，感知会把我们感兴趣的那部分现实作为一个整体分隔开来；它向我们展示的事物用处，比它本身具有的要少一些。它把事物进行分类，预先给它们贴上标签；我们几乎不用看见物体，就可以知道它属于哪一类。但时不时地、偶尔运气特别好的时候，会出现意中人，他们的感官或意识对生活的依附性较低。造物主似乎忘记了将他们的感知能力和行动能力联系起来。当他们看见某样物品，他看到的就是事物本身，而非它能为自己带来什么。他们的感知并不是纯粹为了行动，而是为了感知本身，为了从中获得乐趣。就他们本性的某一方面而言，无论是意识还是他们的某一种感官，生来就是超然的；根据他在某种特定的感官或意识领域天生的超然表现，他们要么是画家或雕塑家，要么是音乐家或诗人。因此，我们在不同的艺术中发现了一种更为直接的现实图景；正是因为艺术家不那么热衷于依靠自己的感觉，所以他才能感知到更多的事物。"

发点，是非常有用的。一只晒太阳的猫并不会比一棵树虚待更多时光。等待意味着徒劳无功的、不受珍视的时间，这些时间对有机体来说是没有意义的，是一种过于偏重手段的生活态度的副产品。等待通常是一种愚蠢、低效且浪费的反应，原因是：（1）即使从效率的角度来看，不耐烦通常也没有什么好处；（2）甚至手段体验和手段行为本身也可以被享受、被品尝、被欣赏，可以说，此举没有额外的费用。旅行就是一个很好的例子，它表明一段时间既可以作为最终体验来享受，也可以完全被浪费掉。教育是另一个例子。一般来说，人际关系也是如此。

这里还涉及对浪费时间概念的某种颠倒。对于注意用途、目的和减少需要的这类人而言，一事无成，或是毫无目标的时间都是一种浪费。虽然这种说法完全合理，但我们可以提出一种同样合理的说法，或许可以认为浪费时间不会带来最终体验，也就是说，时间没有被最大限度地享受。"你喜欢浪费的时间不是被浪费的时间。""某些没必要的事情也许是必不可少的。"

散步、划独木舟、打高尔夫球等活动，是我们的文化无法直面其最终体验的一个很好的例证。一般来说，这些活动之所以受到赞誉，是因为它们能让人们进入户外、接触大自然、沐浴阳光或身临美丽的环境。从本质上说，这些都是将那些本应是无动机的最终活动和最终体验，投入有目的性、有完成性和务实性的框架中，以安抚西方的良知。

欣赏、享受、惊奇、热情、鉴赏力和最终体验

机体被动地接受和享受的不仅是审美体验，还有许多其他的体验。这种享受本身很难说是有动机的；如果要说它是有动机的，那么它其实是有动机活动的终点或目的，是满足需求带来的附带现象。

神秘、敬畏、愉悦、惊奇和赞美的体验，都是主观上丰富的体验，也同样都是被动的审美体验，这些体验以它们的方式冲击着有机体，像音乐一样包裹着我们。这些也是最终体验，达到了极限但不是工具性的，根本改变不了外部世界。如果我们对悠闲做出了适当定义，那么所有这些对于休闲来说也同样适用。

或许在这里谈论两种终极快乐恰如其分：（1）比勒的功能性乐趣；（2）纯粹的生活快乐（一种生物性的快乐、风趣的体验）。我们尤其可以在孩子身上看到这两种快乐，他不断地重复着他新学会的技能，纯粹是出于快乐，而快乐是伴随着良好和熟练的功能活动而来的。跳舞或许也是一个很好的例子。至于基本的生活乐趣，任何生病或消化不良或恶心反胃的人都可以证明，最终极的生物性快乐（风趣的体验）其实是健康活着带来的一种自动的、不需要结果的、没有动机的副产品。

风格和品位

在第10章中，行为的风格与行为的功能和目的形成对比，被列为表现性的一个例子，随后奥尔波特、沃纳和韦特海默也在著作中提及。

我想在这里补充一些1939年报道的数据,来说明和支持这一论点。在这项研究中,我试图发现高傲的强控制型女性(坚强、自信、逞强好胜的性格)与弱控制型女性(自卑、消极、害羞或退却的性格)之间的差异。人们发现了许多差异,最终通过观察她们走路、说话等就能相对容易地做出诊断(并因此得到验证)。性格结构表现在品位、衣着、社交行为等方面,也表现在明显的功能性、目的性和动机性行为方面。我举几个例子你就明白了。

通过选择的食物,强壮的人便能够展现自己的力量,她们偏爱更咸、更酸、更苦、更刺激、味道更浓郁的食物,例如,她们喜欢味道更强烈的奶酪,不喜欢味道温和的奶酪;喜欢虽然看起来丑陋、让人没有食欲,但味道很好的食物,如贝类;喜欢新奇和陌生的食物,如炸松鼠、蜗牛。她们不太挑剔,不会那么容易恶心反胃,对于看起来让人没有胃口或敷衍准备的食物也没有那么大惊小怪。然而,她们比弱控制型女性更热衷于美食,更在乎口腹欲,精力更充沛。

通过一种观察面相的同构论,我们可以发现,相同的品质在其他领域也有所体现,例如,她们的语言更强硬、更激烈、更坚决;她们选择的男伴也更可靠、更强壮、更坚强;她们对剥削者、吸血鬼和其他试图利用她们的人的反应也同样更强硬、更激烈、更坚决。

艾森伯格(Eisenberg)的研究从其他许多方面也有力地支持了这些结论。例如,在自己情感支配或自尊测试中,得分较高的人更容易在与实验者的约会中迟到,更容易表现出不尊重、更随意、更鲁莽、更居高临下的态度，他们不会过于紧张、焦虑和担心，更容易接受供奉的香烟，可以在没有受到邀请的情况下毫不客气，让自己舒服。

在另一项研究中，人们发现这两种类型的人的性反应具有更加明显的不同。得分更高的女性在与性相关的各方面都更像是个异教徒，她们对性的宽容度和认可度都较高。她更有可能失贞，更容易手淫，更容易与不止一个男人发生性关系，更容易尝试新奇刺激的性行为。换言之，在性方面，她也更强硬、更激烈、更坚决，更少受抑制。详见德·马丁诺（De Martino）的研究。

卡彭特（Carpenter）曾做过一项未发表的实验，研究了获高分和低分女性对不同音乐的品位，他得出了一个可预见的结论，即高分者（高自尊者）更容易接受陌生、狂野、古怪的音乐，更容易接受靡靡杂音和不和谐的旋律，更容易接受强有力而不是甜美的音乐。

梅多（Meadow）的研究表明，在受到压力的情况下，低分者（害羞、胆小、缺乏自信）的智力退化程度比高分者更严重，也就是说，他们不够坚强。参见麦克利兰与他的合作者关于成就需要的研究。

这些例子对于我们的论点的价值在于一个清晰可见的事实，即这些都是没有动机的选择，都表达了某种性格结构，就像莫扎特的所有音乐都是莫扎特式的，雷诺阿临摹的德拉克洛瓦（Delacroix）的作品，看起来终究是雷诺阿风格，而不是德拉克洛瓦的笔触。

这些都是同样方式的表现,如同写作风格,或主题理解测试里的故事,或罗夏测试中的协议,或过家家游戏。

游戏

游戏可以是应对性的,也可以是表现性的,或者两者兼而有之,这一点在游戏治疗和游戏诊断的文献中已经非常清楚明了。这个一般性结论似乎很有可能取代过去提出的各种功能性、目的性、动机性的游戏理论。既然没有什么可以阻止我们对动物使用"应对—表现"的二分法,我们也可以合理地期待对动物游戏的更有用和更现实的解释。为了开拓这一新领域,我们所要做的就是承认游戏可能是无用的、没有动机的,是一种存在而不是奋斗的现象,它是一种目的而不是手段。笑声、烦恼、嬉戏、寻欢作乐、喜悦、狂喜、欣喜若狂等也可能如此。

意识形态、哲学、神学、认知

这是另一个抵制正统心理学工具的领域。我认为这在一定程度上,是因为自达尔文和杜威以来,人们就自然而然地把一般思维看作是解决问题的方法,即功能性思维和动机性思维。

我们用以反驳这一假设的资料很少,主要来自对更庞大的思想产品——哲学体系的分析,这种体系很容易与个性结构建立互相关联。像叔本华这样的悲观主义者会建立一种悲观哲学,这似乎很好理解。在我们了解了主题理解测试的故事以及孩子们的艺术设计品种后,还将这种哲学体系当作纯粹的合理化行为或防御以及保护的手段,那就相当幼稚轻率了。在任何情况下,我们都会展现出一种与哲学观念平行的表现,就像巴赫(Bach)的音乐或者鲁本斯(Rubens)的绘画怎么可能是一种防御或合理化行为?

记忆也可能是相对没有动机的,我们可以清楚地从潜移默化的学习现象中看到这一点,因为所有人都曾或多或少地在潜移默化中学到过什么。研究人员在这个问题上要做的事情其实无关紧要,因为我们不关心老鼠是否会表现出潜在的学习能力。人类在日常生活中所做的一切都是毋庸置疑的。

安斯巴赫发现,缺乏安全感的人往往极有可能保存早期的无安全感的记忆。除此之外,我自己的发现也是一个恰当的例子,即缺乏安全感的人常常会做明显的缺乏安全感的梦。这些似乎明显是对待世界的态度的表现。我无法想象这些哲学体系怎么能毫无紧迫感地将此仅仅解释为需要满足、回报或加强。

在任何情况下,人们常常不费吹灰之力就可以轻易感知真理或正确的答案,而不需要苦苦追寻。在大多数实验中,在问题得以解决之前,我们都必须具备某种动机,这一事实很可能是问题平凡性或专断性在起作用,而不是证明"所有的思维都必须是有动机的"。在健康人过的健全生活中,思考和感知一样,可能是自发的、被动地接受或产生的,是对有机体的本性和存在的一种无动力、毫不费力、快乐的表达,它让事情自然发生而不是在人的驱使下发生,就像花香或树上苹果的存在一样。

第15章

心理治疗、健康与动机

令人惊讶的是，实验心理学家仍未转向心理治疗研究这一未被开采的金矿。作为成功的心理治疗的结果，人们的感知、思考和学习方式都发生了变化。他们的动机会改变，同时情绪也会改变。这是我们有史以来最好的治疗技术，可以将人类最深的本性与他们表面的个性进行对比。他们的人际关系和对社会的态度也发生了转变。他们的性格（或人格）既有表面的变化，也有深层的变化。甚至有证据表明，他们的外貌也发生了变化，身体健康得到了改善，等等。在某些情况下，甚至智商也会上升。然而，在大多数关于学习、感知、思维、动机、社会心理学和生理心理学等方面的书籍中，心理治疗这一词甚至没有被列入索引。

举一个例子，毫无疑问地，学习理论至少可以说通过研究婚姻、友谊、自由交往、耐力分析、职业成功等治疗力量的学习效果而获益，更不用说通过悲剧、创伤、冲突和痛苦了。

通过探究仅仅作为社会关系或人际关系的一个示例，即作为社会心理学分支的心理治疗关系，另一个同样重要的未解决的问题出现在人们面前。我们现在可以说出病人和治疗师之间至少三种彼此联系的方式：独断的、民主的和自由放任的，每一种方式在不同的时期都有其特殊的用途。不过准确来说，我们可以在儿童俱乐部的社会氛围里、在催眠的方式中、在政治理论的形态下、在母子关系以及类人猿的各种社会组织中，发现这三种类型的关系。

任何对治疗目的和目标的深入研究，都一定会很快揭露当前人格理论发展的不足，质疑价值在科学中没有立足之地的基本科学正统观念，揭示出健康、疾病、治疗和治愈等医学观念的局限性，清楚表明我们的文化还缺乏一个实用的价值体系。难怪人们害怕这个问题。还有许多其他的例子可以证明，心理治疗是普通心理学的一个重要门类。

我们可以说，心理治疗主要通过七种方式进行：（1）通过表达（行为完成、释放、宣泄），如利维的释放疗法所示；（2）通过满足基本需求（给予支持、担保、保护、爱、尊重）；（3）通过消除威胁（保护、良好的社会、政治和经济条件）；（4）通过改善洞察力、知识和理解；（5）通过建议或权威；（6）通过直接矫正其病症，如在各种行为疗法中发生的那样；（7）通过积极的自我实现、个性化或成长。对于人格理论更一般的目的来说，这也构成了一个在文化和精神病学认可的方向上，人格变化的方式列表。

在这里，我们尤其感兴趣的是追踪治疗资料和到目前为止本书中讨论的动机理论之间的一些相互关系。我们将会看到，满足基本需求是通向所有治疗的最终明确目标，即自我实现的重要一步（也许是最重要的一步）。

本书还将指出，这些基本需要大多只能由他人满足，因此，治疗必须主要在人际基础上进行。一系列基本需求（满足这些需求构成基本的治疗药物，例如，安全、归属、爱和尊重）只能从其他人那里获得。

不过我必须此刻就说明白,我本人的经历几乎完全局限在较为简单的疗法上。那些主要从事精神分析(深层次)治疗的人更可能得出这样的结论:最重要的药物其实是洞察力,而不是满足需求。这是因为重病患者在放弃对自我和他人的幼稚解释,并能够按照实际情况感知和接受个人和人际现实之前,无法接受或同化基本需求的满足。

如果愿意的话,我们可以讨论一下这个问题,指出洞察疗法的目的是使人们能够接受良好的人际关系,以及随之而来的需要满足。我们知道洞察之所以有效,是因为这些动机的改变得以实现。然而,接受了目前简单、短期的需要满足治疗和深入、长期、费力的洞察治疗之间的粗略区别,可以给我们带来相当大的启发价值。正如我们将看到的,需要满足在许多非技术的情境下是可能的,如婚姻、友谊、合作、教学等。这为治疗技能更广泛地扩展到各种外行人员(非专业治疗)开辟了一条理论道路。目前,洞察疗法确实已成为一个技术性的问题,掌握它需要大量的训练。对非专业治疗和技术治疗之间这种二分法的理论结果的不懈追求,将证明其不同的有用性。

一种有些冒险的观点也可能会被提出来:即尽管更深刻的洞察疗法涉及额外的原则,但如果我们选择研究抑制和满足人类基本需求的结果作为出发点,也可以更好地理解这些原则。这与现在的实际情况正好相反,即从一种或另一种精神分析(或其他洞察疗法)的研究中得出对短期疗法的解释。后一种方法所带来的副产品是令心理治疗和个人成长的研究成为心理学理论中一个孤立的领域,令其或多或少自给自足,并受这一领域特有的或固有的规律所支配。本章明确摒弃这种说法,一开始就坚信在心理治疗中没有特别的法则。我们之所以能像这样继续下去,不仅是因为大多数专业治疗师都受过医学训练,而不是心理训练,而且是因为实验心理学家总是莫名其妙地蔑视影响他们描述人类本性这一心理治疗现象的东西。简言之,我们不仅可以主张心理治疗必须最终建立在健全的、普通的心理理论的基础上,而且还可以主张心理理论必须扩展自己,从而使自己足以承担这一责任。因此,我们将首先讨论更简单的治疗现象,将洞察的问题推迟到本章后面的部分。

心理治疗和个人成长可以通过良好人际关系实现需求满足:支持这一观点的部分现象

我们知道将许多事实结合在一起,并不会形成任何纯粹的认知或任何纯粹的客观的心理治疗理论,但这相当符合需要满足理论,以及帮助治疗和成长的人际关系方法。

1. 哪里有社会,哪里就有心理治疗。萨满巫师、药剂师、巫婆、村落中的智慧老妪、牧师、古鲁(The Guru)①,以及最近出现在西方文明中的医生,在某些情况下,总是能够完成我们今天所说的心理治疗。事实上,人们已经证实,伟大的宗教领袖和组织不仅可以治愈严重且戏剧性的心理疾病,还可以治愈微妙的性格和价值紊乱。不过这些人对这些成就所做的解释彼此毫无共同之处,所以我们也不必认真考虑。我们必须接受一个事实:

---

① 古鲁是印度教或锡克教的宗教导师或领袖。——译者注

尽管这些奇迹能够实现，但是实施者并不知道自己创造奇迹的原因，也不知道自己究竟是如何创造了奇迹。

2. 这种理论与实践的差异在今天也依然存在。各种各样的心理治疗流派固执己见，有时争辩非常激烈。然而，只要工作的时间够长，一位从事临床工作的心理学家总会遇到被这些不同学派代表治愈的病人。然后，这些患者就会感激涕零地忠诚支持某一种理论。但是，收集流派中每一个流派的失败案例也同样容易。不过有一种情况会令人更加困惑，我见过一些病人，他们被医生甚至精神科医生治愈，但据我所知，这些医生从未接受过任何形式的心理治疗培训（更不用说教师、部长、护士、牙医、社会工作者等）。

诚然，我们可以从经验和科学的角度来批判这些不同的理论流派，并将它们排列出一个相对有效的大致等级。我们可以这么说，今后我们将有能力收集适当的统计数据，展示出即使两种理论训练彼此都没有大的失误或取得突破，但某一种理论训练的治愈率或者发展比例，就是比另一种理论训练更高。

然而，此时此刻，我们必须接受这样一个事实：治疗结果可能在某种程度上并不会完全依赖其理论，或者说得更直白一些，治疗其实根本没有理论可言。

3. 即使是在某一种思想学派的范畴内，比如说，经典的弗洛伊德精神分析学，大部分精神分析学家都知道并且认同弗洛伊德学派，但是不同分析学家之间对这一学派的理解有很大的差异，不仅是通常定义上的能力，还包括纯粹的疗效治疗。一些杰出的精神分析学家确实懂得很多，他们在精神分析教学和论著方面做出了相当重要的贡献，作为教师和讲师以及精神分析培训家，他们受到各种追捧，但他们往往无法真的治好自己的病人。还有一些人，他们从不写任何东西，也很少取得学术发现，但他们大部分时间都在治疗病人。当然，这种才华横溢的学术能力和治愈病人的能力显然在一定程度上是正相关的，但一些例外情况还有待解释。①

4. 历史上有一些著名的案例，在这些实例中，某一位治疗思想学派的大师，虽然作为一名治疗大家能力非凡，但当他向学生传授这种能力的时候，又多半会失败。如果只是理论、内容或知识的问题，如果治疗师的个性毫无区别，那么如果学生和老师

---

① 将此作为一个研究问题来处理的一个简单方法，是采访那些接受过精神分析或其他治疗的人。我曾经调查过34位患者，在治疗结束一年或更长时间后，他们接受了采访。当中有24人对自己的经历给予了诚恳、无保留的肯定，认为当时的治疗毫无疑问是值得的，此外，他们在谈论时总是抱以极大的热情。在剩下的10位患者中，有2人不满意自己的治疗师，所以选择更换治疗医生，对于新的医生，他们一致认为很棒。在这些病人中，有4人被诊断为精神病或有强烈的精神病倾向。其中，一位患者在她的精神病医生那里看了好几年病，但收效甚微；另一个人在治疗中途选择放弃分析治疗，随后消失无踪；第3个人治疗了一段时间，随后选择放弃，他强烈抵触我刚刚提及的3个医生，但对现在的医生颇有好感。在这10个人中，第7个人认为他的分析对自己有好处，但就是太耗时耗钱了。他或许会说自己的病确实好了，但他会觉得这是通过自己的努力，而不是靠精神分析。第8个患者是一位自己承认的同性恋者，被警察送到治疗师那里，根据治疗师自己的说法，这位患者目前仍然没有痊愈。第9个患者自己就是一位精神分析学家，在很久以前专门分析他人，他说按照目前的标准，自己经历的是一场非常糟糕的分析，因此他认为自己没有被分析。最后一个是一位年轻的癫痫患者，在父母的压力下被迫进行了不必要的分析。
在目前的情况下，对我们最有利的情况是，我尽自己所能地为71%的患者（表示无条件赞同精神分析的患者）带去各种各样的精神分析学家和非分析治疗师的治疗，包括理论、教义和实际方法等，每种方式都效果颇丰！

同样聪明、勤奋的话,学生最终应该做得和自己的老师一样好,或者比自己的老师更好。

5. 对于任何类型的治疗师来说,第一次见到患者,与他讨论一些外部细节,如步骤、时间等,第二次接触时,让病患汇报或说明一下病情进展,这是一种常见的经验。从公开的言行这一角度来看,这个结果是完全不可理解的。

6. 有时,治疗师一句话也不说也会产生治疗效果。有这么一个例子,一个女大学生想得到关于个人问题的建议。在接下来的一小时里,她口若悬河,而我一句话也没说,然后她心满意足地解决了这个问题,对我的建议深表感谢,随后就这么离开了。

7. 对于足够年轻或是病情不太严重的病例,一些主要生活经历就是最充分意义上的治疗。美满的婚姻、舒心成功的工作、发展良好的友谊、生孩子、面对紧急情况、克服困难——我偶尔见过一些患者,在没有职业治疗师的帮助下,所有这些经历都使其发生了深刻的性格变化,症状也随之消除。事实上,我们可以用一个例子来证明这样一个论点:良好的生活环境是基本的治疗因素之一,而专业性的心理治疗的任务往往只是使个人能够利用它们。

8. 许多精神分析学家观察到,他们的患者在分析间隙以及分析完成后都有进展。

9. 另据报道,治疗成功的一个迹象是被治疗者的妻子或丈夫的情况得到改善。

10. 也许最具挑战性的倒是今天存在着的非常特殊的情况,

在这种情况下，绝大多数病例都是由从未接受过治疗师培训或培训不足的人来治疗，或至少是由他们来处理的。我个人在这方面的切身体会就是最好的说明，而在心理学和其他领域内，大有人与我一样有此体会。

大多数二三十年代的心理研究学者接受的心理学训练是有限的，有时甚至可以说是相当贫乏的。这些学生出于热爱人类的原因选择进入心理学研究，他们想要理解并且帮助人类，但发现自己进入了一种奇特的、类似邪教的氛围中。在这种氛围里，他们的绝大部分时间都花在感觉现象、条件反射的结果、无意义的音节以及白鼠走迷宫的游戏上。随后，他们会学习一种更有用，但在哲学角度上说仍然有限且幼稚的实验和统计方法的训练。

然而，对于外行来说，心理学家毕竟是心理学家，是所有重大生活问题的标靶，是知道为什么会发生离婚，为什么会滋生仇恨，或者为什么人们会患上精神病的技术人员。他常常必须尽己所能地回答别人的问题。人们就是这么看待心理学家的，尤其是在那些从未见过精神病医生，也从未听说过精神分析的小城镇里。唯一一个可以取代心理学家的人是自己最喜欢的姑姑、家庭医生或牧师。因此，一个未经训练的心理学家有可能以此减轻自己的内疚，他也就可以将精力投入必要的专业训练中了。

然而，我想表达的是，这些探索性的努力经常奏效，总是会令年轻的心理学家大吃一惊。他已经为自己的失败做好了充分的准备，因为毕竟失败乃成功之母，但又该如何解释那些他甚至不曾期望的成功结果呢？

有些经历甚至更令人出乎意料。在各种研究过程中,我不得不收集各种类型人格的本质的、详细的病例,我完全没有做什么准备训练,只是询问了一些关于人格和生活史的问题,便极其偶然地治愈了我一直研究的人格扭曲!

偶尔也会有这样的事情发生,当一个学生向我征求一般性的建议时,我会建议他寻求专业的心理治疗,并解释为什么我认为这是可取的,他有什么样的问题、心理疾病的性质等。在某些情况下,仅仅这么做就足以消除他的症状。

业余的治疗师们常常会遇到这种现象,而专业治疗师则极少碰到。事实上,很明显,一些精神病医生根本不愿意相信关于这些事件的报道。但这一切都很容易被证实,因为这样的经历在心理学家和社会工作者中很常见,更不用说牧师、教师和医生了。

那么,我们要如何解释这些现象呢?在我看来,我们只有借助于动机和人际关系理论,才能理解它们。显然,我们有必要强调的,不是有意识的言行,而是无意识的行为和无意识的感知。在所有列举的案例中,治疗师都对病人感兴趣,他关心病人,试图帮助病人,从而向病人证明自己在至少一个人眼中是有价值的。在任何病例中,治疗师都是被当作一个更聪明、更年长、更强壮或更健康的人,患者也会感到更安全、更受保护,因此不会变得那么脆弱和焦虑。愿意倾听,免于责骂,鼓励坦诚,甚至在罪过被揭露之后也能接受和赞同,温柔和善,令病人感觉身边有人可依,所有这些再加上上面列出的各因素,都有助于患者产生一种被喜欢、被保护和被尊重的无意识认知。正如已经指出的那样，这些都是在满足基本需要。

似乎很清楚，如果我们赋予基本需求满足一种更大的作用，从而补充更为人所知的治疗决定因素（暗示、宣泄、洞察，以及最近的行为疗法等），那么，相比于单单借助这些已知的过程，我们可以解释更多。作为需求得到满足的唯一解释，一些治疗现象是与这些满足一同发生的——不过大概率是在一些程度较轻的病例中。另外一些更严重的问题，仅仅通过更复杂的治疗技术就可以得到充分的解释，如果再加上另一个决定因素——几乎是在良好的人际关系中自动实现的基本需求的满足，那么就很容易理解这些严重病例了。

作为一种良好人际关系的心理疗法

任何对人类人际关系的终极分析，如友谊、婚姻等，都将表明：（1）基本需求只能在人际间得到满足；（2）这些需求的满足物正是我们所说的基本治疗药物，即安全给予、爱、归属、价值感和自尊。

在分析人际关系的过程中，我们不可避免地会发现自己面临着区分好的人际关系和坏的人际关系的必要性和可能性。这种区别可以根据这种关系所带来的基本需要的满足程度，富有成果地实现。只要一种关系能够扶持或改善归属感、安全感和自尊（最终是实现自我）的需求，那么这种关系——友谊、婚姻、亲子关系——就会（以一种有限的方式）被定义为心理意义上的良好关系；反之，若是一种关系并不能带来任何好处，那么它就是一段不良关系。

这些是丛林、山川，甚至萌犬都不能满足的。只有从另一个人那里，我们才能得到完全令人满意的尊重、保护和爱，也只有对其他人，我们才能给予最充分的尊重、保护和爱。但这些恰恰是我们发现的好朋友、好爱人、好父母、好孩子、好老师、好学生给予彼此的东西。这些都是我们从任何一段良好的人际关系中寻求的满足。这些需要的满足，才是产生优秀人才的必要条件，而这反过来又是所有心理治疗的最终（如果不是直接的）目标。

我们的定义体系的广泛含义是：（1）从根本上来说，心理治疗并不是一种独一无二的关系，因为它的一些基本品质存在于所有"良好"的人际关系中①；（2）如果是这样的话，从心理治疗的本质是一种良好的或不良的人际关系角度来看，这方面的心理治疗必须受到比它迄今为止常收到的更为彻底的描述。②

1. 把良好的友谊（无论是夫妻间，父母和孩子之间，还是一般的人与人之间）作为我们良好人际关系的范例，再对其进行仔细研究，我们就能发现，相比于我们提到过的那些东西，它们能够为我们提供更多的满足感。相互坦诚、信任、诚实、缺乏防御性，除了表面价值之外，都可以被视为具有一种额外的表达

---

① 正如一段美好友谊的主要价值可能是完全无意识的，而这种无意识并不会大大降低它的价值一样，在治疗关系中，这些相同的品质也可能是无意识的，也不会因为无意识的状态而消除自身的影响。这与一个毋庸置疑的事实并不矛盾，即充分意识到这些品质，并有意识地、自愿地掌控它们的使用，将极大地提高它们的价值。
② 如果我们暂时把自己局限在那些能够直接得到爱和尊重的较轻的病例情况下（我相信，他们在我们人口中占大多数），这些结论更容易被接受。神经症患者需求满足及其结果的问题必须推迟讨论，因为它非常复杂。

性、宣泄性的价值（见第10章）。一段良好的友谊也会表现出大量的顺从、放松、幼稚和愚蠢，因为如果没有危险，并且我们之所以被爱和尊重是因为我们自己，而不是因为我们摆出的任何幌子或扮演的角色，我们便可以成为我们真正的样子，当我们感到软弱时软弱，感到困惑时受到保护，想放下成年的责任的时候变得孩子气。此外，即使在弗洛伊德的意义上，一段真正良好的关系也能提高顿悟能力，因为一位好友或丈夫足够慷慨，可以为我们的思考提供相当于精神分析的解释。

我们对所谓的良好人际关系的教育价值，也谈论得并不够多。我们不仅渴望安全和被爱，而且渴望了解更多，充满好奇，揭露每一种包装，打开每一扇门。除此之外，我们还必须考虑到，需要用基本哲学冲动来构建这个世界，深刻地理解它，使它有意义。只要一种良好的友谊或亲子关系在这方面提供了很多，那么这些满足就可以或应该可以在一个特殊的程度上在良好的治疗关系中得到实现。

最后，我们不妨对一个显而易见的事实说一句话，那就是爱和被爱一样快乐[①]。在我们的文化中，公开的情感冲动被严重抑制，就如同性冲动和敌对冲动一般——这两者可能被抑制得更严重。我们被允许在极少数的关系中公开表达感情，也许其实只有三种关系：父母与子女，祖父母与孙辈，已婚者与情侣。甚至在这些关系中，我们也知道它们会被轻而易举地扼杀，夹杂着尴

[①] 我对儿童心理学文献中这种莫名其妙的失察感到特别震惊。"孩子一定要被爱""孩子为了维系父母的爱，进而努力表现好"等，换种理解也同样有效："孩子一定要爱别人""孩子因为爱父母会表现得很好"等。

尬、内疚、防御或对支配权的争夺等。

治疗性关系允许，甚至鼓励公开的爱和情感冲动，它甚至认为口头表达都远远不够。只有在这里（以及在各种"个人成长"群体中），它们才被视为理所当然的东西和人们期望的东西；只有在这里，它们才被有意识地清除了当中一些不健康的添加物，随后得到净化，发挥出最大的作用。这些事实清楚地表明，我们有必要重新评估弗洛伊德的移情和反移情概念。这些概念源于对疾病的研究，所以对于处理健康问题来说作用太有限了。它们必须被扩充，既包括健全的也包括不健全的，既包括理性的也包括非理性的。

2. 我们在这里至少可以区分出三种不同性质的人际关系，一种是主从，一种是平等主义，另一种是超然或自由放任。这些已经在不同的领域得到了证实，包括治疗师和患者的关系。

治疗师可以将自己视为患者的主动的、起决定作用的、管理型的领导，也可以将自己与患者联系在一起，作为共同任务的合作伙伴，或者最终，他可以将自己转变为患者面前的一面平静、无情感的镜子，从不参与，从不充满人性地接近患者，但始终保持超然的态度。这最后一种是弗洛伊德推荐的类型，但是其他两种类型的关系尽管更加正式，但实际上是最普遍的，对于被分析的人来说，任何正常的人类情感唯一可用的标签是反移情，即非理性的、病态的。

现在，如果治疗师和病人之间的关系是病人获得必要治疗药物的媒介，就像水是鱼找到自己所需要的东西的媒介一样，那么我们必须考虑的就不是关系本身，而是应该根据哪种媒介最适用于哪个病人。我们必须谨防自己只知道选择一种,将其他媒介一概排斥在外。没有理由在优秀治疗师的医疗设备中找不到这三类媒介,以及其他可能尚未被发现的东西。

虽然从以上所述可以看出,普通患者在一种温暖、友好、民主的伙伴关系中最能茁壮成长,但患者周围大多不是这种最佳氛围,因此我们没有办法将其变为一种规则。对于更严重的慢性稳定型神经症患者尤其如此。

对一些将善良视为软弱的更为独裁性格的病患,绝不能让他们轻易对治疗师产生轻视。严格把控,并设定非常明确的限制,对病人的最终利益是极有必要的。兰克学派(Rankeans)在讨论治疗关系的极限时特别强调了这一点。

另一些人已经学会了将感情视作圈套和陷阱,他们会因焦虑而退缩,变得冷漠孤僻。深藏的罪恶"需要"惩罚。鲁莽的、具有自我危害性的东西可能需要积极的命令加以制止,以防止他们给自己带来无法挽回的伤害。

但是,治疗师应该尽可能意识到自己与患者之间形成的关系,这一原则不例外。尽管因为自己的性格,治疗师会自发地倾向于一种类型,而不是另一种类型,但是考虑到对其患者的好处,他应该能够控制自己。

无论如何,如果这种关系不好,不管是从总体上来看还是从个别病人的角度来看,任何其他的心理治疗资源还会产生多大的效果都是值得怀疑的。这在很大程度上是因为,医患之间的关系往往不会被轻易介入或中断。但是,即使病人和他非常不喜欢、憎恨或令他感到焦虑的治疗师待在一起,时间也不太可能被花在自我防卫、挑衅上,病人也不太会以自己为饵,使治疗师不快。

综上所述,即使形成令人满意的人际关系本身可能并不是目的,而是达到目的的一种手段,它仍然必须被视为心理治疗的必要或亟须的先决条件,因为它通常是配置所有人都需要的基本心理药物的最佳媒介。

这一观点还有其他有趣的含义。如果心理治疗在本质上是向病人提供那些他应该从其他良好人际关系中获得的品质,那么这就等于把心理学上的病人定义为一个从未与其他人建立过足够良好人际关系的人。这与我们先前对病人的定义并不矛盾:病人是没有得到足够的爱、尊重等的人,因为他只能从别人那里得到这些。尽管这些定义被证明并不矛盾,但每一个定义都将我们引向不同的方向,并使我们看到治疗的不同方面。

对疾病所下的第二个定义的一个结果是,它为心理治疗的关系带来了另一种解释。在大多数人眼里,心理治疗关系是一种不顾一切的手段,一种最后的求助手段,而且由于大多数病人都参与其中,它本身就被认为是怪异的、不正常的、病态的、不寻常的、不幸的需要,就像外科手术一样,甚至治疗师本人也这么认为。

当然,这不是人们进入其他有益的关系时的一种态度,如婚姻、友谊,或伙伴关系。但是,至少从理论上讲,心理治疗和友谊就和手术相似。因此,它应该被视为一种健康的、可取的关系,甚至在某种程度和某些方面,应该被视为人与人之间一种理想关系。从理论上讲,这应该是值得期待的,是迫不及待的。这就是从前面的考虑中应该得到的推断。然而，事实上，我们知道情况并非经常如此。当然，人们认识到了这种矛盾，但是，由于神经症患者执拗于自己的病症，这种矛盾产生的原因并没有被很好地解释。不仅病人，甚至是治疗师，肯定都将对治疗关系本质的误解当作了解释。

治疗的人际关系定义的另一个结果是，人们有可能将它的一方面表述为建立良好人际关系的技巧训练（慢性神经症患者在没有特殊的帮助下是做不到的）；证明这是一种可能性；发现它是多么令人愉快和富有成效。那时就可以期望病人通过某种形式的训练后，与其他人建立深厚的友谊。据推测，他可以像我们大多数人一样，从我们的友谊、孩子、妻子或丈夫以及同事那里，获得所有必要的心理药物。从这个观点来看，治疗可以用另一种方式来定义，即让病人自己建立起所有人都向往的良好人际关系，让相对健康的人得到他们所需要的多种心理药物。

上述观点得出的另一个推论是，理想情况下，患者和治疗师应该相互选择，而且这种选择不仅应基于声誉、费用、技术培训和技能等，还应基于普通人对彼此的喜爱。从逻辑上可以很容易地证明这一点，它至少会缩短治疗所需的时间，使患者和治疗师都更容易，更有可能达到理想的治愈状态，并使整个经历对双方都更有意义。这样一种结论的各种其他推论是，理想情况下，两者的背景、智力水平、经验、宗教、政治、价值观等应该更为接近。

我们现在必须搞清楚的是，治疗师的个性或性格结构，即便不是至关重要的因素，肯定也是一个重要的考虑因素。他必须是这样一种人：可以很容易进入理想的良好人际关系，即心理治疗关系。此外，他必须能够对许多不同类型的人，甚至对所有人做到这一点。他必须热情且富有同情心，必须对自己保持足够的信心，能够尊重其他人。从心理学的意义上说，他应该是一个本质上遵循平等的人，他以基本的尊重对待其他人，仅仅因为他们是人，是独一无二的。一句话，他应该在情感上有安全感，有健康的自尊。此外，他的生活状况应该达到良好，这样一来，他就不会全神贯注于自己的问题。他应当婚姻幸福，手头宽裕，有好朋友，喜欢生活，一般来说能够生活愉悦。

最后，所有这一切都意味着，作为额外的考虑，我们很可能会很好地揭开这个过早封闭的问题（由精神分析学家提出），即在正式的治疗疗程结束后，甚至在他们进行治疗时，治疗师和患者之间连续不断的社会接触被中断了。

做心理治疗用的良好人际关系

因为我们已经扩展并且概括阐明了心理治疗的最终目标，以及产生这些最终效果的特定药物，所以我们已经从逻辑上致力于消除那些将心理治疗与其他人际关系和生活事件隔离开来的壁垒。生活中那些帮助普通人朝着技术性心理治疗的最终目标前进的事件和关系，可以被恰如其分地称为心理治疗，即使它们发生在办公室之外，没有专业治疗师的帮助。因此，研究心理治疗的一个完全正当的部分，就是探索由好婚姻、好友谊、好父母、好工作、好老师所带来的日常奇迹。一个直接从这种看法中得出的原理实例是，当患者能够接受和处理治疗关系时，技术治疗应该更多地依赖于引导患者进入这样的关系。

当然，我们不必像专业人士那样，害怕把这些重要的心理治疗工具——保护、爱和尊重他人，交给业余者。虽然它们确实是强大的工具，但绝不会因此成为危险工具。我们可以认为，通常我们不会因为爱和尊重某人而伤害他（除了偶然的神经症患者，他们的病症在任何情况下都已经无药可救了）。公正地说，关心、爱和尊重这些力量几乎永远都是有益的，不会带来害处。

我们不仅应相信每个正常人都有可能成为无意识的治疗师，而且必须接受这样的结论，认可、鼓励并普及这一观点。至少让所有人，从垂髫到耄耋，都了解这些被我们称为非职业心理治疗的基本原理。大众心理治疗（利用大众医学和个人医学之间对比的相似性）的一项明确任务就是传授这些事实，而且是广泛传播，确保每一位老师、每一位患者，理想情况下甚至是每一个人，都有机会理解和应用这些事实。人类总是向他们尊敬和爱的人寻求建议和帮助。心理学家和宗教主义者没有理由不把这一历史现象形式化、语言化，并大加弘扬，将之普及。我们希望人们可以清楚地认识到，每当他们威胁某人或没有必要地羞辱或伤害他人，或者支配、排斥他人的时候，他们就成为心理病理学的诱发力量，即便这些力量微不足道。此外，希望人们也认识到，每一个善良、乐于助人、正派，在心理学意义上民主、深情以及温和的人，即使自己微不足道，也是心理治疗的一道力量。①

心理治疗与良好社会

与之前讨论的良好人际关系的定义类似，我们可以探索一下，到目前为止，被人们直接称为良好社会的定义内涵，这种社会是一个最大可能帮助其成员成为健全和自我实现的人的社会。这反过来又意味着，良好社会是以下这种按照固定方式建立制度安排的社会：培养、鼓励、奖励、产生最大限度的良好人际关系，产生最小限度的不良人际关系。我们可以从上述定义和说明推论出，良好的社会是心理学上的健康社会的同义词，而不良的社会是心理学意义上病态社会的同义词，换句话说，分别指代基本需要满足和基本需要受挫，即不充分的爱、情感、保护、尊重、信任，太多的敌意、羞辱、恐惧、蔑视和支配。

我们应当强调，社会和制度的压力助长了治疗性或致病性的结果（使其更容易、更有利、更可能，同时赋予其更大的主要和次要收益）。它们并不是绝对地注定了自己的命运，或使其绝对不可避免。对简单社会和复杂社会中的人格范围都有了足够的了解后，我们一方面尊重人性的可塑性和弹性，另一方面也尊重特殊个体已经形成的性格结构所特有的顽固性，这种顽固性使他们有可能

---

① 我想有必要再次对这种笼统的说法加上适当的警告。没有慢性稳定型神经症经验的读者一定很难相信，这些患者不属于上述建议的范围。然而，每一位有经验的治疗师都知道这一点。随着对非职业心理治疗的日益尊重，我们越来越认识到职业心理治疗者的必要性。这些职业心理治疗者可以被定义为那些在治疗过程中失败的地方勇接重担、继续坚持的人。

抵制甚至蔑视社会压力（见第11章）。人类学家似乎总能在残酷的社会里发现善良的人，在太平社会里找到好战之人。我们现在已经知道了，不要把所有人类的弊病都归咎于卢梭式的社会契约，也不敢指望仅仅通过社会进步就能使所有人都幸福、健康和聪慧。

就我们的社会而言，我们可以从不同的角度来看待它，而所有角度都有助于实现某种目的。例如，我们可以为我们的社会或任何其他社会折中一下，并给它贴上相当病态、极度病态等标签。然而，对我们来说，更有用的是衡量和平衡病态培养和健康培养的力量。很明显，随着控制权忽而转向一组力量，现在又转移至另一组力量，我们的社会在不稳定的平衡中摇摇欲坠。我们没有理由不去测量和试验一下这些力量。

撇开这些一般性的考虑，转向个人心理问题，我们首先处理的是对文化的主观解释。从这个角度来看，我们可以公平地说，对于神经症患者而言，社会是病态的，因为他领略了当中占压倒优势的危险、威胁、攻击、自私、羞辱和冷漠。当然，可以理解的是，当他的邻居看着同样的文化、同样的人群时，可能会发现这个社会是一个健康的社会。这些结论在心理上并不矛盾。它们都可以在心理上存在。因此，每个身患重病的人都是主观地生活在一个病态的社会里。结合这一陈述和我们之前对心理治疗关系的讨论，我们得出的结论是，心理治疗可以被表述为试图建立一个微型的良好社会。①即使从绝大多数的观点来看，这个社

---

① 在这里，我们必须提防过于极端的主观主义。从更客观的意义上讲，对病人来说（即使对健康的人来说），病态的社会也是不好的，哪怕只是因为它会产生神经质的人。

会是病态的,也可以使用同样的描述。

从理论上讲,社会意义上的心理治疗相当于与病态社会的基本压力和倾向背道而驰。或者更广义地说,无论一个社会的总体健康或疾病程度如何,治疗相当于在个体规模上对抗该社会中产生疾病的力量。可以说,心理治疗试图扭转潮流,从内部挖掘,在最终的词源意义上,它具有革命性或激进性。因此,每一位心理治疗师都是或应该是,在小范围而不是在大范围内,与自己所在社会中的精神致病力量作斗争;而且,如果这些致病力量是构成这个社会的基础和主要力量,那么,他实际上是在与整个社会做斗争。

很明显,如果心理治疗的能力能得到极大的扩充,如果心理治疗师们不是一年治疗几十个病人,而是一年接诊几百万个病人,那么,我们用肉眼都可以观察到这些违反我们社会本质的微小力量。毫无疑问地,在这种情况下,社会将会改变。首先是人际关系的变化,诸如人们变得好客、慷慨、友好等,当足够多的人变得更好客、更慷慨、更善良、更社会化时,我们就可以放心了,他们必然也会带来法律、政治、经济和社会变革。也许快速传播的T小组、基础交友小组以及许多其他类型的个人成长小组和阶层,可能会对社会产生明显的影响。

在我看来,一个社会无论多么美好,都不可能完全消除疾病。如果社会中的威胁不是来自其他社会成员,那么它们一定来自大自然,来自死亡,来自挫折,来自疾病,甚至仅仅来自这样一个事实:我们共同生活在一个社会中,尽管这种群居生活对我们有利,我们也必须改变满足自己欲望的形式。我们也不敢忘记，人性本身就会滋生罪恶，即便这种恶意不是天生的，也会因无知、愚蠢、恐惧、沟通错误、笨拙等情况而诞生。（详见第9章。）

这是一组极为复杂的相互关系，它很容易被误解，或者说它很容易引起误解。也许不必大费笔墨，我就可以避免这种情况，只要让读者看一篇我在乌托邦社会的心理学研讨会上为学生准备的论文。这篇文章强调了经验性的、实际可实现的（而不是不可实现的幻想）东西，并且坚持不断深化的陈述，而不是非此即彼的陈述。这个任务是由以下问题构成的：人性允许的社会良好状况可以达到什么程度？社会允许的人性良好程度又是多少？考虑到我们已经知道的人性固有的局限性，我们希望人性有多好？考虑到社会本身固有的困难，我们还能指望一个多好的社会？

我个人的判断是，不可能存在所谓的完美之人，这种人甚至是无法想象的，但人类远比大多数人认为的更具改善性。至于完美的社会，在我看来，这似乎是一个无法实现的愿望，特别是鉴于这样一个明显的事实：即使只是拥有完美的婚姻、友谊或亲子关系，都已经很难了。如果没有污点的爱情在两个人中间、一个家庭中间、一个群体中都如此难以实现，那么对于两亿人来说又有多难？对于三十亿人呢？同样，两个人、群体和社会，虽然无法尽善尽美，但很明显是可以改进的，当然也可以从非常好到非常坏。

此外，我觉得我们已经对如何改善伴侣、群体和社会了解得足够多，懂得怎样排出快速或简单改变的可能性。改进个人，并且维持一段时间，可能是多年治疗工作的任务，甚至"改善"的主要方面是，允许他终身从事改善自己的任务。在转变、顿悟、觉醒的伟大瞬间，快速地自我实现的确可能发生，但这是极为罕见的，不要指望这种情况。精神分析学家早就知道了不能仅仅依靠洞察力，现在强调"通过力争"，即通过长期的、缓慢的、痛苦的、反复的努力来运用洞察力。在东方，灵性导师和引导者一般也会提出同样的观点，那就是提高自己应当是个人毕生的努力。同样地，在身处T组、基础交友小组、个人成长组、情感教育组等的领导者们更为深思熟虑且清醒的头脑中，这种教训逐渐清晰，他们现在正处在放弃自我实现的"大爆炸"理论的痛苦过程中。

当然，这一领域的所有系统阐述都必须不断深化，如下所示：（1）普通社会越是健康，个体心理治疗的必要性也就越小，因为患病的个体人数会越少；（2）普通社会越是健康，病人就越有可能在没有技术治疗干预的情况下得到帮助或治愈，即通过良好的生活经历痊愈；（3）普通社会越是健康，治疗师就越容易治愈病人，因为简单的满足疗法更容易被病人接受；（4）普通社会越是健康，顿悟疗法就越容易治愈患者，因为会有许多东西支持良好的生活经历、良好的关系等，同时相对不会受到战争、失业、贫困等社会病态影响。显然，这类易于检验的若干定理是可能的。

这样一些有关个体疾病、个体治疗和社会性质之间关系的表述是有必要的，它可以帮助解决人们经常说的悲观悖论，"在一个最先造成不良状态的病态社会里，健康或健康的改善怎么可能得以实现呢?"当然,这种困境中隐含的悲观主义与自我实现者的出现以及心理治疗的存在(心理治疗通过实际存在证明了它的可能性)相矛盾。即便如此,通过实证研究来看待整个问题,我们将会理解这种悲观悖论是如何通过理论方式成为可能的。

现代心理疗法中训练和理论的角色

随着病情变得日益严重,从需求满足中获益的机会也就越来越少。于是,便出现了如下的连续现象:(1)为了满足神经性需求,在人们放弃满足基本需求后,他们甚至根本不会再追求或是想到自己的基本需求;(2)甚至,我们即便满足了患者的基本需求,患者也不能充分利用。因此,我们可以得出一个结论:为患者提供爱怜是徒劳无益的,因为他害怕爱、不相信爱、曲解爱,最终拒绝爱。

正是在这一点上,专业的(洞察)治疗不仅有必要,而且是不可替代的。其他的治疗都无从下手,暗示疗法不行,宣泄疗法不行,症状治疗不行,满足需求也不行。因此,越过这一点之后,我们可以说是步入了另一片天地,一个受自身规则管辖的领域。在这个领域中,本章迄今为止讨论的所有原则,除非经过修改和限定,否则将不再适用。

技术治疗和非专业治疗之间的差异是巨大且重要的。若是在三四十年前,我们不需要为上述讨论添加任何内容,但是今天却有必要这么做,因为从弗洛伊德、阿德勒等人的革命性发现开始,本世纪的心理学发展已经将心理治疗从一门无意识的艺术,转变为一门有意识的应用科学。我们现在拥有可用的心理治疗工具，但它们不能自动地适用于健康的人，只有那些足够聪明，且额外接受了有关这些新技术的严格训练的人，才能够使用我们的心理治疗工具。它们是人工的技术，不是自然的或无意识的技巧。在传授过程中，它们可以在某种程度上独立于心理治疗师的性格结构。

我只想在这里谈一下这些技术中最重要的、最具革命性的一点，即让病人顿悟，也就是说，让病人有意识地获得自己无意识的欲望、冲动、抑制和思想（通过基因分析、性格分析、抵触分析、移情分析）。正是这一工具，使得同样拥有必要良好人格的专业心理治疗师，比仅仅拥有良好人格而没有专业技术的人，拥有了更大的优势。

这种顿悟是如何产生的？到目前为止，如果不是全部也是大部分令人实现顿悟的技巧，依然局限在弗洛伊德阐述过的那些原理中。自由联想、梦境解析、日常行为背后的意义分析，这些是治疗师帮助患者获得有意识顿悟的主要途径。[①]我们还可以列出其他一些可能的途径，但它们并不太重要。尽管诱导各种形式的分离并对其加以利用的松弛技巧和其他各种技巧，曾经的使用程度远比今天要多得多，但它们依然不如所谓的弗洛伊德技巧那么重要。

在一定范围内，任何一个聪明人，只要愿意接受精神病学

---

① 各种类型的团体治疗在很大程度上都依赖于弗洛伊德的理论和方法，但它们都许诺会提升我们的顿悟技巧：（1）教育技巧的解释，直接传授信息等；（2）通过倾听其他患者表露自己的类似压抑物，释放轻微的压抑。这种讨论与各种行为疗法的关系都不大。

和精神分析研究所、临床心理学研究生院等机构提供的适当培训课程，他就能够掌握这些技术。诚然，正如我们预期的那样，在使用这些技术的功效上，存在着个体差异。一些懂得运用顿悟疗法的学者似乎比其他学者拥有更好的直觉。我们也可能会怀疑，我们所标榜的人格健全的治疗师，会比没有这种人格的治疗师更有效地利用这些技术。因此，所有的精神分析学院都会对学生的人格有所要求。

弗洛伊德带给我们的另一项伟大新发现是，心理治疗师需要认识到自我理解的必要性。虽然精神分析学家已经认识到治疗师这种顿悟的必要性，但持其他见解的心理治疗学家还没有正式认识到这种必要性。这是一种错误。根据这里提出的理论，任何能使治疗师人格变得更好的力量，都会令他成为更好的治疗师。心理分析或治疗师的其他深度治疗可以帮助完成这一点。如果有时没能完全治愈，至少也可以让治疗师意识到什么可能威胁到他，以及使他内心产生冲突和沮丧的主要领域。因此，与病人打交道时他就可以忽略自身的这些力量，并加以纠正。因为他总能意识到这些阻力，所以能够以理智掌控它们。

正如我们所说，在过去，治疗师的性格结构远比他持有的任何理论都重要，甚至比他运用的意识技巧都更为重要。但随着技术治疗变得越来越复杂，这种重要性必将变得越来越低。在整体观察了一位优秀的心理治疗师后，我们发现近十年或二十年来，他自身性格结构的重要性已经慢慢减弱，当然将来无疑还会继续减弱，而他的训练、他的才干、他的技术、他的理论正在稳步变得越来越重要。我们可以放心，在未来的某个时候，它们将变得举足轻重。我们曾经称赞过智者老妪的心理治疗技术，原因很简单：一是因为她们是旧时唯一的心理治疗专家；二是因为，即使是现在或将来，在我们所说的非职业心理治疗中，这种治疗技术始终是非常重要的。然而，靠掷硬币来决定是去找牧师还是去找精神分析学家看病，早已不再是一件明智或合理的事情了。高明的专业心理治疗师把那些依靠直觉的帮助者远远抛在了身后。

我们可以预期，在不久的将来，特别是社会进步的时候，人们将不再会出于消除疑虑、得到支持或其他的满足需求的目的，来寻求专业心理治疗师的帮助，因为这些都可以从外行同伴那里获得。一个人只会为了一些超出简单的满足疗法或释放疗法范围的疾病而来，而这些疾病只能通过专业人士运用专业技术来发现。

自相矛盾的是，从上述理论中我们也可以得出完全相反的推论。如果相对健康的人更容易受到治疗的影响，那么我们很有可能会将更多的技术治疗时间留给最健康的人，而不是最不健康的人，这么做的理由是，一年里改善十个人的心理健康状况总比只改善了一个人要好，尤其是当这些人本身就处于关键的非专业治疗职位时，如教师、社会工作者、医生。在很大程度上，这一切其实已经发生了。经验丰富的精神分析学家和存在主义分析学家们的大部分时间，都用于培训、教导以及分析年轻的治疗师们。对治疗师来说，教导医师、社会工作者、心理学家、护士、牧师和教师，已经是一件司空见惯的事情了。

在结束顿悟疗法这一话题之前，我认为最好讨论一些到目前为止，我们将顿悟和需要满足一分为二的方法。纯粹的认知或理性的顿悟（冷酷的，毫无情感的知识）是一回事，而机体的顿悟则是另一回事。弗洛伊德学派有时提及的彻悟就是对这种事实的承认，即仅仅了解某位病患的症状，即使加上对病源的认知以及了解它们在当代精神疾病中所扮演的能动角色，这些行为本身往往并不具备治疗效力。治疗应该同时持有一种情感体验、经历的真实重现、一种宣泄和反应作用。也就是说，彻悟不仅仅是一种认知体验，也是一种情感体验。

更微妙的一种观点是，这种顿悟往往是一种意动的、需要满足的或受挫的经历，是一种被爱、被抛弃、被轻视、被排斥或被保护的真实感觉。分析者当时所说的情感，最好被看作是对现实的反应，例如，尽管受到压抑或至今仍在被曲解，但事实是父亲真的爱他，毕竟他生动地重温了一段二十岁青年的经历；或是通过亲身体验适当的情感，他突然意识到，他原来一直憎恨自己以为深爱的母亲。

这种认知、情感和意动同时并存的丰富体验，我们可以称之为机体的顿悟。但是假设我们一直主要研究的是情感体验呢？那么，我们应当不断扩展这种经验，令其越来越丰富，逐渐容纳意动因素，并最终发现我们自己在谈论的是有机体的或整体的情感等。意动经验也是如此，它也将扩展到整个有机体的非意动经验。最后一步，我们需要认识到，除了研究者的方式角度外，有机体在洞察力、机体情感和机体意动之间并没有差别；显而易见，最初的二分法其实是太过拘泥于原子化方式，而无法达到主题的一种人为产物。

自我疗法；认知疗法

我们在这里提出的理论的一种含义是，自我治疗比人们通常认识到的兼具更大的可能性和局限性。如果每个人都学会了解自己缺少什么，知道自己的基本欲望是什么，大致了解表明这些基本欲望得不到满足的症状，那么他就可以有意识地去努力弥补这些不足。我们可以公平地说，根据这一理论，相比于大多数人意识到的自我治疗可能性，他们可以在自己的能力范围内更可能地治愈遍及我们社会成员的各种轻微适应不良。爱、安全、归属感和对他人的尊重，几乎成为对付情境紊乱，甚至是一些轻微性格紊乱的灵丹妙药。如果一个人明白了自己应该拥有爱、尊重、自尊等，他便可以有意识地去寻找这些东西。当然，每个人都会同意，相比于无意识地弥补这些因素的缺失，有意识地寻找这些东西会带来更好、更有效的结果。

但与此同时，当更多人抱有了这种希望，且明白自己比通常认为的更有可能完成自我治疗的时候，仍有一些问题，是他们必须寻求专业人士的帮助才能解决的。一方面，对严重的性格障碍或存在性神经症，清楚理解产生、诱发和维持这种紊乱的动力是绝对必要的，随后才能为患者提供超越仅有改善作用的治疗。正是在这里，必须使用所有必要的工具才能带来有意识的顿悟，这些工具目前还没有替代品，只有经过专业培训的治疗师才懂得如何使用。就永久治愈而言，一旦一个病例被认为是严重的，那么来自外行、来自智者老妪的帮助在九成的情况下都会成为完全的无用功,这就是自我治疗的本质局限性。①

团队疗法:个人成长团队

我们心理治疗方法的最后一个含义,是更加尊重团队治疗以及T小组等。我们已经强调了一种事实,即心理治疗和个人成长实际是一种良好人际关系的形成,仅仅从先验的角度来看,我们应该能够感觉到,将两个人扩充为更大的群体可能会带来更大的益处。如果普通疗法被看作是两个人的理想社会缩影,那么团队疗法就是十个人的理想社会缩影。我们已经具备了尝试团队治疗的强烈动机,因为这种方式省时省钱,并能够为越来越多的患者提供更广泛的心理治疗。但除此之外,我们现在有经验数据表明,团队治疗和T小组可以做到个体心理治疗做不到的事情。我们已经知道,当患者发现群体中的其他成员与自己同病相怜时,发现他们的目标、他们的冲突、他们的满足和不满、他们隐藏的冲动和想法,常常是社会大部分成员几乎普遍都有的时候,他们就很容易摆脱独特感、孤立感、内疚感或罪恶感。这就减少了这些隐秘的冲突和冲动对心理疾病的影响。

在实践中,另一种治疗期望也应运而生。在个体心理治疗

---

① 自从这一观点最初被表达出来,霍妮和法罗(Farrow)就出版了关于自我分析的趣书。他们的看法是,个人通过自己的努力,可以达到某种程度的顿悟,但不是专业分析师能够达到的程度。大多数分析师并不否认这一点,但他们大多认为这是不现实的,因为如此一来,患者就需要具备非凡的动力、耐心、勇气和毅力。我相信,许多论及个人成长的书中也有类似的情况。他们当然会有帮助,但如果没有专业人士或"导师"、宗教领袖或领导者等人的帮助,就不能指望他们实现巨大的转变。

中，患者要学会至少与一个人——治疗师建立良好的人际关系。人们希望他能将这种能力运用到他的一般社会生活中去。有时他可以做到，但有时不能。可在团队治疗中，他不仅学会了如何与至少一人建立这种良好的关系，而且实际上，他是在治疗师的监督下，继续与整个团队中的其他人练习这种能力。总的来说，已有的实验结果虽然并不会令人大为惊叹，但确实令人鼓舞。

正是因为有了这样的经验数据以及理论上的推断，我们才应该敦促进行更多的团队心理治疗研究，这不仅因为它是技术心理治疗中一项颇有前景的先导方法，而且因为它一定会教给我们许多关于一般心理学理论的知识，甚至是关于广义社会理论方面的知识。

T小组、基础交友小组、敏感性训练，以及现在被划分至个人成长组，或情感教育研讨会和工作组的所有其他类型小组，皆莫过如此。尽管在程序上有很大的不同，但是可以说，所有的心理治疗都具有相同的目标，即自我实现，充分实现人性，更充分地利用物种和个人潜力等。像任何一种心理治疗一样，只要通过有能力的人的协助，这些小组就能创造奇迹。但我们如今也有足够的经验证明，如果小组管理不善，它们也可能无济于事，甚至带来危害。因此，还需要更多的研究。这当然不是一个令人吃惊的结论，因为对于外科医生和所有其他专业人员来说都是如此。此外，还有一个问题我们尚未解决：外行人或业余爱好者又该如何选择有能力的治疗师（或医生，或牙医，或宗教领袖、向导或老师），避免不称职的治疗师呢？

第 16 章

正常、健康和价值

"正常"和"不正常"这两个词的应用场景和表达的意思都太多，所以在如今的环境下它们都太过笼统，近乎无用。最近在心理学家和精神病学家中有一种强烈的倾向，就是用一些更具体的概念来替代这些使用得太过普遍的词汇。这就是我在这一章将要探讨的问题。

一般来说，人们习惯从统计意义上、文化相对主义上或是生理意义上去定义"正常"。然而，这些只是正式的定义，就如同对"公司"是什么或"周日"是什么下的一个明确定义，而不是日常运用时的意义。这个词的非正式意义和它的正式意义一样需要明确。当人们问"什么是正常的"时，对大多数人来说，甚至对那些在非正式场合的专业人士来说，这是一个价值问题。这实际上是在问我们：应该重视什么？对我们来说什么是好什么是坏？我们应该担心什么？我们应该对什么感到愧疚或崇高？我决定在专业和非专业的角度同时解释这一章的标题。在我的印象里，这个领域的许多专家都做过同样的工作，尽管他们大多数时候不承认。其中，关于"正常"应该是什么意思的讨论很多，而关于"正常"在日常交流的语境中到底在表达什么的讨论却很少。在我的治疗工作中，我总是根据讲话者的语境而非专业的角度，来解释和理解关于正常和不正常的问题。当一位母亲问我她的孩子是否正常时，我的理解是她在问她是否应该为她的孩子担心，是否应该尝试去改变和控制孩子，还是应该顺其自然，不去管她的孩子。当人们在讲座结束后问我性行为的正常与不正常时，我也以同样的方式理解他们的问题，我的回答通常是在指："你们需要去关注一下"或"你们不用担心"。

我认为，目前精神分析学家、心理治疗学家和心理学家对这个问题重新产生兴趣的真正原因是：他们发现这是一个重要的价值问题。例如，当艾瑞克·弗洛姆（Erich Fromm）谈到"正常"时，他把它融合到一种善良、适意和价值化的语境中。在这个领域内，这么做的其他作家也越来越多。坦率地说，现在和过去的一段时间里，这些工作都是在努力构建一种价值心理学，它最终可能成为普通人的实践指南，也可能成为哲学教授和其他专家的理论参考框架。

我甚至对目前的情况有了进一步的思考。这些心理学家中的很多人开始承认我们所做的这些努力是为了去做正统的宗教曾经试图去做却没能成功的事情，也就是给人们提供人性与它本身、与他人、与社会和整个世界的关系的理解，让人们以此为依据理解什么时候应该、什么时候不该感到愧疚。也就是说，我们正在建立一门科学理论，我非常愿意将我在这一个章节中的讨论视作往这个方向探索的努力。

"正常"的定义

1. 在我们开始讲这个重要的议题之前，让我们先回顾一下那些曾试图去描述和定义"正常"却最终失败了的尝试。

对人类行为的统计调查只告诉我们情况是如何的，实际发生了什么，却完全缺乏对其相应的评价。不幸的是，大部分人甚至是科学家，都一致赞同平均的水准，赞赏这最普遍最常见的情况，尤其在我们的文化中更是如此。比如，金赛博士（Dr. Kinsey）对于性行为的调查十分杰出，为目前的很多研究提供了很好的原始数据，但是金赛博士还是会和别人谈论什么是正常的（是否可取）。在我们的社会中，病态的性生活（从精神病学的观点来看）是很普遍的，但这并不意味着它是可取的或健康的。我们必须学会在我们意指正常可取时才用"正常"这个词。

另一个例子是格赛尔（Gesell）的婴儿发育规范表，这样的研究对科学家和医生来说是非常有用的。但如果孩子走路或者使用杯子喝水的能力低于表上的平均水平，大多数母亲都会担心，认为这是一件可怕的坏事。显然，在我们知道什么是平均水平后，我们就必须关注一个问题：这种平均是不是就已经合乎需要了呢？

2. "正常"这个词常常被无意识地当作传统、默认和习惯性的事物的同义词，通常隐含了一种对于传统的认可。我现在还记得我上大学时女人吸烟引起的骚乱。我们的女教长当时说这是不正常的，并在后续进行了禁止。在那个时候，女大学生穿宽松的裤子，在公共场合手拉手也是不正常的。当然，她的意思是说："这样的行为不合乎传统。"当时的确如此。但同时，这也意味着这些行为在她看来是"不正常的，不健康的，本质上是病态的"，这种理解就完全是错误的了。几年后，传统随着时代改变了，而她也因为她那时的生活方式已经不"正常"了而被解雇了。

3. 这一用法的一种变体是通过神学上的认可来掩盖实质上

的传统。所谓的圣书经常被解释为一种行为规范,但是科学家对这些传统不怎么重视,就像对其他传统一样。

4. 最后,用文化相对主义来定义什么是正常、可取、良好和健康已经过时了。当然,起初人类学家在帮助我们认清自己的种族,并产生种族自豪感方面做了很多贡献。作为一种文化,我们曾试图建立一种绝对的泛物种的标准来规定各地的文化习惯,比如,穿裤子出门、吃牛肉不吃狗肉等。如今,更广泛更复杂的人种学研究已经消解了许多类似观念,人们普遍意识到,种族主义是十分危险的。没有人能够说自己可以代表全人类,除非他十分了解人类学并熟知数种文化从而能够超越自己文化的边界,只有这样他才能真正代表全人类发声,而不是只代表一小撮人类。

5. "适应性强的人"这一概念也是这种错误的主要变体之一,心理学家对这一看似明智和显而易见的观点是如何产生敌意的,可能会使外行读者感到困惑。毕竟,每个人都希望自己的孩子能很好地适应群体,成为群体中的一员,受同龄人的欢迎、钦佩和爱戴。我们最大的问题是:"适应什么样的群体呢?"纳粹、罪犯、违法、吸毒这样的群体吗?被谁欢迎?受到谁的欣赏?在H.G.威尔(H. G. Well)精彩的短篇小说《盲人谷》中,"众生皆盲,看得见的人才是不适应环境的那个人"。

适应意味着一个人对自己所处文化及外部环境的被动顺应,但如果这是一种病态的文化呢?再举一个例子,我们正慢慢学着不再以精神病学的理由武断地认为青少年犯罪必然是很坏的。青少年的犯罪和不良行为有时可能代表着对他们受到剥削、利用、不公正和非正义的对待后在精神上和生理上的合理反抗。

适应是一个被动而非主动的过程。母牛、奴隶或是任何无须个性就能过得快活的人就是典型的例子,甚至有些疯子和囚犯也有很好的适应性。

这种极端的环境论暗示着人类无限的可塑性及灵活性,以及现实的不可变性。因此,这是一种现状也是一种宿命论,但这也不是完全正确的,人类的可塑性并非无限,现状也并非无可改变。

6. 医学和临床上习惯用"正常"来描述没有明显的损伤、疾病或机能失调,这也是"正常"一词的另一种常见用法。一个内科医生对病人进行全面检查后,如果没有发现任何身体上的问题,他就会说这个病人是正常的,即使病人仍然能感到身体的不适。他的潜台词是:"目前我没能发现你有什么毛病。"

受过一些心理学训练的医生和所谓的身心治疗师通常看到的东西会多一些,并且会较少地使用"正常"这个词。事实上,许多精神分析学家甚至说过,没有人是正常的,没有人是完全没病的,也就是说,没有人是完美无瑕的。这是事实,但对我们在伦理方面的研究和追求没有多大的帮助。

"正常"的新概念

如果我们尝试去拒绝原先的概念,那应该用什么来取代这些概念呢?本章所涉及的新概念仍然处在发展和建设阶段,目前还不能说它已经经过了严密的验证，也不能说它有无可辩驳的可靠证据进行支撑。应该说，它是一个正在缓慢发展的概念和理论，似乎越来越有可能成为未来发展的真正方向。

具体来说，我对"正常"这个概念的预测是：一些广义的、全人类的心理健康的理论将很快得到发展，这将适用于各个时代、各种文化背景下的所有人类。无论从理论上看还是经验上看，这种情况都正在发生。这种新的思想形式的发展是由新的事实和数据推动的，关于这些我会在后面说。

德鲁克（Drucker）提出过一个论点：自基督教开始以来，西欧连续被四种关于追寻个人幸福和安宁的思想或概念所统治。这些概念或神话中，每一个都会设立理想化的典型人物，并假定，只要效仿这个理想化的人，个人的幸福和快乐就会实现。在中世纪时期，圣职人员被视为理想的典型，到了文艺复兴时期则变成了有学识的人。随着资本主义和马克思主义的兴起，经济学家们开始引导这种主流。近来，特别是在法西斯国家，也有一个类似的神话，即关于英雄人物的神话（尼采哲学意义上的英雄人物）。

现在看来好像这些神话都已经失效了，取而代之的是一个新的概念，这个概念正在最前卫的思想家和研究者的心里生根发芽，并很有可能在一二十年后真正开花结果。这个概念就是"心理健康的人"，或是"拥有灵魂的人"，也可称为"自然人"。德鲁克提出的那些概念对我们的时代产生过深远的影响，我期望这个概念会像德鲁克提到的那些一样深刻地影响我们的时代。现在，让我先简单地阐述一下"心理健康的人"这一新发展的概念的实质。首先,最重要的是抱有一个强烈的信念:人类有自己的本质,这是一种心理结构的框架,我们可以像对待人体结构那样来研究它、讨论它。在人类的基因上,刻有一些需求、能力和倾向,其中一些跨越了文化的边界,是整个人类物种的特征,另一些则是独一无二的个体。从表面上看,这些基本需求基本是好的或中性的,而非罪恶的。第二,新概念中涉及这样一种观念,即:完全的健康状态以及正常的有益的发展在于实现人类的这种基本性质;充分发挥这些潜力,在于从这份隐藏着的、看不见摸不着的基本性质中找到道路;逐渐发展成熟,只是一种从内在升起的发展,而不是外部进行的塑形。第三,我们现在可以清楚地看到,大多数的精神病理学的现象都源于对人的本质的否认、曲解和扭曲。根据这个观点,到底什么是好的呢?应该是任何有助于实现人的内在本质的事物。而坏的或不正常的就应该是任何阻碍或否定人类本质的东西。什么是精神的病态?就应该是任何扰乱或阻碍实现自我本质进程的事情。什么叫心理治疗,或者说任何形式的治疗?任何一种方式,任何一种方法,只要能帮助一个人回到自我实现的道路上,并且指引他沿着他的内在本质发展,就叫作治疗。

乍一看,这个概念使我们想起了亚里士多德和斯宾诺莎(Spinoza)的思想。事实上,我们必须承认,这种新观念与旧哲学有许多共同之处。但我们也必须指出,我们现在比亚里士多德和斯宾诺莎更了解人类的真实本性。无论如何,我们目前知道的已足以让我们理解他们的错误和缺点是什么。

首先,这些古代哲学家所缺乏的知识,导致他们的理论有致命的缺陷，而这些知识目前已经被各种精神分析学派所发现。特别是从动态心理学家、动物心理学家和其他心理学家那里，我们已经对人的动机，特别是对人的无意识动机有了更深入的了解。其次，我们现在对精神病理学和它的起源有了更多的了解。最后，我们从心理治疗师那里，特别是从心理治疗过程和目标的讨论中学到了很多新的东西。

这相当于说，我们仍然可以同意亚里士多德关于"好的人生源自按照真实的人性生活"的观点，但是我们必须补充，关于人真正的本性，他了解得还不够。在描绘人的本质或内在结构时，亚里士多德所能做的最多就是观察自己周围的人，研究他们，观察他们的表现。但是，如果一个人像亚里士多德那样只从表面观察人，他最后就一定只会得出一个关于人性的静态概念。亚里士多德唯一能做的，就是在他自己的文化和时代中，建立一幅那个背景下良善人的画像。大家还记得，在他关于美好生活的概念中，他完全接受了奴隶制的事实，并犯有致命性的错误，即他认为，如果一个人现在是奴隶，那这就是他的本质，因此当奴隶对他来说就是一件好事。这完全暴露了在试图建立关于良善人、正常人或健康人应该是什么样的观点时，亚里士多德仅仅停留在表面观察的弱点。

新旧概念的区别

如果必须用一句话来比较亚里士多德理论和戈尔茨坦、弗洛姆、霍妮、罗杰斯、布勒、梅尔、格罗夫、达布鲁斯基、默里、萨蒂奇、布根塔尔、奥尔波特、弗兰克、墨菲、罗夏以及其他人提出的现代理论，我认为，本质的区别在于，现在的我们不仅可以看到现在的人是什么样的，还可以看到他以后会成为什么。也就是说，我们不仅能看到表面，看到现状，还可以看到潜在的东西。我们现在更加了解隐藏在人内心的东西，那些曾经被压抑、被忽视的东西。我们能够根据人的可能性、潜能和能达到的最高高度来判断人的本质，而不是仅仅依靠对人外在的观察。这种观点总结起来就是：历史实际上总是在低估人性。

我们优于亚里士多德的另一方面是，我们已经从动力心理学家那里了解到，仅仅通过个人的才智和理性无法完成自我实现。大家都知道，亚里士多德将人的能力按等级排序，其中理性居于首位。与此同时，不可避免地出现了一种观念，即理性本身与人的情感和本性相对立、相冲突。但是，通过对精神病理学和心理疗法的研究，我们了解到必须在很大程度上改变我们对心理学意义上的有机体的看法，平等地看待理性、人的感情以及我们本性中的意向和冲动。而且，从对健康人的研究经验中，我们知道这些方面绝对不是相互矛盾的，人性的这些方面不一定是对立的，也可以是合作的、协同的。健康的人完全是一个整体，或者说是一体化的，一个神经敏感的人，才会与自己格格不入，理智与情感反复斗争。这种分裂的结果，不仅会使情感生活和表达的本意被误解和扭曲，还会使我们承袭的关于理性的理解和定义也被曲解。正如艾瑞克·弗洛姆所说："理性为了看守它的囚徒也就是人性，自己本身也变成了囚徒，正因如此，人性的两方面——理性和感性两败俱伤。"我们都必须认同艾瑞克·弗洛姆的这一观点，即自我的实现不能仅靠思想活动，还得靠一个人的整体人格来实现,这个完整的人格不应该只有智力和思维的积极表现,还应该包含人的本能和情感所发挥的作用。

一旦我们对人们在一些不错的条件下可能变成什么状态掌握了一些可靠的知识,并且认定,只有当一个人实现了自我,成为他自己时,他才是快乐、平和、自我认可、坦荡、身心一致的,我们才有理由去谈论好与坏、对和错、有益或有弊。

如果哲学家对此提出反对:"你怎么能证明快乐要比难过好呢?"其实,从经验上我们就可以回答这个问题。因为如果在多种不同的条件下观察人们,我们就能发现,他们自己,不是观察者,会自发地选择快乐而非难过,舒适而非痛苦,宁静而非焦虑。总之,在所有其他条件都相同的情况下,人们会选择健康而不会选生病(条件是让他们选择自己的病情不要太严重,而且病情我们以后再讨论)。

这也回答了人们对手段—目标价值主张的常见的哲学异议。(如果你想要达到目标X,你就应该采取手段Y。如果你想要长寿的话,你就应该吃维生素。)现在我们对这个命题有了不同的看法,从经验上,我们知道人们需要什么,比如,爱、安全、长寿、快乐、知识、健康等。那么,我们就可以不再说"假如你渴望幸福,那么……"而是说"假如你是一个健康的人类,那么……"。

从经验的角度来看,这一切也是符合事实的,就像我们会不经意地说狗更喜欢肉而不是沙拉;金鱼需要生活在淡水里;植物在阳光下才会开出美丽的花朵。我坚持认为,我们所做的是描述性的、科学性的陈述,而不是纯粹的规范性陈述。我建议使用术语融合词，这样既具有描述性又具有规范性。

我的那些哲学家同事给出了一种新的思路，他们清晰地对我们是什么（实然）和我们应该是什么（应然）进行了区分。即我们"能够"成为什么等于我们"应该"成为什么，但"能够"比"应该"使用得要更恰当。需要注意的是，如果我们采取描述性和经验性的态度，那么"应该"就完全不合适了，比如，如果我们问花草或动物它们"应该"是什么样子，显然很不合适。这里的"应该"到底在表达什么意思呢？小猫"应该"变成什么样子？这个问题的答案和答案中所包含的精神也同样适用于儿童。

有一种更有力的说法是：今天，我们有可能在某一时刻区分一个人目前是什么和他有可能是什么。我们都知道，人的性格有不同的层级、不同的深度，无意识的和有意识的并存，尽管他们可能是互相矛盾的。一个现在存在（在某种意义上），另一个也存在（在另一个较深层的意义上），并且有一天有可能会来到表层，变成能被意识到的，然后在那个意义上存在。

按照这个标准，你就可以理解一些行为不端的人可能在内心深处仍有爱。如果他们能够用人类共有的潜能去努力将其实现，他们就会变成健康的人，并且在这个特殊意义上，变得更加正常。

人类和别的生物还有一个重要区别在于：人的需求、偏好和本能的残余弱而不强，模糊而不明确，有一块怀疑、犹豫、冲突的余地。它们都太容易被文化、学习和别人的喜好所影响、所覆盖。多年来我们一直习惯于认为本能是单一的、明确的、强大的（就像它们在动物身上一样），以至于我们忽视了弱本能的可能性。

我们的确有一种本性、一种结构,一副隐藏着本能的倾向和能力的虚无的身躯。然而,从我们身上认清它,却是一项伟大而艰辛的成就。能够自然地、自发地去了解自己是谁,自己真正的渴望和需求,是一个罕见而又难得的高峰,通常需要巨大的勇气和艰苦卓绝的努力。

人的内在本质

让我们总结一下,我们已经肯定:首先,人的固有设定内在本性,似乎不只是他的生理构造,还包括他最基本的需求、渴望和心理能力;其次,这种内在的本性通常并不明显,它被掩盖起来,尚未实现,这种本性并不强大,相反极为脆弱。

我们如何知道这些需求和构造的潜能是源自固有的设定?我在第6章中列出了十二条不同的证据和发现方法。这里,我只提及其中最重要的四种。第一,这些需要若得不到满足而遭受挫折,会导致心理疾病。第二,这些需求的满足是对良好的心理状态和健康性格的培育,而神经质的需求满足则不会有这种效果。也就是说,它能使人变得更好更健康。第三,他们在自由的条件下,自发地作为人的偏好表现出来。第四,在相对健康的人那里可以直接观察到这些特质。

如果想要区分基本的和非基本的需求,我们不能单独考虑意识需求的内省,也不能光靠对无意识需求的描述。因为,从现象学上看,神经质的需求和人的固有内在需求可能看起来很相似。它们同样渴望得到满足,要求垄断意识,若是个体进行内省，两种需求间的特征差异也不足以让人明确区分，只有在人们弥留之际回顾人生之时［就像托尔斯泰笔下的伊万·里奇（Ivan Ilyitch）那样］，或是灵光一闪、某些特殊的顿悟时刻，才有可能区分二者。

我们必须有其他某种客观变量与之相关，与之共变。实际上，这种变量就是神经症—健康统一体。我们现在很确信的是，恶劣的进攻性行为是一种反应性行为而不是基本性行为。它是结果而非原因，因为，当一个言行恶劣的人在心理治疗中逐渐变得健康时，他的恶意就慢慢变少。而当一个较为健康的人逐渐变得病态时，他会变得恶毒，充满敌意。

此外，我们知道，满足了神经质的需求不会像满足基本的那些内在需求一样带来健康。给一个神经质的权力寻求者他所渴望的权力并不会减少他的神经质，也不可能满足他神经质式的权力需求。无论怎么供养他，他依然饥饿（因为他在找的是别的东西）。对于最终的健康来说，不管一个神经质的人的需求是得到了满足还是受阻，其实并没有太大的区别。

这与诸如安全或爱等基本需求是非常不同的。这样的需求是可以被满足的，当这些基本需求被满足时也的确可以使人变得健康，阻碍这些需求也真的会滋生病态。

同样的道理似乎也适用于诸如智力这样的个人潜能或是强烈的活动倾向。（我们这里只有临床数据）这种倾向就像一种动力，它要求被实现，如果得到实现，人就会发展得很好；如果使它受到阻碍和封锁，各种尚不为我们所了解的微妙烦恼就会立刻产生。

然而，最显著的方法是直接去研究那些真正健康的人。我们现在已经掌握了足够的知识来选出相对健康的人，虽说完美的样本并不存在，我们仍然可以期望我们能了解事物更多的性质：就像镭在相对浓缩的状态下比相对稀释时更容易被观察它的性质。

第11章的调查报告已经证明了一种可能性，科学家可能可以研究和描绘在卓越、完美、理想的健康和实现人类可能性这些意义上的"正常"状态。如果我们知道好人是什么样的人，或者他们会是什么样的人，那么人类（大多数人都想成为好人）就有可能以这些人为榜样，从而提高自己。

对内在设计中最充分研究的例子是对爱的需求。我们可以通过这些研究来说明目前为止提及的四种用于区分人性中固有的和普遍的东西，偶然性的和局部的东西的方法。

1. 几乎所有的治疗师都同意，对一种神经症的起因进行追溯时，我们常常会发现研究对象在生命早期爱的匮乏。一些还在进行中的研究已经在婴幼儿身上证实了对爱的剥夺是十分危险的，甚至会危及他们的生命，也就是说，爱的匮乏会导致疾病。

2. 这些疾病，如果尚未达到无可救药的程度，通过给予患者特别年幼的儿童关爱和仁慈，是可以治愈的。甚至是在成人的心理治疗和更严重的案例分析中，我们也有充足的理由相信，让患者接受并感知到爱，用爱来进行治疗是很好的方法。此外，有越来越多的证据证明了充满感情的童年和健康的成年之间的联系。总而言之，爱是人类健康发展的基本需求。

3. 如果一个孩子拥有自由选择的权利，并且他的心灵尚未受到世事的扭曲和污染,他心里的选择会更倾向于情感和爱,而非没有情感。目前我们还没有经过严格的实验来证明这一点,但我们掌握的大量临床数据和一些人文的数据能够支持这个结论。通常,孩子们更喜欢有感情的老师、父母和朋友,而非冷漠的、怀有敌意的人,这个很普遍的现象证实了我的观点。婴儿的哭声告诉我们,他们更想被爱,巴厘岛的情况也是一个很好的说明,巴厘岛的成年人不像美国的成年人那样需要爱,痛苦的经历告诉巴厘岛的孩子们不要对爱有太多的要求,不要对爱抱有期盼。但显然他们不喜欢这样的方式,在被强迫放弃对爱的渴求时,孩子们痛哭流涕。

4. 最后,我们在健康的成年人身上发现了什么?我们发现几乎所有健康的成年人(虽然不是全部)都享受过充满爱的生活,爱过也被爱过,而且,他们现在对他人保有爱。最后矛盾的是,他们不像普通人那样那么需要爱,显然,那是因为他们已经体验过被爱的滋味,拥有足够的爱了。

任何其他的缺陷性疾病都可以提供一个完美的类比,使我们的观点更有道理,更一目了然。假设一个动物缺乏盐,第一,这会引起它的症状;第二,摄入更多的盐可以治愈或帮助缓解这些症状;第三,缺盐的白鼠或人在允许选择的情况下会选择盐多的食物,也就是吃过量的盐,如果是人的话,他们还会在主观上表达对盐的渴望,会和别人说盐的味道特别好;第四,我们发现,健康的机体已经摄入了足够的盐,就不会对它表现出特别的渴望和需求了。

因此我们可以说,就像一个有机体需要盐来维持健康,避免疾病一样，它也需要爱以达到同样的目的。换句话说，生命体就是如此设计的，他需要盐，也需要爱，就如同汽车的设计需要油和气一样。

我们已经讲了许多关于良好条件、适用的情况等，这些都指的是在科学工作中进行观察时往往必不可少的特殊条件，需要声明的是，这代表："在这样那样的情况下，这才是正确的。"

良好条件的定义

是什么构成了让原始本性得以彰显的良好条件呢？让我们看看当代动态心理学在这个问题上的观点。

迄今为止的讨论让我们得出结论：生命体有一个自己内在的模糊的本性。显然，这种内在本性非常微妙而脆弱，不像在低等动物身上那样强大而充满力量。低等动物从来不会怀疑自己是谁，它们想要什么、不想要什么。然而，人类对爱、知识或者哲学价值的需求是微妙又无力的，而非明确无误的。人们时常低语，却不喊叫，纵然这低语常常被淹没。

为了发现一个人需要什么以及他到底是什么，必须建立特殊的条件来促使这些需要和能力被充分表达，从而使它们成为可能。总的来说，这些条件都可以被归结为一种宽容的满足和表达。我们如何能知道怀孕的小白鼠吃什么最好呢？我们只能让它们在各种各样的可能性中自由选择，不对它们吃什么、什么时候吃、吃多少、怎么吃加以限制。我们知道，对人类婴儿来说，什么时候断奶其实看个人，只要在对每个婴儿最有利的时候断奶就行了。但怎样确定这个时间呢？当然我们无法直接询问婴儿，也不会去问老派的儿科医生。我们会给婴儿一个选择的机会，让他自己去做决定，我们先给他提供流质和固体的食物，如果他喜欢固体的食物，他自己会自然而然地断奶。同样，我们也学会了通过建立一种包容的、接受的、满足的氛围，让孩子告诉我们他们什么时候需要爱、保护、尊重或控制。我们已经了解到，从长远来看，这样的氛围对心理治疗最好，其实也是唯一使治疗能够有效的氛围。当然，在各种各样的可能性中进行自由选择在很多种不同的社会场景中是适用的。例如，犯罪的女孩在教养院里为自己选择室友，在大学选择老师和课程、选择愿意加入的队伍等。在这里我忽略了一些棘手并重要的问题，比如，有益的挫败感、纪律以及对人的满足加以限制等。我只想指出，虽然宽容的允许可能对于我们的实验目的有利，但为了让人可以考虑到他人的感受，体会到他人的需求，允许这件事本身就应该适度。

从促进自我实现和提升健康的角度看，一个好的环境（在理论上）是提供所有必要条件的原料。当这些原料被提供后，它应该为生命体让路，让生命体（普通的）根据自己的愿望和需求做出自己的选择。（记住生命体经常选择拖延、为他人放弃等，而他人也有愿望和需求。）

心理学上的乌托邦

最近，我很开心地在理论上建立了一个心理学上的乌托邦，在这个乌托邦中，所有人的心理都是健康的，我称其为"理想精神国"。根据我们对健康人的了解，假设有一千户健康人家庭移居到一片荒原，在那里他们可以随心所欲地决定自己的命运，我们能否预测他们最终会发展成一种怎样的文化呢？他们会发展出什么样的教育、经济体制、性关系或是宗教呢？

我对其中的一些事情很不确定，尤其是经济的发展，但在其他的某些方面，我非常肯定。其中，几乎可以肯定的是：这是一个（哲学上）高度无政府主义的群体，一种带有道教气质的但是充满爱的感情文化。在这种文化中，人们（包括年轻人）会比我们拥有更多自由的选择，基本的需求和各种衍生需求可以比在当今这个社会更被重视。人们不会像我们现在这样互相烦扰，也不太会把自己的观点、宗教信仰、哲学思想、穿衣吃饭的偏好和对艺术的品位以及对异性的兴趣强加给他们的邻居。总之，理想精神国的居民更倾向于道家哲学，宽容、尊重并且互相满足需求（只要有可能），会比我们更诚实并允许人们尽可能做出自由的选择，可能只在某些特殊的情况下会阻碍别人，对此我先暂不阐述。当然，他们的控制欲、暴力倾向、轻蔑和傲慢也都远比我们要少，在这样的条件下，人性最深的部分就更容易显露出来。

我必须指出，成年人中有一种特殊的情况，自由选择的局面并不一定适合于普通的成年人，它只适合于未遭损害的人。病态的、神经质的人通常会做出错误的选择：他们不清楚自己想要什么，即使他们真的知道，也不一定有勇气去做出正确的选择。当我们谈论人的自由选择时，我们实际上指的是健康的、精神没有扭曲的成人和儿童。大多数关于自由选择的有效的试验工作目前都是在动物身上进行的，当然通过分析心理治疗的过程，我们在临床水平上同样有了很大的收获。

环境与性格

在我们努力去理解"正常"的新概念及它与环境的关系时，还需要直面另一个重要的问题。理论上，完美的健康需要人生活在一个完美的世界中时才能够获得，在实际的研究中，似乎不完全是这样。

在我们目前的社会中有可能找到极其健康的人，虽然这离完美还很远。当然，这些人虽并不完美，但他们肯定是我们现在所能想象到的优秀的人。也许在如今这个时代，这个文化背景下，我们根本不知道人们能够做到多完美，完美的边界在哪里。

无论如何，随着研究不断深入，生成了一种重要的观点：个人能够比他所生长和生活的环境中的文化健康，甚至健康得多。之所以有这种可能，主要是因为健康人有超脱周围环境的能力，也就是说他在遵从内心的法则生活，而不是被外部的压力所改变。

我们的文化是民主和多元的，足以给个人一个非常广泛的空间按照自己的意愿塑造自己的性格，只要他们的行为不会太令人恐惧或威胁到他人。健康的人通常并不在表面上过于引人注目，他们并不因不同寻常的衣着、举止或行为而被划分，他们靠的是内心的自由。只要他们不依据他人的褒贬而行动，而是寻求内心的自我肯定，就可以将他们认定为心理上的自主，即相对独立于文化。而要能够做到这样，内心的宽容和对不同品位及观点的包容是必备的关键。

综上所述，我们的研究得出这样一个结论：虽然良好的环境可以培育良好的人格，但它们之间的关系并非完备。此外，对"良好环境"的定义必须做出显著的改变，其中应该更强调精神和心理的力量，而非物质和经济的力量。

"正常"的本质

现在回到我们开始时的问题，即"正常"的本质。我们几乎用我们所能做到的最健全最完美的境界来形容它。但这个理想并不是遥不可及的目标，实际上它就在我们心中存在着，却又隐藏着，它是一种潜能，而非现实。

并且，我认为是发现而非发明了"正常"的概念，它的出现是基于经验的发现，而非基于希望或愿望。这个概念包裹着一个严格的自然主义的价值体系，通过对人性进一步的观察和经验研究可以扩大这个价值体系的边界。这些研究其实可以对许多古老的问题提供答案，诸如："我如何能做一个好人？""我如何拥有幸福的生活？""我如何变得富足、安宁、快乐？"当我们的机体因为失去一些价值而生病、枯萎，实际上这是在告诉我们它需要这些价值，看重这些价值，而这正是对我们有利的东西。

最后一点，在较新的动力心理学中提出了一些关键的概念，它们是自发、释放、自然、自我选择、自我认同、冲动意识和基本需求的满足。而过去的关键概念则是控制、压抑、纪律、塑造，它们基于人性深处的危险、邪恶、掠夺和贪婪。所有的教育、家庭训练、孩子抚养、文化适应总体上都被视作一种将我们内心的黑暗力量加以控制的方法。

看一看，这两套对人性截然不同的概念，会孕育出天壤之别的社会、法律、教育及家庭的理想范式。在一种情况下，它们是约束和控制的力量，而在另一种情况下，它们帮助人获得内心的满足和实现。当然，这是一种简单的非此即彼的对比，实际上没有哪一种观念会是完全正确或完全偏离的，但关于这两种理想化类型的对比有助于增加我们的认知。

无论如何，如果这个将"正常"状态与完全的健康等同的概念成立并被推崇，那需要改变的不仅仅是个人心理学中的概念，还有整个社会纷繁复杂的理论。

在喧嚣的世界里,
坚持以匠人心态认认真真打磨每一本书,
坚持为读者提供
有用、有趣、有品位、有价值的阅读。
愿我们在阅读中相知相遇,在阅读中成长蜕变!

好读,只为优质阅读。

动机与人格

策划出品:好读文化　　　　责任编辑:卓挺亚
监　　制:姚常伟　　　　　内文制作:尚春芩
产品经理:姜晴川　　　　　装帧设计:末末美书
特约编辑:郗梦妮

图书在版编目（CIP）数据

动机与人格 /（美）亚伯拉罕·马斯洛著；杨佳慧译.—杭州：浙江人民出版社，2022.12
ISBN 978-7-213-10359-9

Ⅰ．动… Ⅱ．①亚…②杨… Ⅲ．①人本心理学—研究 Ⅳ．① B84-067

中国版本图书馆CIP数据核字（2022）第011548号

动机与人格
DONGJI YU RENGE

[美]亚伯拉罕·马斯洛 著　杨佳慧 译

出版发行	浙江人民出版社（杭州市体育场路347号　邮编 310006）
责任编辑	卓挺亚
责任校对	杨　帆　王欢燕
封面设计	末末美书
电脑制版	尚春苓
印　　刷	河北鹏润印刷有限公司
开　　本	840毫米 × 1194毫米　1/32
印　　张	13.5
字　　数	290千字
版　　次	2022年12月第1版
印　　次	2022年12月第1次印刷
书　　号	ISBN 978-7-213-10359-9
定　　价	58.00元

如发现印装质量问题，影响阅读，请与市场部联系调换。
质量投诉电话：010-82069336